量子情報理論

양자정보이론

佐川弘幸·吉田宣章•著•　　진병문·연규황•역자•

청범출판사
Always in my heart

Springer

역자서문

오늘날 우리는 통신의 발달로 인해 넘쳐나는 정보 속에 살고 있다. 이 중에는 우리가 필요로 하는 정보도 있지만 필요 없는 정보들도 무한정으로 공간상에 퍼져 있는 실정이다. 초창기에는 정보를 단지 전달하는 데에만 주력하다 보니까 어떻게 하면 효율적으로 정보를 주고받을 수 있을까만 고민하였지 개인의 고유 정보를 보호해야 한다는 부분에는 등한시 하였었다. 그러나 이제 통신수단 뿐 아니라 모든 정보들이 귀중한 지적 자산이 되어가는 현실에서 개인의 정보를 보호하는 수단에 귀를 기울여야 할 시기이다.

초기의 정보 보호 수단은 송수신자 서로만 아는 비밀번호 등을 제시해야만 정보를 열람할 수 있도록 하는 초보적 방화벽이 사용되었지만 이는 너무 쉽게 타인에게 알려지는 문제 때문에 일찍이 폐기 처분 되었다. 그 다음으로 사용하는 방법이 정식으로 암호화하는 부호들을 넣어서 인코딩을 해 둔 후 전송을 하고 수신자가 정보를 받은 후 디코딩을 해서 정보를 이용할 수 있는 단계를 거쳤다. 이렇게 암호화하는 방법은 그 종류만 하더라도 다 열거하기 어려울 정도로 많이 있지만 중간에 암호를 해독하는 해커들의 지식도 날로 증가하는 바람에 많은 어려움을 겪게 되었다. 그리하여 어떻게 하면 송수신자 이외에는 해독이 불가능한 암호를 만들어서 전송을 할 수 있을 것인가에 지속적인 관심을 가지고 연구를 한 결과로 탄생한 것이 양자정보를 이용하는 방법이다. 그리고 이런 방법으로 암호화하여 정보를 주고받는 방식을 양자정보통신이라 한다. 양자암호는 양자역학의 기본원리에 근거한 암호방식이다. 그러므로 암호화한 정보가 시간의 흐름에 따라 시시각각 변하므로 중간에 해커가 해킹을 하더라도 원하는 정보를 알아내는 것은 완전히 불가능한 이론이다.

아직 이 이론에 의한 정보 송수신이 일반화되어 있지는 않지만 조만간에 괄목할 만한 성과가 나타나 일반화 될 것을 기대하면서 그 원리를 밀 배워두는 것도 바람직하지 않을까하여 이 책을 번역하게 된 것이다.

이 책은 암호화하는 방법뿐 아니라 양자역학의 기본 이론으로부터 출발하여 어떻게 양자암호화가 이루어지고 왜 이 이론에 근거한 암호화가 아주 견고한지에 대해 상세하게 기술한 서적이다. 많은 관심을 가져주시길 바라며 부족한면이 있으면 채찍도 해주시기를 바라마지 않는 바이다.

2008년 봄

진 병 문

서 론

현대사회에서 컴퓨터의 역할은 점점 더 중요해져 가고 있다. 과거 10년 간 컴퓨터의 연산속도, 기억용량 등은 대략 무어(Moore)의 법칙에 따라 삼년마다 4배씩 증가하고 있다. 10년 전의 생활과 현재의 생활을 비교해 보면 우리와 컴퓨터의 관계는 상상을 초월할 정도로 점점 더 밀접해지고 있다. 그러나 이러한 컴퓨터의 발전에도 불구하고 컴퓨터의 원리에 대한 사고방법은 과거 40년간 거의 변화가 없었다. 앞으로 20년 후에 컴퓨터의 하드웨어는 어떻게 발전해 있을까? 컴퓨터의 기본적인 기억소자는 1개 1개의 원자나 분자로 되어 있을 것이며 현재 컴퓨터 이론에서는 사용되지 않는 물리적인 장치가 출현할 것이라 예상한다. 또 통신수단, 암호이론, 데이터 검색에 있어서도 양자역학의 이론에 기초를 둔 새로운 전자뇌 세계가 구축될 것이다. 21세기 컴퓨터의 세계를 기술할 이론으로 양자정보이론이 각광을 받고 있다. 이미 양자컴퓨터를 이용함으로서 보다 큰 수의 인수분해에 대한 획기적인 알고리즘이 개발되었고 실험에 성공하고 있는 중이다. 또 두 입자가 강하게 상관된 "얽힘(entanglement)"을 이용한 양자통신 실험이나, 도청하는 사람이 절대 풀 수 없는 양자암호코드도 제안되고 있다.

양자정보이론의 기본은 양자역학의 원리이다. 트랜지스터나 집적회로의 원리도 물론 양자역학이지만 양자정보이론에서는 알고리즘으로서 양자역학의 원리와 법칙을 도입한다는 점이 근본적으로 다른 점이다. 즉 0과 1을 사용하는 이집법으로 이루어진(고전적) 비트 사용법을 양자역학의 파동함수 중첩을 이용하여 복소수를 포함하는 양자비트로 확장한다. 양자비트가 양자컴퓨터의 기본소자가 되어서 양자계산을 가능하게 한다. 또 양자통신에는 EPR 광자쌍이라 불리는 "얽힌 상태(entangled state)"가 이용된다. 이 EPR 광자쌍은 아인슈타인이 양자역학의 확률해석에 대한 반론을 위해 고안한 것이지만 이것이 거꾸로 양자역학의 확률해석이나 원격작용에 대한 생각을 확립하도록 만들었다는 것이 아이러니한 일이다.

이 책에서는 양자역학의 기본적인 사고법으로부터 출발하여 양자정보이론을 만들고 알고리즘을 기술하고자 한다. 수학적인 엄밀성이 있지만 기본적 사실을 이해할 수 있도록 구체성을 유지한 채 설명하고자 노력하였다. 이 책은 양자역학의 기초를 배운 대학교 3학년 이상이나 대학원의 박사과정 이전까지의 학생들을 대상으로 하고 있다. 이 책이 양자정보이론의 상상을 뛰어넘는 미지의 세계로 들어가는 입구가 된다면 다행스러운 일일 것이다. 21세기 컴퓨터나 정보통신의 세계에서 양자역학의 개념은 단순한 사고실험 (Gedanken Experiment)을 넘어 새로운 미지의 가능성을 여는 기본원리이다.

이 책 내에서 양자정보이론의 이해에 필요한 양자역학의 지식이나 정보이론의 기초는 제 1장과 제 3장에서 다룬다. 이 두 장들은 양자역학의 기초적인 개념이나 정보이론의 기초를 이미 학습한 학생들의 경우에는 뛰어넘어도 무방하다. 제 2장과 제 4장 이후부터가 양자정보이론의 중심부분이다. 양자컴퓨터의 물리적 장치 취급법은 제 9장에 나와 있다. 또 암호이론 등에 이용되는 정수론의 기초지식은 제 10장에 부록으로서 실어 두었다.

끝으로 이 책의 TEX 작업에 크게 도와준 會津大學의 吉野大志군, 정수론의 기초에 관해 코멘트를 해 준 會津大學의 渡部繁씨에게도 감사드리는 바이다.

2003년 4월

左川弘幸

吉田宣章

차 례

차례

Chapter 3 고전적 컴퓨터 / 53

Chapter 04 양자 게이트 / 77

차례

차 례

차 례

Chapter

01

양자역학의 기초

미시세계에서 입자의 운동은 입자성과 파동성의 이중 성질을 나타낸다고 알려져 있다. 빛은 회절이나 간섭을 나타내므로 파의 성질을 가지면서도, 광전효과나 흑체복사 등의 현상도 보이는 데 이들은 빛의 입자성에 의해서만 이해가 가능한 현상들이다. 이런 미시적인 세계에서의 이중성은 빛에만 국한되는 것은 아니고 전자나 양성자 및 중성자 등 모든 입자에서 공통적으로 나타나는 성질이다. 이 사실로부터 미시 세계의 운동은 파의 성질을 갖는 파동함수 Ψ가 입자의 확률밀도로 주어지는 확률적인 해석에 의해서만 이해된다고 결론이 지어졌다. 이것이 **닐스 보어**(Niels Bohr)를 중심으로 하여 발전한 양자역학의 코펜하겐식 해석이다. 한편 **아인슈타인**(A. Einstein)은 이 확률적 해석에 "신은 주사위 놀음을 하지 않는다"라는 말로 확률적 해석을 반대했고, 자연의 법칙이 뉴턴역학과 같이 결론적일 수밖에 없다고 계속 주장을 하였지만 그의 생애 동안 이런 사실이 받아들여지지는 못하였다. 현재에도 확률적 해석 때문에 양자역학이 미완성 이론이라 하기도 하지만 미시세계의 현상은 모두 양자역학의 코펜하겐 해석에 의해 이해하는데 현실적 어려움은 없는 편이다. 아인슈타인의 결정론적 사고법을 다시 발전시킨 것이 양자역학의 "숨은 변수이론"으로서 이 이론은 벨(Bell)의 부등식이라고 하는 형태로 표현이 되는데 이 방식이 코펜하겐식 양자역학 사고법과 대립각을 이루고 있다. 이 두 이론은 관측을 어떻게 하느냐에 따라 차이를 보이며 양자정보이론의 큰 논점이면서 특징이 된다.

1.1 상태 벡터

3차원 공간에서 입자의 운동을 표현하는 **파동함수** ψ는 좌표벡터 r= (x,y,z)과 시간 t의 함수로서 $\psi(\mathbf{r},t)$로 주어진다. 입자의 양자상태는 독립적인 **각운동량** l이나 **스핀각운동량** s로도 나타낼 수 있으며 양자수로도 구별해 나타낼 수 있다. 파동함수 ψ는 확률진폭이라고도 불리며, 그 절대값의 제곱인

$$|\psi(\mathbf{r},t)|^2 = \psi^*(\mathbf{r},t)\psi(\mathbf{r},t) \tag{1.1}$$

는 전체 공간에서 적분값이 1로 규격화되어 있을 때 임의 시간 t, 임의 위치 r에 존재하는 입자의 확률밀도가 된다. 여기서 ψ^*는 ψ의 복수공액이다. 또 파동함수 ψ는 벡터공간에서의 캐트벡터인

$$|\psi\rangle \tag{1.2}$$

로 표현된다. 이 캐드벡터 기호 $|\psi\rangle$ 는 **디락**(A.M. Dirac)에 의해 고안된 것이며 이를 상태벡터라 하기도 한다. 이것은 n차원인 복소수 열벡터이며

$$|\psi\rangle = \begin{pmatrix} a_1 \\ a_2 \\ \vdots \\ a_n \end{pmatrix} \tag{1.3}$$

와 같이 표현 가능하다. 여기서 $a_1, a_2, ..., a_n$ 은 좌표벡터 r, 시간 t나 스핀 s의 함수이지만 양자정보이론에서는 스핀의 자유도가 가장 중요하다. 양자역학적으로 두 상태 ψ, ϕ의 중첩상태를 이 기호를 이용하여 나타내면 두 캐트벡터의 합으로서

$$c_1|\psi\rangle + c_2|\phi\rangle \tag{1.4}$$

와 같이 표현된다. 여기서 c_1, c_2는 복소수이다.
캐트벡터에 복소공액 한 것을 브라벡터라 하는데 이것은 n차원 복소수 행벡터인

$$\langle\psi| = (|\psi\rangle)^\dagger = (a_1^*, a_2^*, \cdots, a_n^*) \tag{1.5}$$

로 표현된다.

파동함수는 다음의 규격화조건

$$\langle\psi|\psi\rangle = 1 \tag{1.6}$$

을 만족한다.

n차원 벡터 공간에서 단위행렬 $\mathbf{I}$는 임의의 완전한 계를 이루는 기저벡터 $|i\rangle$ 를 이용하여

$$\mathbf{I} = \sum_i |i\rangle\langle i| \tag{1.7}$$

로 표현할 수 있고, 상태 $|\psi\rangle$ 는

$$|\psi\rangle = \sum_i |i\rangle\langle i|\psi\rangle \tag{1.8}$$

와 기저벡터 $|i\rangle$ 의 선형결합으로 표현 가능하다. 여기서 $|i\rangle$ 는 규격화 직교조건인

$$\langle i|j\rangle = \delta_{i,j} \tag{1.9}$$

를 만족한다. 단위행렬은 열벡터와 행벡터의 텐서곱이므로 n행과 n열을 갖는 행렬이 된다.

관측에서 얻어진 다양한 물리량들은 좌표 r이나 운동량 p의 함수로 표현 된다. 이 r나 p를 파동함수에 작용하는 **연산자**(operator)라 부른다. 어떤 물리량 A의 기대값 또는 평균값은 A를 연산자라 생각할 때

$$\langle A\rangle \equiv \langle\psi|A|\psi\rangle = \int \psi^*(\mathbf{r},t)A\psi(\mathbf{r},t)d\mathbf{r} \tag{1.10}$$

의 형태로 표현된다. 물리량 A의 측정값은 실수여야 하므로 고전역학인 경우에는 $A = A^*$의 조건이 만족된다.

이 조건을 양자역학에서는 A의 기댓값 $\langle A\rangle$가 실수라고 한다. 두 개의 상태벡터 $|\psi_1\rangle$, $|\psi_2\rangle$ 의 행렬요소들 사이에는

$$\langle\psi_2|A|\psi_1\rangle = \langle\psi_1|A|\psi_2\rangle^* \tag{1.11}$$

로 되는 것이 A가 물리량이 될 조건이다. 어떤 연산자 A의 **에르미트 공액연산자**(Hermitian conjugate operator) $A^\dagger$는

$$\langle\psi_1|A^\dagger|\psi_2\rangle = \langle\psi_2|A|\psi_1\rangle^* \tag{1.12}$$

로 정의되며, 이 때 A와 $A^\dagger$는 서로 **에르미트공액**이라 한다. 특히 $A^\dagger = A$일 때 이 A를 **에르미트연산자**라 하며 그 기댓값이 실수라는 사실은 식 (1.12)에 의해서도 명백하다. 즉 연산자를 실수까지 확장한 것이 에르미트 연산자이며 복소공액에 대응하는 것이 에르미트공액이다. 양자역학에서는 물리량이 전부 에르미트연산자로 표현된다.

1.2 상태벡터의 시간변화

파동함수 ψ의 시간변화를 결정하는 운동방정식을 **슈뢰딩거 방정식**(Schrönginger equation)이라 부르며

$$i\hbar\frac{\partial\psi(\mathbf{r},t)}{\partial t} = H\psi(\mathbf{r},t) \tag{1.13}$$

와 같이 주어진다. 여기서 H는 **해밀토니안**(Hamiltonian)으로 이는 운동에너지와 퍼텐셜에너지의 합으로 표현된다. 그리고 $\hbar$는 프랑크상수(Frank's constant) h ($h = 6.63\times10^{-34}$ J·s)를 2π로 나눈 것($\hbar = h/2\pi$)으로 정의된다. 해밀토니안이 시간에 의존하지 않는 경우에는

$$\frac{d\psi(t)}{dt} = \lim_{\Delta t\to 0}\frac{\psi(t+\Delta t)-\psi(t)}{\Delta t} \tag{1.14}$$

에 주목하면 식(1.13)으로부터 미소 시간변화 Δt에 대해 파동함수의 시간변화는

$$\psi(t+\Delta t) = \left(1-\frac{iH\Delta t}{\hbar}\right)\psi(t) \tag{1.15}$$

로 나타낼 수 있다.

그리고 파동함수의 시간전개(time development)를 나타내는 연산자 $U(\Delta t)$를

$$U(\Delta t)\psi(t) = \psi(t+\Delta t) \tag{1.16}$$

과 같이 정의하면

$$U(\Delta t) = \left(1 - \frac{iH\Delta t}{\hbar}\right) \tag{1.17}$$

이 구해지고, 해밀토니안 H는 에르미트연산자이므로 $H^{\dagger} = H$이다. 즉 $U(\Delta t)$는 Δt의 1차항으로

$$U(\Delta t)U^{\dagger}(\Delta t) = \left(1 - \frac{iH\Delta t}{\hbar}\right)\left(1 + \frac{iH\Delta t}{\hbar}\right) \cong 1 \tag{1.18}$$

과 같이 되어서 **유니타리 연산자**(Unitary operator)이다. 시간변화를 $t+\Delta t \rightarrow t'$로 바꾸어 쓰면

$$U(\Delta t) = U(t', t) \tag{1.19}$$

와 같이 된다. 여기서 $t'-t=\Delta t$는 미소한 시간변화를 의미한다. 시간전개 연산자를 사용하여 파동함수 ψ를 $t_0 \rightarrow t = t_0 + \Delta t \rightarrow t' = t + \Delta t$와 같이 시간변화를 시키면

$$\begin{aligned} \psi(t') &= U(t',t)\psi(t) = U(t',t)U(t,t_0)\psi(t_0) \\ &= U(t',t_0)\psi(t_0) \end{aligned} \tag{1.20}$$

로 되므로

$$U(t',t_0) = U(t',t)U(t,t_0) \tag{1.21}$$

와 같이 $U(t',t_0)$는 미소 시간전개 연산자들의 곱으로 표현된다. 더욱이

$$U(t',t_0) = \left(1 - \frac{iH}{\hbar}\Delta t\right)U(t,t_0) \tag{1.22}$$

이므로

$$\frac{U(t', t_0) - U(t, t_0)}{\Delta t} = -\frac{iH}{\hbar}U(t, t_0) \tag{1.23}$$

로 되며, $\Delta t \to 0$인 극한의 경우에는

$$\frac{1}{U(t, t_0)}\frac{dU(t, t_0)}{dt} = -\frac{iH}{\hbar} \tag{1.24}$$

와 같이 표현된다. 이 식을 적분해주면

$$U(t, t_0) = e^{-\frac{i}{\hbar}H(t-t_0)} \tag{1.25}$$

이 구해진다. 이 계산에 $U(t_0, t_0) = 1$라는 규격화조건을 이용하였다. t_1에서 t_2로 유한 시간변화의 경우에도 이 유니타리연산자 (1.25)를 이용하여

$$\psi(\mathbf{r}, t_2) = U(t_2, t_1)\psi(\mathbf{r}, t_1) \tag{1.26}$$

로 된다.

해밀토니안 H가 시간에 의존하지 않을 때, ψ를 시간에 의존하지 않는 부분 $\phi(\mathbf{r})$과 시간에 의존하는 부분인 $f(t)$의 곱으로

$$\psi(\mathbf{r}, t) = \phi(\mathbf{r})f(t) \tag{1.27}$$

나타내면, 식(1.13)으로부터

$$i\hbar\phi(\mathbf{r})\frac{\partial f(t)}{\partial t} = H\phi(\mathbf{r})f(t) \tag{1.28}$$

로 된다. 식(1.28)을 $\psi(\mathbf{r}, t)$로 나누면

$$i\hbar\frac{1}{f(t)}\frac{\partial f(t)}{\partial t} = \frac{1}{\phi(\mathbf{r})}H\phi(\mathbf{r}) \quad (\equiv E) \tag{1.29}$$

로 되어서, 시간에 의존하는 부분과 의존하지 않는 부분으로 분리할 수 있다. 어떤 시간과 위치에서 양변이 일치하는 것은 식(1.29)가 상수일 때뿐이다. 이 상수를 E라 놓으면 $f(t)$는 적분가능하게 되어서

$$f(t) = e^{-i\frac{E}{\hbar}t} \tag{1.30}$$

로 구해진다. 한편 위치에 의존하는 $\phi(\mathbf{r})$은

$$H\phi(\mathbf{r}) = E\phi(\mathbf{r}) \tag{1.31}$$

이 된다. 여기서 E는 해밀토니안 H의 고유치이고, $\phi(\mathbf{r})$은 고유상태를 나타냄을 알 수있다. 슈뢰딩거 방정식(1.13)의 해밀토니안이 시간에 의존하지 않을 경우에는 아래 식과 같이 공간부분과 시간부분으로 분리할 수 있다.

$$\psi(\mathbf{r}, t) = \phi(\mathbf{r})e^{\frac{-iEt}{\hbar}} \tag{1.32}$$

일반적으로 $\phi(\mathbf{r})$이 공간상의 한정된 영역에만 존재한다면 에너지는 불연속적인 값을 가지지만 $\phi(\mathbf{r})$이 무한한 영역에 퍼져 있다면 에너지는 연속적일 것이다. 시간에 무관한 해밀토니안의 고유상태를 에너지 E인 **정상상태**(normal state)라 부른다. 이 에너지 E는 해밀토니안의 고유치이므로 하한선이 존재한다. 에너지가 최소인 상태를 바닥상태라 하고 그 외의 상태를 들뜸상태라 부르며, 에너지가 낮은 쪽에서부터 제 1 들뜸, 제 2 들뜸, … 등으로 부른다.

원자나 분자 등의 물리계가 외부로부터 고립되어 에너지 출입이 없을 경우 이 계는 에너지가 제일 낮은 바닥상태에 있게 된다. 외부로부터 빛 등의 에너지를 받게 되면 이 에너지만큼 들뜸상태로 이동하였다가 에너지를 방출하면서 다시 바닥상태로 돌아간다. 그러나 이런 이동은 에너지 보존법칙을 만족하도록 발생하

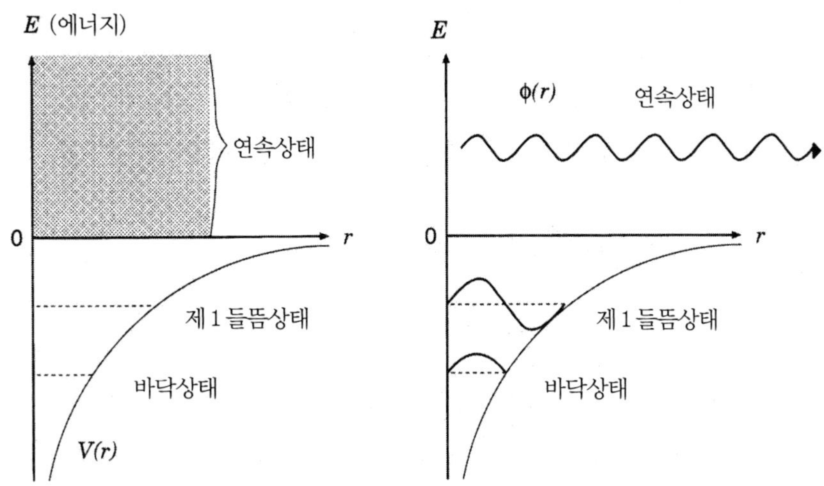

[그림 1.1] 에너지 준위와 파동함수

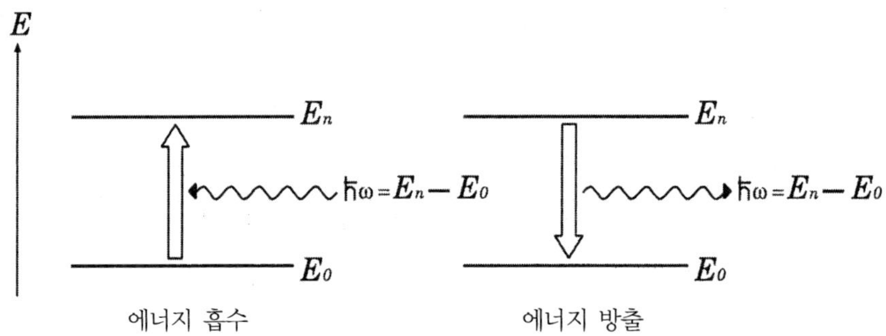

[그림 1.2] 두 에너지 준위 간 에너지를 흡수와 방출할 때 에너지 선택률

게 되므로 외부로부터 받은 에너지가 두 에너지 준위의 에너지 차이(에너지 갭)와 같아질 때에만 에너지 준위 사이의 이동이 일어난다. 또 방출에너지도 에너지 갭과 같은 크기를 갖는다는 선택률을 만족한다. 이 에너지 선택률이 양자비트를 만드는데 중요한 역할을 한다.

1.3 교환관계와 불확성성원리

양자역학에서 운동을 기술하는 위치 r과 운동량 p는 파동함수 $\psi(\mathrm{r},t)$의 연산자(operator)이다. 운동량 연산자는 미분연산자 ∇를 이용하여

$$\mathbf{p} = -i\hbar\boldsymbol{\nabla}$$

와 같이 표현된다. 임의의 두 연산자 A, B에 대한 교환관계를

$$[A,B] = AB - BA \tag{1.33}$$

라고 정의한다면, r과 p에 대해

$$[x,p_x] = i\hbar, \quad [y,p_y] = i\hbar, \quad [z,p_z] = i\hbar \tag{1.34}$$

의 관계가 성립한다. 식(1.34)의 관계는 **비가환**(非可換)이라 불린다. r과 p 외의 다른 교환관계인 $[x,y]$, $[p_x,p_y]$, $[y,p_x]$ 등은 모두 영이 되며 **가환**이라 부른다.

예제 1-1 $[x,p_x]=i\hbar$임을 증명하여라.

[해] 연산자 p_x는 $p_x=\dfrac{\hbar}{i}\dfrac{\partial}{\partial x}$로 표시되므로 교환관계 $[x,p_x]$를 파동함수 ψ에 적용시키면

$$\begin{aligned}[x,p_x]\psi &= (xp_x-p_xx)\psi \\ &= \frac{\hbar}{i}\left(x\frac{\partial}{\partial x}\psi-\frac{\partial}{\partial x}(x\psi)\right)=\frac{\hbar}{i}\left(x\frac{\partial}{\partial x}\psi-\psi-x\frac{\partial}{\partial x}\psi\right) \\ &= i\hbar\psi\end{aligned}$$

가 되므로 $[x,p_x]=i\hbar$가 얻어진다.

두 개의 독립된 연산자 A,B를 생각하자. 연산자 A의 모든 고유상태 ψ가 동시에 연산자 B의 고유상태일 때 연산자 A,B는 가환된다. 상태 ψ인 A의 고유치를 a, B의 고유치를 b라 하면

$$A\psi=a\psi,\qquad B\psi=b\psi \tag{1.35}$$

로 되고, ψ에 교환관계 $[A,B]$를 작용시키면

$$[A,B]\psi=(AB-BA)\psi=(ab-ba)\psi=0 \tag{1.36}$$

로 되어 $[A,B]=0$임을 알 수 있다. 즉 ψ가 A,B 모두의 고유상태라면 $[A,B]=0$이고, 역으로 $[A,B]=0$이면 A,B 모두의 고유상태인 ψ가 존재한다.

$A=x$, $B=p_x$와 같이 A,B가 비가환인 경우에는 어떻게 될까? 만약 어떤 상태 ψ가 A,B 모두의 고유상태이면 $[A,B]\psi=0$이므로 $[A,B]=0$가 되므로 $[A,B]=i\hbar$와 모순된다. 즉 위치 x와 운동량 p_x의 동시 고유상태는 존재 불가능하므로 위치와 운동량이 동시에 일정하게 되는 상태는 존재하지 않는다. 이는 x를 결정하면 운동량 p_x에 큰 요동(불확실성)이 생기고, p_x를 결정하면 x에 큰 요동 즉 그 값이 넓은 범위에 분포함을 의미한다. 이 관계는 위치와 운동량 사이의 불확정성관계라 불리는 것으로 하이젠베르크(J. Heisenberg)에 의해 제창된 양자역학의 가장 기본적인 원리 중 하나이다. 임의의 연산자가 평균치에서 벗어남을 나타내는 표준편차 ΔA를

$$(\Delta A)^2\equiv\langle(A-\langle A\rangle)^2\rangle=\langle A^2\rangle-\langle A\rangle^2 \tag{1.37}$$

로 정의한다면, 위치와 운동량의 불확정성관계

$$\Delta x \cdot \Delta p_x \geqq \frac{\hbar}{2}, \quad \Delta y \cdot \Delta p_y \geqq \frac{\hbar}{2}, \quad \Delta z \cdot \Delta p_z \geqq \frac{\hbar}{2} \tag{1.38}$$

로 정의된다.

예제 1-2 두 개의 에르미트 연산자 A, B가 교환관계 $[A,B]=i\hbar$를 만족할 때 하이젠베르크의 불확정성관계 $\Delta A \cdot \Delta B \geq \frac{\hbar}{2}$가 성립함을 보여라.

[해] 두 개의 에르미트 연산자 $A-\langle A\rangle$ 와 $B-\langle B\rangle$ 를 상태벡터 $|\psi\rangle$ 에 작용시켜 다음과 같은 새로운 벡터

$$|\tilde{\psi}\rangle = (A-\langle A\rangle)|\psi\rangle + i\lambda(B-\langle B\rangle)|\psi\rangle \tag{1.39}$$

를 만든다. 여기서 λ는 실수이다. 식(1.39)의 복소공액인 캐트벡터 $\langle\tilde{\psi}|$는

$$\langle\tilde{\psi}| = (|\tilde{\psi}\rangle)^{\dagger} = \langle\psi|(A-\langle A\rangle) - i\lambda\langle\psi|(B-\langle B\rangle) \tag{1.40}$$

으로 되며 그 내적은

$$\langle\tilde{\psi}|\tilde{\psi}\rangle = \langle\psi|(A-\langle A\rangle)^2 + i\lambda[A,B] + \lambda^2(B-\langle B\rangle)^2|\psi\rangle \tag{1.41}$$

으로 구해진다. 임의의 상태벡터의 내적은 항상 양 혹은 0이 되므로 (1.41)식은

$$\langle\tilde{\psi}|\tilde{\psi}\rangle = (\Delta A)^2 - \lambda\hbar + \lambda^2(\Delta B)^2 \geqq 0 \tag{1.42}$$

의 관계를 만족한다. 임의의 λ에 대해(1.42)식이 성립하기 위해서는 (1.42)식을 λ에 대한 이차방정식으로 생각하고 그 판별식이 음 또는 0이어야 하므로

$$\hbar^2 - 4(\Delta A)^2(\Delta B)^2 \leqq 0 \tag{1.43}$$

으로 되어서 불확정성관계

$$\Delta A \cdot \Delta B \geqq \frac{\hbar}{2} \tag{1.44}$$

가 구해진다.

이 불확정성관계는 양자역학의 관측문제와 깊은 관련성을 갖고 있다. (1.44)식은 임의의 측정 시, 위치를 정확하게 결정하고자 하면 운동량에 불확정성이 발생하고 운동량을 정확하게 측정하고자 한다면 위치에 불확정성이 발생한다는 관계를 정량

적으로 플랑크상수 $\hbar$를 이용하여 나타낸다. 즉 위치나 운동량 중 하나를 측정에 의해 결정하고자 한다면 그 계가 관측에 따른 불확정성 때문에 다른 관측량이 결정되지 않는다는 사실을 보여준다. 플랑크상수는 $\hbar = 1.06 \times 10^{-34}$ J·s 라는 아주 작은 값이라는 사실에서도 알 수 있듯이 이 불확정성관계는 미시세계 특유의 성질이다. 이 불확정성관계에 의한 관측문제는 양자정보이론의 근본적인 메커니즘과 깊게 관련되어 있다.

1.4 스핀 $\frac{1}{2}$인 양자상태

양자, 전자 및 중성자 등의 입자는 스핀 또는 스핀각운동량이라 불리는 양자수를 갖고 있다. 이 스핀은 입자가 자전함에 의해 생기는 각운동량이라 생각되지만 전자는 미시세계에서도 거의 크기가 없는 질점으로 볼 수 있으므로 자전한다고 보기는 어려우므로 단지 스핀이 입자의 고유한 자유도를 나타내는 양자수라 생각하는 편이 자연스럽다. 미시세계에서 궤도각운동량 l은 플랑크상수 $\hbar$의 정수배인 $l = n\hbar\ (n = 0, 1, 2, \cdots)$ 형태의 불연속적 값을 가진다. 한편 스핀 s는 정수인 경우와 반정수인 경우가 있을 수 있는데, 전자, 양자 및 중성자 등 물질의 기본 구성입자는 모두 $s = \frac{1}{2}\hbar$를 갖는다(이하에서는 $\hbar$를 생략하고 $\frac{1}{2}$만 표기한다). 일반적으로 각운동량 l을 갖는 상태에는 $(2l+1)$개의 자유도가 존재한다. 이 자유도는 z-방향으로의 각운동량 투영 m으로 구별이 되며 m은 1씩 차이가 나는 불연속인 값

$$m = (-l, -l+1, \cdots, l-1, l) \tag{1.45}$$

만을 가질 수 있다는 데에 기인한다. 스핀이 $\frac{1}{2}$인 입자는 상방과 하방인 경우에만 $m = \pm\frac{1}{2}$이 되므로 자유도는 2가 된다. 즉 스핀 $\frac{1}{2}$인 상태는 성분이 두 개인 벡터로 나타낼 수 있다. z축 방향을 향한 상태(스핀 업) $|\uparrow\rangle$ 와 $-z$축 방향을 향한 상태(스핀 다운) $|\downarrow\rangle$ 를 열벡터로서 다음과 같이 표기한다.

$$|\uparrow\rangle = \begin{pmatrix} 1 \\ 0 \end{pmatrix}, \qquad |\downarrow\rangle = \begin{pmatrix} 0 \\ 1 \end{pmatrix} \tag{1.46}$$

스핀이 $\frac{1}{2}$인 입자의 스핀 연산자 s는

$$\mathbf{s} = \frac{1}{2}\boldsymbol{\sigma} \tag{1.47}$$

이다. 이 연산자는 두 개의 상태 $|\uparrow\rangle$ 와 $|\downarrow\rangle$ 상호간을 변환시켜주는 연산자로 볼 수 있으므로 2행 2열의 행렬로 나타내면

$$\sigma_x = \begin{pmatrix} 0 & 1 \\ 1 & 0 \end{pmatrix}, \quad \sigma_y = \begin{pmatrix} 0 & -i \\ i & 0 \end{pmatrix}, \quad \sigma_z = \begin{pmatrix} 1 & 0 \\ 0 & -1 \end{pmatrix} \tag{1.48}$$

과 같이 쓸 수 있다. 이 행렬은 독일의 물리학자 파울리(W. Pauli)에 의해 고안되었기에 파울리의 **스핀행렬**이라 부른다. 파울리의 스핀행렬은

$$\sigma_x\sigma_y = -\sigma_y\sigma_x = i\sigma_z, \quad \sigma_y\sigma_z = -\sigma_z\sigma_y = i\sigma_x, \quad \sigma_z\sigma_x = -\sigma_x\sigma_z = i\sigma_y \tag{1.49}$$

의 성질을 가지며 교환관계

$$[\sigma_x, \sigma_y] = 2i\sigma_z, \quad [\sigma_y, \sigma_z] = 2i\sigma_x, \quad [\sigma_z, \sigma_x] = 2i\sigma_y \tag{1.50}$$

와 반교환관계

$$\{\sigma_i, \sigma_j\} = \sigma_i\sigma_j + \sigma_j\sigma_i = 0 \quad (\text{if } i \neq j) \tag{1.51}$$

및

$$\sigma_i^2 = \begin{pmatrix} 1 & 0 \\ 0 & 1 \end{pmatrix} = \mathbf{1} \tag{1.52}$$

의 관계를 만족한다. (1.50)식의 교환관계는

$$[s_x, s_y] = is_z, \quad [s_y, s_z] = is_x, \quad [s_z, s_x] = is_y \tag{1.53}$$

으로도 표현 가능하다. 또 스핀 업, 다운인 캐트벡터가 (1.46)식으로 표현되므로 캐트벡터와 브라벡터의 텐서곱이

$$\begin{aligned} |\uparrow\rangle\langle\uparrow| &= \begin{pmatrix} 1 \\ 0 \end{pmatrix}\begin{pmatrix} 1 & 0 \end{pmatrix} = \begin{pmatrix} 1 & 0 \\ 0 & 0 \end{pmatrix}, \quad |\uparrow\rangle\langle\downarrow| = \begin{pmatrix} 1 \\ 0 \end{pmatrix}\begin{pmatrix} 0 & 1 \end{pmatrix} = \begin{pmatrix} 0 & 1 \\ 0 & 0 \end{pmatrix} \\ |\downarrow\rangle\langle\uparrow| &= \begin{pmatrix} 0 \\ 1 \end{pmatrix}\begin{pmatrix} 1 & 0 \end{pmatrix} = \begin{pmatrix} 0 & 0 \\ 1 & 0 \end{pmatrix}, \quad |\downarrow\rangle\langle\downarrow| = \begin{pmatrix} 0 \\ 1 \end{pmatrix}\begin{pmatrix} 0 & 1 \end{pmatrix} = \begin{pmatrix} 0 & 0 \\ 0 & 1 \end{pmatrix} \end{aligned} \tag{1.54}$$

와 같이 2행 2열로 표현되므로(1.48)식의 스핀연산자는

$$\begin{aligned}\sigma_x &= |\uparrow\rangle\langle\downarrow| + |\downarrow\rangle\langle\uparrow|,\\ \sigma_y &= -i(|\uparrow\rangle\langle\downarrow| - |\downarrow\rangle\langle\uparrow|),\\ \sigma_z &= (|\uparrow\rangle\langle\uparrow| - |\downarrow\rangle\langle\downarrow|)\end{aligned} \tag{1.55}$$

와 캐트벡터와 브라벡터의 텐서곱으로 고쳐 쓸 수 있다. (1.48)식의 스핀연산자 s의 크기는

$$\mathbf{s}^2 = s(s+1) = \frac{1}{4}(\sigma_x^2 + \sigma_y^2 + \sigma_z^2) = \frac{3}{4} = \frac{1}{2}\left(\frac{1}{2}+1\right) \tag{1.56}$$

으로부터 분명하게 $\frac{1}{2}$임을 알 수 있다.[1] 또 z축 방향을 향하는 벡터는

$$\begin{aligned}s_z|\uparrow\rangle &= \frac{1}{2}\begin{pmatrix}1 & 0\\ 0 & -1\end{pmatrix}\begin{pmatrix}1\\ 0\end{pmatrix} = \frac{1}{2}\begin{pmatrix}1\\ 0\end{pmatrix}\\ s_z|\downarrow\rangle &= \frac{1}{2}\begin{pmatrix}1 & 0\\ 0 & -1\end{pmatrix}\begin{pmatrix}0\\ 1\end{pmatrix} = -\frac{1}{2}\begin{pmatrix}0\\ 1\end{pmatrix}\end{aligned} \tag{1.57}$$

이다. 여기서 $|\uparrow\rangle$ 는 z축 양의 방향, $|\downarrow\rangle$ 는 z축 음의 방향을 향하고 있음을 나타낸다. 일반적으로 스핀벡터는

$$|\psi\rangle = a|\uparrow\rangle + b|\downarrow\rangle = \begin{pmatrix}a\\ b\end{pmatrix} \tag{1.58}$$

과 같이 표현되며, 이 상태는 스핀이 업일 확률 $|a|^2$과 다운일 확률 $|b|^2$로 나타난다.

예제 1-3 스핀이 s_x인 고유상태를 s^2 및 s_z의 고유상태인 $|\uparrow\rangle$ 및 $|\downarrow\rangle$ 를 이용하여 나타내어라.

---

1) 양자역학적 상태는 요동효과를 가지므로 각운동량 l을 갖는 상태의 각운동량연산자인 $\mathbf{l} = \mathbf{r}\times\mathbf{p}$의 제곱의 고유치는

$$\mathbf{l}^2|lm\rangle = l(l+1)|lm\rangle$$

로 된다. 엄밀하게는 각운동량의 크기가 $\sqrt{l(l+1)}$ 이지만 통상 l을 그 크기라 한다.

[해] s_x가 $\pm\frac{1}{2}$인 고유치를 갖는 고유상태를 $|\uparrow_x\rangle$, $|\downarrow_x\rangle$ 라 하고, (1.46)식에 보인 s_z의 고유상태를 $|\uparrow_z\rangle$, $|\downarrow_z\rangle$ 로 쓰자. 그리고 우선

$$|\uparrow_x\rangle = a|\uparrow_z\rangle + b|\downarrow_z\rangle = \begin{pmatrix} a \\ b \end{pmatrix} \tag{1.59}$$

라 하면 규격화조건으로부터

$$\langle_x\uparrow|\uparrow_x\rangle = |a|^2 + |b|^2 = 1 \tag{1.60}$$

로 되어서

$$\sigma_x|\uparrow_x\rangle = |\uparrow_x\rangle \tag{1.61}$$

로 되므로

$$\begin{pmatrix} 0 & 1 \\ 1 & 0 \end{pmatrix}\begin{pmatrix} a \\ b \end{pmatrix} = \begin{pmatrix} b \\ a \end{pmatrix} = \begin{pmatrix} a \\ b \end{pmatrix} \tag{1.62}$$

이다. 즉

$$a = b \tag{1.63}$$

이 구해진다. a를 양의 실수라 하면 x축 방향을 향한 상태는

$$|\uparrow_x\rangle = \frac{1}{\sqrt{2}}\{|\uparrow_z\rangle + |\downarrow_z\rangle\} \tag{1.64}$$

로 표현된다. 또 $|\uparrow_x\rangle$ 인 경우에는

$$\sigma_x|\downarrow_x\rangle = -|\downarrow_x\rangle \tag{1.65}$$

이므로

$$\begin{pmatrix} 0 & 1 \\ 1 & 0 \end{pmatrix}\begin{pmatrix} a' \\ b' \end{pmatrix} = \begin{pmatrix} b' \\ a' \end{pmatrix} = -\begin{pmatrix} a' \\ b' \end{pmatrix} \tag{1.66}$$

으로 되고

$$a' = -b' \tag{1.67}$$

인 조건이 구해진다. a'을 양의 실수라 한다면

$$|\downarrow_x\rangle = \frac{1}{\sqrt{2}}\{|\uparrow_z\rangle - |\downarrow_z\rangle\} \tag{1.68}$$

로 된다.

(1.64)식과(1.68)식은 직교조건

$$\langle \uparrow x | \downarrow x \rangle = 0 \tag{1.69}$$

도 만족하고 있음을 알 수 있다.

s_y가 갖는 $\pm\frac{1}{2}$의 고유상태도 같은 식으로 구할 수가 있으므로

$$|\uparrow_y\rangle \left(|\downarrow_y\rangle\right) = \frac{1}{\sqrt{2}}\{|\uparrow_z\rangle + i|\downarrow_z\rangle\} \left(\frac{1}{\sqrt{2}}\{|\uparrow_z\rangle - i|\downarrow_z\rangle\}\right) \tag{1.70}$$

로 표현 가능하다. 위 식에 나오는 x, y축 방향 스핀의 고유상태는 (1.110)식에서 유도되는 스핀 회전연산자를 이용하여

$$|\uparrow_x\rangle = D_y^s\left(\frac{\pi}{2}\right)|\uparrow_z\rangle, \quad |\downarrow_x\rangle = D_y^s\left(-\frac{\pi}{2}\right)|\uparrow_z\rangle \tag{1.71}$$

$$|\uparrow_y\rangle = D_x^s\left(-\frac{\pi}{2}\right)|\uparrow_z\rangle, \quad |\downarrow_y\rangle = D_x^s\left(\frac{\pi}{2}\right)|\uparrow_z\rangle \tag{1.72}$$

로 표현 가능하다.

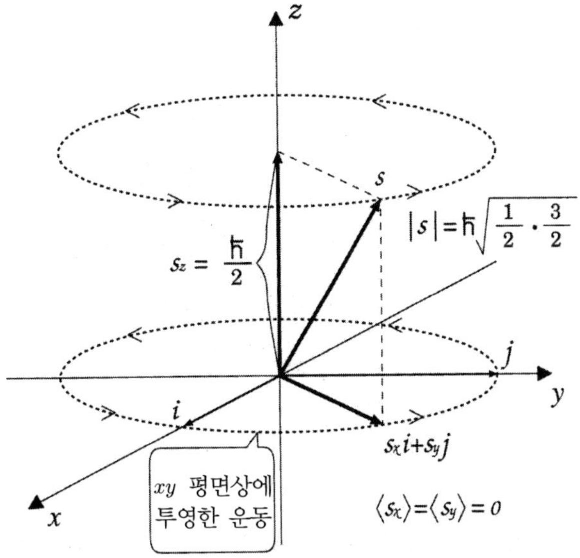

[그림 1.3] 스핀 $\frac{1}{2}\hbar$인 입자의 상방 $|\uparrow\rangle$ 상태. i, j는 각각 x, y 방향의 단위벡터를 나타낸다.

예제 1-4 σ와 가환인 임의 벡터연산자 a와 b에 대해

$$(\boldsymbol{\sigma}\cdot\mathbf{a})(\boldsymbol{\sigma}\cdot\mathbf{b}) = (\mathbf{a}\cdot\mathbf{b}) + i(\mathbf{a}\times\mathbf{b})\cdot\boldsymbol{\sigma} \tag{1.73}$$

으로 됨을 보여라.

[해] (1.73)식은

$$\begin{aligned}
&(\boldsymbol{\sigma}\cdot\mathbf{a})(\boldsymbol{\sigma}\cdot\mathbf{b}) \\
&= \sum_{i,j=(x,y,z)} \sigma_i a_i \sigma_j b_j \\
&= \sum_{i=(x,y,z)} \sigma_i^2 a_i b_i + \sum_{i\neq j} \sigma_i \sigma_j a_i b_j \\
&= \sum_{i=(x,y,z)} a_i b_i + \sigma_x\sigma_y(a_x b_y - a_y b_x) + \sigma_z\sigma_x(a_z b_x - a_x b_z) + \sigma_y\sigma_z(a_y b_z - a_z b_y) \\
&= (\mathbf{a}\cdot\mathbf{b}) + i\sigma_z[\mathbf{a}\times\mathbf{b}]_z + i\sigma_y[\mathbf{a}\times\mathbf{b}]_y + i\sigma_x[\mathbf{a}\times\mathbf{b}]_x
\end{aligned}$$

과 같이 유도 가능하다. 이 유도에는(1.49)식의 $\sigma_x\sigma_y=-\sigma_y\sigma_x=i\sigma_z$, $\sigma_z\sigma_x=-\sigma_x\sigma_z=i\sigma_y$, $\sigma_y\sigma_z=-\sigma_z\sigma_y=i\sigma_x$ 를 이용하였다. a, b와 σ는 가환이지만 a와 b는 가환이 아니더라도(1.73)식이 성립한다.

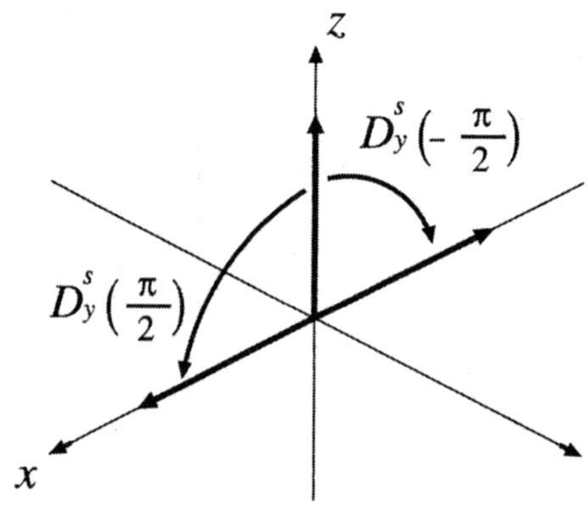

[그림 1.4] z축 방향의 스핀 고유상태 $|\uparrow_z\rangle$ 와 y축 주변의 $\pm\frac{\pi}{2}$ 회전

1.5 양자비트

고전적인 컴퓨터에서 사용된 정보단위는 비트(bit)라 불리는 것으로 0 또는 1을 사용한다. 양자컴퓨터에서는 이에 상응하게 **양자비트(qubit)** 라는 두 개의 양자상태를 선형결합하여 사용한다. 예를 들자면 스핀 $\frac{1}{2}$인 입자를 양자비트로 나타내려면 0과 1을

$$|0\rangle = |\uparrow\rangle = \begin{pmatrix} 1 \\ 0 \end{pmatrix}, \quad |1\rangle = |\downarrow\rangle = \begin{pmatrix} 0 \\ 1 \end{pmatrix} \tag{1.74}$$

와 같이 스핀업과 다운 상태로 나타내고, 일반적인 양자비트는

$$|\psi\rangle = a|0\rangle + b|1\rangle \tag{1.75}$$

와 같이 표현된다. (1.75)식이 1 양자비트 상태이며 n 양자비트는 (1.75)식이 n개 곱해진 형태인

$$|\Psi\rangle = |\psi\rangle_1|\psi\rangle_2\cdots|\psi\rangle_n = |1, 2, \cdots, n\rangle \tag{1.76}$$

과 같이 쓰여 진다.

양자비트는 광자의 편광을 이용하여도 나타낼 수가 있으며 세로 $|\updownarrow\rangle$, 가로 $|\leftrightarrow\rangle$ 의 직선편광상태인

$$|0\rangle = |\updownarrow\rangle, \quad |1\rangle = |\leftrightarrow\rangle \tag{1.77}$$

를 각각 0과 1에 대응시키면 된다. 두 개의 직선편광상태를 중첩시킨 상태인

$$|\psi\rangle = a|\updownarrow\rangle + b|\leftrightarrow\rangle \tag{1.78}$$

의 계수 a와 b를 적절하게 선택해 주면 +45°와 −45°의 대각선 방향으로 직선편광된

$$|\nearrow\rangle = \frac{1}{\sqrt{2}}\{|\updownarrow\rangle + |\leftrightarrow\rangle\} \tag{1.79}$$

$$|\searrow\rangle = \frac{1}{\sqrt{2}}\{|\updownarrow\rangle - |\leftrightarrow\rangle\} \tag{1.80}$$

의 광자상태나 우회전 원편광상태(시계방향)

$$|R\rangle = \frac{1}{\sqrt{2}}\{|\updownarrow\rangle + i|\leftrightarrow\rangle\} \tag{1.81}$$

와 좌회전 원편광상태(반시계방향)

$$|L\rangle = \frac{1}{\sqrt{2}}\{|\updownarrow\rangle - i|\leftrightarrow\rangle\} \tag{1.82}$$

인 광자상태를 만들 수 있다. 이들 상태를 이용하여도 역시 양자비트를 만들 수가 있다. (1.81), (1.82)식의 원편광상태는 광자의 진행방향으로 각운동량이 양자화되어 있고, (1.81)식의 우회전 상태의 각운동량 성분은 −1(헬리시티[2] h=−1)을 그리고 (1.82)식의 좌회전 상태의 각운동량 성분은 +1(헬리시티 h=+1)를 갖는다(제 1장 연습문제 [6] 참조).

1.6 각운동량, 스핀과 회전

파동함수 $\psi(x,y,z)$를 3차원공간에서 회전시킨다고 하자. 파동함수의 회전을 고려할 경우 두 가지 방법이 있다. 하나는 좌표축을 회전시키는 방법이고 다른 하나는 파동함수 자체를 회전시키는 방법이다. 여기서는 후자인 파동함수를 회전시키는 방법을 취한다. 우선 xy 평면에서 x축과 각도 α_0를 이루는 벡터 $\mathbf{r}=(x,y,0)=(r\cos\alpha_0, r\sin\alpha_0, 0)$을 z축 중심으로 α만큼 회전시켜 보자. 회전 후 벡터 $\mathbf{r}'=(x',y',z')$은

$$\begin{aligned}\mathbf{r}' &= (r\cos(\alpha+\alpha_0), r\sin(\alpha+\alpha_0), 0)\\ &= (\cos\alpha x - \sin\alpha y, \sin\alpha x + \cos\alpha y, 0)\end{aligned} \tag{1.83}$$

2) 헬리시티(helicity) 소립자운동방향의 스핀성분 값.
스핀을 s, 운동량을 p라 하면 헬리시티는 $h=(\mathbf{s}\cdot\mathbf{p})/|\mathbf{p}|$이 되는데, 스핀이 1/2인 입자의 경우에는 보통 $h=2(\mathbf{s}\cdot\mathbf{p})/|\mathbf{p}|$로 정의되어서 그 고유값이 ±1로 됨. 헬리시티는 좌표계의 회전에 대해 불변임.

로 됨으로

$$\begin{pmatrix} x' \\ y' \\ z' \end{pmatrix} = \begin{pmatrix} \cos\alpha & -\sin\alpha & 0 \\ \sin\alpha & \cos\alpha & 0 \\ 0 & 0 & 1 \end{pmatrix} \begin{pmatrix} x \\ y \\ z \end{pmatrix} \tag{1.84}$$

로 구해진다. z축 중심으로 각도 α 만큼 회전한 것을 $R_z(\alpha)$라 하면

$$R_z(\alpha) = \begin{pmatrix} \cos\alpha & -\sin\alpha & 0 \\ \sin\alpha & \cos\alpha & 0 \\ 0 & 0 & 1 \end{pmatrix} \tag{1.85}$$

로 되고, 그 에르미트 공액 연산자는

$$R_z^\dagger(\alpha) = \begin{pmatrix} \cos\alpha & \sin\alpha & 0 \\ -\sin\alpha & \cos\alpha & 0 \\ 0 & 0 & 1 \end{pmatrix} \tag{1.86}$$

으로 되므로

$$R_z^\dagger(\alpha) R_z(\alpha) = \begin{pmatrix} 1 & 0 & 0 \\ 0 & 1 & 0 \\ 0 & 0 & 1 \end{pmatrix} = \mathbf{1} \tag{1.87}$$

로 된다. $R_z^\dagger(\alpha) = R_z^{-1}(\alpha)$이며 $R_z(\alpha)$는 유니타리 연산자임을 나타낸다. x축과 y축 중심 회전도 같은 식으로

$$R_x(\alpha) = \begin{pmatrix} 1 & 0 & 0 \\ 0 & \cos\alpha & -\sin\alpha \\ 0 & \sin\alpha & \cos\alpha \end{pmatrix} \tag{1.88}$$

$$R_y(\alpha) = \begin{pmatrix} \cos\alpha & 0 & \sin\alpha \\ 0 & 1 & 0 \\ -\sin\alpha & 0 & \cos\alpha \end{pmatrix} \tag{1.89}$$

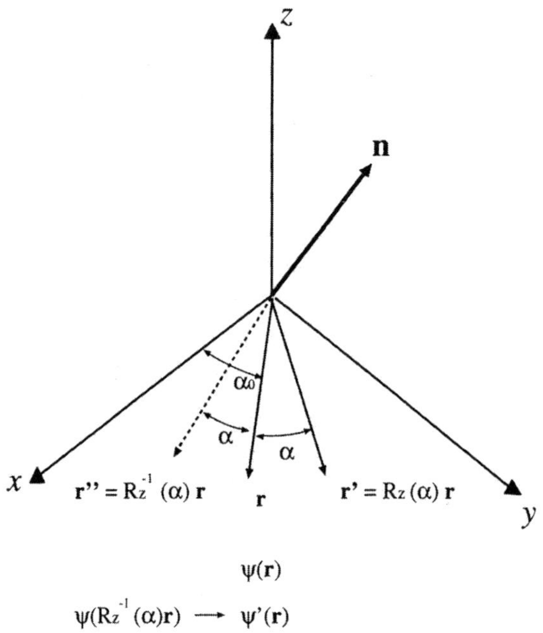

[그림 1.5] 위치벡터 r의 회전과 파동함수 $\psi(\mathrm{r})$의 회전. n은 임의 방향의 단위벡터이다.

로 표현된다. x축 중심으로 α_x, y축 중심으로 α_y, z축 중심으로 α_z 만큼 연속적으로 회전시키고자 하면

$$R(\alpha_x, \alpha_y, \alpha_z) = R_z(\alpha_z)R_y(\alpha_y)R_x(\alpha_x) \tag{1.90}$$

인 회전연산자를 벡터 r에 적용하여 만들 수 있다.

파동함수 $\psi(\mathrm{r})$의 회전은 좌표의 회전과 확실하게 구분할 필요가 있다. 파동함수의 회전을 임의 연산자 $D(\alpha)$를 이용하여

$$\psi'(\mathbf{r}) = D(\alpha)\psi(\mathbf{r}) \tag{1.91}$$

로 나타낸다. 파동함수의 내적은 스칼라량이므로 이 변환에 의해서는 불변이 되므로

$$\langle\psi'|\psi'\rangle = \langle\psi|D^{\dagger}(\alpha)D(\alpha)|\psi\rangle = \langle\psi|\psi\rangle \tag{1.92}$$

로 되고

$$D^{\dagger}(\alpha)D(\alpha) = 1 \tag{1.93}$$

이 유도된다. 회전연산자 $D(\alpha)$은 유니타리 연산자임을 알 수 있다. 파동함수를 z 축 중심으로 α만큼 회전시키면 파동함수 전체가 $\mathbf{r}' = R_z(\alpha)\mathbf{r}$만큼 회전한다. 이는 회전 이전에 $\mathbf{r}'' = R_z^{-1}(\alpha)\mathbf{r}$의 위치에 있던 파동함수가 $\mathbf{r}$의 위치로 이동한 것과 동일하다. 즉

$$\psi'(\mathbf{r}) = D_z(\alpha)\psi(\mathbf{r}) = \psi(R_z^{-1}(\alpha)\mathbf{r}) \tag{1.94}$$

로 된다. 좌표축의 회전과 파동함수의 회전은 위치 $\mathbf{r}$에 대해서 반대방향의 회전이 된다는 사실에 주의하기 바란다. 그러면 (1.94)식으로부터

$$\psi'(\mathbf{r}) = \psi(x\cos\alpha + y\sin\alpha, -x\sin\alpha + y\cos\alpha, z) \tag{1.95}$$

로 되고, α를 미소회전 $d\alpha$ 시키고 $d\alpha$의 1차 근사로 ψ를 테일러 전개해 주면

$$\begin{aligned} D_z(d\alpha)\psi(x,y,z) &\approx \psi(x + yd\alpha, -xd\alpha + y, z) \\ &\approx \psi(x,y,z) + \left(y\frac{\partial\psi}{\partial x} - x\frac{\partial\psi}{\partial y}\right)d\alpha \\ &= (1 - il_z d\alpha)\psi \end{aligned} \tag{1.96}$$

가 유도된다. 여기서 l_z는 z방향의 **궤도각운동량연산자**로서

$$l_z = xp_y - yp_x = -i\left(x\frac{\partial}{\partial y} - y\frac{\partial}{\partial x}\right) \tag{1.97}$$

로 표현된다(여기서 $\hbar$=1로 놓았다). 같은 식으로 x, y 방향의 궤도각운동량연산자는

$$l_x = yp_z - zp_y = -i\left(y\frac{\partial}{\partial z} - z\frac{\partial}{\partial y}\right) \tag{1.98}$$

$$l_y = zp_x - xp_z = -i\left(z\frac{\partial}{\partial x} - x\frac{\partial}{\partial z}\right) \tag{1.99}$$

로 표현되며 이는 스핀연산자 $\mathbf{s}$에 적용했던 (1.53)식과 동등한 교환관계인

$$[l_x, l_y] = il_z, \quad [l_y, l_z] = il_x, \quad [l_z, l_x] = il_y \tag{1.100}$$

을 만족한다.

(1.96)식에 보인 미소 회전연산자는

$$D_z(d\alpha) = 1 - il_z d\alpha \tag{1.101}$$

로 구해짐을 알았다. 유한 각도의 회전은 미소회전의 중첩으로 구할 수 있으므로

$$D_z(\alpha + d\alpha) = D_z(d\alpha) D_z(\alpha) \tag{1.102}$$

이 성립한다. (1.102)식에 (1.101)식을 적용해 주면

$$D_z(\alpha + d\alpha) = (1 - il_z d\alpha) D_z(\alpha) \tag{1.103}$$

에 의해서

$$\frac{D_z(\alpha + d\alpha) - D_z(\alpha)}{d\alpha} = \frac{dD_z(\alpha)}{d\alpha} = -il_z D_z(\alpha) \tag{1.104}$$

와 같은 미분방정식이 구해진다. 이 식을 적분하고 $D_z(0) = 1$을 이용하면

$$D_z(\alpha) = e^{-il_z \alpha} D_z(0) = e^{-il_z \alpha} \tag{1.105}$$

이 구해진다. 이 식은 그림 1.5에 보인 3차원공간의 단위벡터 $\hat{\mathbf{n}}$으로 표현되는 임의 방향을 중심으로 각도 α만큼 회전하는 식으로 확장 가능하므로

$$D(\alpha) = e^{-i\mathbf{l} \cdot \hat{\mathbf{n}} \alpha} \tag{1.106}$$

으로 표현된다. 회전에 대해서는 스핀각운동량도 궤도각운동량과 동일한 성질을 가지므로 스핀파동함수에 대한 i축 방향을 중심으로 하는 좌표축의 회전연산자는

$$D_i^s(\alpha) = e^{-i\sigma_i \alpha / 2} \tag{1.107}$$

이 된다.

여기서 스핀함수 σ_i의 홀짝여부

$$\sigma_i^{2n} = \mathbf{1}, \quad \sigma_i^{2n+1} = \sigma_i \tag{1.108}$$

과 지수함수의 전개공식

$$e^{-ix} = \sum_{n=0}^{\infty} \frac{(-ix)^n}{n!} = \sum_{n=0}^{\infty} (-)^n \frac{x^{2n}}{(2n)!} - i \sum_{n=0}^{\infty} (-)^n \frac{x^{2n+1}}{(2n+1)!} \tag{1.109}$$

에 주목하면

$$D_i^s(\alpha) = \cos\left(\frac{\alpha}{2}\right)\mathbf{1} - i\sin\left(\frac{\alpha}{2}\right)\sigma_i \tag{1.110}$$

의 관계가 얻어진다.

(1.107)식이 스핀 $\frac{1}{2}$인 상태 $|\psi\rangle$ 를 z축 중심으로 α만큼 회전시킨 것이라는 사실을 다음과 같은 방법으로 확인할 수 있다. 회전 후의 상태를 $|\psi'\rangle$ 이라 한다면 이는

$$|\psi'\rangle = D_z^s(\alpha)|\psi\rangle \tag{1.111}$$

과 같이 된다. 이 회전에 의해 스핀연산 σ_x의 $|\psi\rangle$ 에 대한 기대치는

$$\langle\psi|\sigma_x|\psi\rangle \longrightarrow \langle\psi'|\sigma_x|\psi'\rangle = \langle\psi|e^{i\sigma_z\alpha/2}\sigma_x e^{-i\sigma_z\alpha/2}|\psi\rangle \tag{1.112}$$

로 변화한다. (1.112)식의 σ_x를 (1.55)식의 브라벡터와 캐트벡터의 텐서곱으로 나타내면

$$\begin{aligned} e^{i\sigma_z\alpha/2}\sigma_x e^{-i\sigma_z\alpha/2} &= e^{i\sigma_z\alpha/2}\{|\uparrow\rangle\langle\downarrow| + |\downarrow\rangle\langle\uparrow|\}e^{-i\sigma_z\alpha/2} \\ &= e^{i\alpha/2}|\uparrow\rangle\langle\downarrow|e^{i\alpha/2} + e^{-i\alpha/2}|\downarrow\rangle\langle\uparrow|e^{-i\alpha/2} \\ &= \cos\alpha(|\uparrow\rangle\langle\downarrow| + |\downarrow\rangle\langle\uparrow|) + i\sin\alpha(|\uparrow\rangle\langle\downarrow| - |\downarrow\rangle\langle\uparrow|) \\ &= \cos\alpha\sigma_x - \sin\alpha\sigma_y \end{aligned} \tag{1.113}$$

으로 되고, (1.113)식의 기대치는

$$\langle\psi'|\sigma_x|\psi'\rangle = \cos\alpha\langle\psi|\sigma_x|\psi\rangle - \sin\alpha\langle\psi|\sigma_y|\psi\rangle \tag{1.114}$$

와 같이 구해진다. (1.114)식에 나오는 σ_x의 기대치는 스핀 $\frac{1}{2}$인 상태의 회전에서 z축 중심으로 α만큼 회전한 것으로 표현된다.(1.114)식에서 $\alpha = \pi/2$라 하면

$$\langle\psi'|\sigma_x|\psi'\rangle = -\langle\psi|\sigma_y|\psi\rangle$$

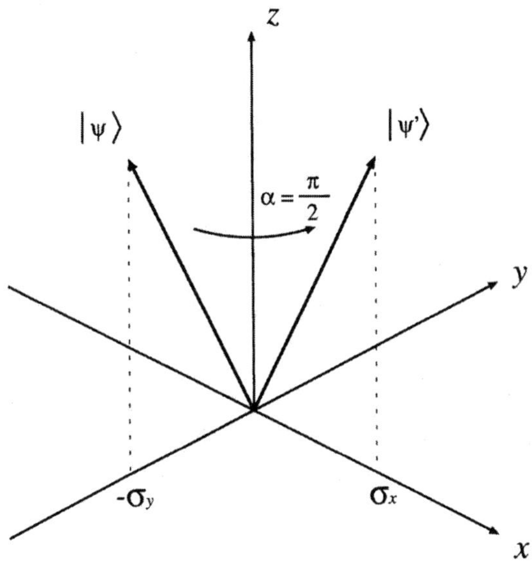

[그림 1.6] 상태 $|\psi\rangle$ 가 z축 주변으로 $\alpha=\pi/2$ 만큼 회전한 모습.

으로 되고, 회전 전의 상태 $|\psi\rangle$ 의 $-\sigma_y$ 기대치가 회전 후의 상태 $|\psi'\rangle$ 의 σ_x 기대치와 같아진다는 사실을 보여준다. 이것은 그림 1.6과 같이 상태의 회전에 의해 스핀의 방향이 변한다는 것으로 이해할 수 있다.

한편, σ_x의 기대치는 $[\sigma_z, e^{-i\sigma_z\alpha/2}]=0$에 의해

$$\langle\psi'|\sigma_z|\psi'\rangle = \langle\psi|e^{i\sigma_z\alpha/2}\sigma_z e^{-i\sigma_z\alpha/2}|\psi\rangle = \langle\psi|\sigma_z|\psi\rangle \tag{1.115}$$

로 변화하지는 않는다. 따라서 회전연산자 $D_z^s(\alpha)$는 $|\psi\rangle$ 를 z축 주변으로 α만큼 회전시킨다는 사실을 알 수 있다.

스핀 $\frac{1}{2}$인 상태의 특징은 $\alpha=\pi/2$만큼 회전시키면 그 상태가 원래의 상태로 돌아가지 못한다는 것이다.

$$\begin{pmatrix} 1 & 0 \\ 0 & 1 \end{pmatrix} = |\uparrow\rangle\langle\uparrow| + |\downarrow\rangle\langle\downarrow| \tag{1.116}$$

을 이용하여 캐트벡터 $|\psi\rangle$ 를

$$|\psi\rangle = |\uparrow\rangle\langle\uparrow|\psi\rangle + |\downarrow\rangle\langle\downarrow|\psi\rangle \tag{1.117}$$

로 표현한다. 이 상태에 $D_z^s(2\pi)$를 적용시키면

$$\begin{aligned} |\psi'\rangle &= D_z^s(2\pi)|\psi\rangle = e^{-i\sigma_z\pi}|\uparrow\rangle\langle\uparrow|\psi\rangle + e^{-i\sigma_z\pi}|\downarrow\rangle\langle\downarrow|\psi\rangle \\ &= -(|\uparrow\rangle\langle\uparrow|\psi\rangle + |\downarrow\rangle\langle\downarrow|\psi\rangle) = -|\psi\rangle \end{aligned} \tag{1.118}$$

로 되고 2π만큼 회전하면 (−) 위상을 가지므로 원래상태로 돌아가기 위해서는 4π 만큼 회전을 시켜야 한다. 이것이 스핀 $\frac{1}{2}$인 입자를 회전시킬 때의 특징이다.

회전을 할 경우 (1.101)식은 시간전개 연산자 (1.17)식의 $U(\Delta t)$와 같은 형태를 가짐에 유의하기 바란다. 즉 (1.17)식의 해밀토니안 H를 l_z로, Δt를 $d\alpha$로 치환해 주면 (1.101)식이 된다. 이런 성질은 갈릴레이 변환 연산자에 대해서도 성립하는 일반성을 갖는다.

연습문제

1 광자쌍의 직선편광상태

$$|\Psi\rangle_{12} = \frac{1}{\sqrt{2}}\{|\updownarrow\rangle_1|\updownarrow\rangle_2 - |\leftrightarrow\rangle_1|\leftrightarrow\rangle_2\} \tag{1.119}$$

를 원편광상태 $|R\rangle$ 과 $|L\rangle$ 을 이용하여 나타내어라.

2 스핀 s_y인 고유상태를 s_z의 고유상태 $|\uparrow_z\rangle$ 와 $|\downarrow_z\rangle$ 를 이용하여 나타내어라.

3 스핀연산자 s의 제곱 s^2과 s_z가 가환임을 보여라.

4 스핀연산자

$$\begin{aligned}
\sigma_x &= |\uparrow\rangle\langle\downarrow| + |\downarrow\rangle\langle\uparrow|, \\
\sigma_y &= -i(|\uparrow\rangle\langle\downarrow| - |\downarrow\rangle\langle\uparrow|), \\
\sigma_z &= (|\uparrow\rangle\langle\uparrow| - |\downarrow\rangle\langle\downarrow|)
\end{aligned}$$

이 (1.50)식과 (1.51)식의 교환관계를 만족함을 보여라.

5 궤도각운동량 연산자 l_x, l_y, l_z가 (1.100)식의 교환관계를 만족함을 보여라.

6 xy평면에서 원편광상태인

$$|L\rangle = \frac{1}{\sqrt{2}}\{|\updownarrow\rangle - i|\leftrightarrow\rangle\}$$
$$|R\rangle = \frac{1}{\sqrt{2}}\{|\updownarrow\rangle + i|\leftrightarrow\rangle\}$$

을 (1.106)식의 연산자를 이용하여 z축 중심으로 $d\alpha\,(d\alpha \ll 1)$만큼 회전시켜 z방향의 각운동량 성분 $l_z = \pm 1$를 가짐을 보여라. (헬리시티 $h = (\mathrm{p}\cdot\mathrm{l})/\mathrm{p} = \pm 1$)

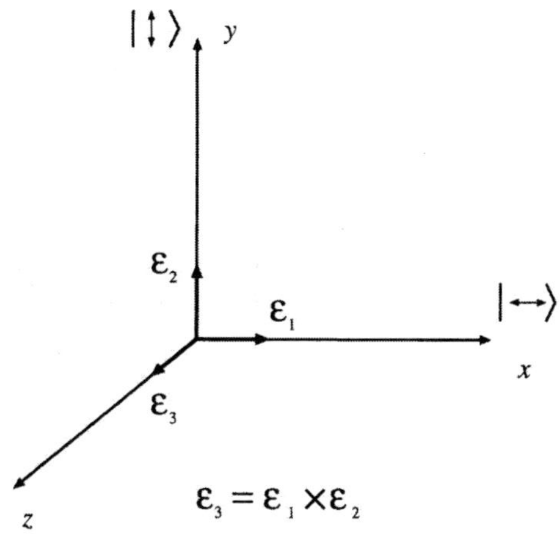

[그림 1.7] x, y, z 방향의 단위벡터 $\varepsilon_1, \varepsilon_2, \varepsilon_3$와 직선편광상태 $|\leftrightarrow\rangle$, $|\updownarrow\rangle$

Chapter

02

EPR 쌍과 관측문제

양자역학이 완성된 1920년 경 양자역학의 통계적 해석을 둘러싸고 보어(N. Bohr)와 아인슈타인(A. Einstein) 사이에 벌어졌던 논쟁은 아주 유명하다. 결과적으로 이 논쟁은 보어의 완승으로 끝이 났으며 보어의 파동함수의 통계적 해석이나, 파와 입자의 이중성 등은 이후의 많은 실험사실들을 잘 설명해 준다. 그러나 이 논쟁 중 아인슈타인, 포돌스키, 로젠(Rosen) 등에 의해 제안되었던 두 개의 얽힌(entangled) 입자(EPR 쌍)에 의한 사고실험(思考實驗)은 현재 양자통신이나 양자암호 문제에 큰 영향을 주고 있다.

2.1 EPR 쌍

EPR 쌍은 스핀이 $\frac{1}{2}$인 입자쌍 또는 2개의 편극(偏極)된 광자쌍이 중첩되어서 만들어지는 것이다. 이 EPR이란 이름은 Einstein, Podolski, Rosen의 이니셜을 따서 만든 것이다. 여기에서는 봄(D. Bohm)의 사고실험을 고려해 보자. 두 개의 양자나 전자 등 스핀 $\frac{1}{2}$인 입자가 전체 스핀 0인 상태를 만든다고 하자. 전체 스핀이 $S = s_1 + s_2$인 파동함수는(1.74)식의 스핀업과 스핀다운의 중첩으로

$$|S=0\rangle = \frac{1}{\sqrt{2}}\{|\uparrow\rangle_1|\downarrow\rangle_2 - |\downarrow\rangle_1|\uparrow\rangle_2\} \tag{2.1}$$

과 같이 표현된다.

예제 2-1 식 (2.1)의 2입자 상태가 전체스핀 $S=0$를 가짐을 보여라.

[해] 2입자계의 스핀연산자는

$$\mathbf{S}^2=(\mathbf{s}_1+\mathbf{s}_2)^2=\frac{1}{4}(\boldsymbol{\sigma}_1^2+\boldsymbol{\sigma}_2^2+2\boldsymbol{\sigma}_1\boldsymbol{\sigma}_2)=\frac{1}{4}(3+3+2\boldsymbol{\sigma}_1\boldsymbol{\sigma}_2)=\frac{1}{2}(3+\boldsymbol{\sigma}_1\boldsymbol{\sigma}_2) \quad (2.2)$$

로 표현된다. 여기에 (1.5)식을 사용하였다. 두 스핀의 스칼라곱 $\sigma_1\cdot\sigma_2=\sigma_{x1}\sigma_{x2}+\sigma_{y1}\sigma_{y2}+\sigma_{z1}\sigma_{z2}$에 대한 (2.1)식의 기대치는

$$\begin{aligned}\sigma_x|\uparrow\rangle&=|\downarrow\rangle, &\sigma_x|\downarrow\rangle&=|\uparrow\rangle\\ \sigma_y|\uparrow\rangle&=i|\downarrow\rangle, &\sigma_y|\downarrow\rangle&=-i|\uparrow\rangle\\ \sigma_z|\uparrow\rangle&=|\uparrow\rangle, &\sigma_z|\downarrow\rangle&=-|\downarrow\rangle\end{aligned} \quad (2.3)$$

을 이용하면, $\sigma_{x1}\sigma_{x2}$, $\sigma_{y1}\sigma_{y2}$는 비대각항, $\sigma_{z1}\sigma_{z2}$는 대각항만이 남게 되어서

$$\begin{aligned}\langle S=0|\boldsymbol{\sigma}_1\cdot\boldsymbol{\sigma}_2|S=0\rangle &= -\frac{2}{2}\,{}_1\langle\uparrow|_2\langle\downarrow|\{\sigma_{x1}\sigma_{x2}+\sigma_{y1}\sigma_{y2}\}|\downarrow\rangle_1|\uparrow\rangle_2\\ &\quad+\frac{2}{2}\,{}_1\langle\uparrow|_2\langle\downarrow|\sigma_{z1}\sigma_{z2}|\uparrow\rangle_1|\downarrow\rangle_2\\ &= -(1\cdot1-i\cdot i)+(1\cdot(-1))=-3\end{aligned} \quad (2.4)$$

로 구해진다. 즉 (2.2)식은 $\langle S=0|\mathbf{S}^2|S=0\rangle=0$로 되고 (2.1)식 파동함수의 전체 스핀은 0이 된다.

그림 2.1과 같이 스핀이 $S=0$인 상태를 관측자 영희와 철수가 서로 멀리 떨어진 위치에서 관측한다고 하자. 관측자 영희가 스핀 1의 z성분을 관측하면 스핀업과 스핀다운 성분이 반반씩 섞여 있으므로 그것들의 확률은 각각 50%이다.

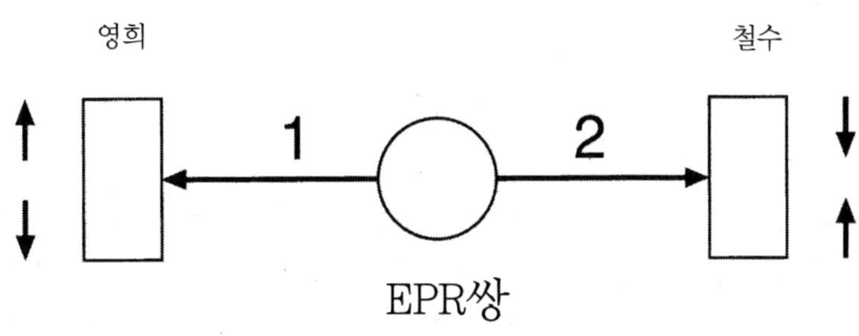

[그림 2.1] EPR 쌍과 관측자 영희와 철수가 관측한 스핀방향

관측자 철수가 스핀 2의 z성분을 관측하면 역시 동일한 결과를 얻게 된다. 그러나 관측자 영희가 스핀업인 상태를 관측했다면 철수는 100% 스핀다운인 성분만을 관측하여야 한다. 관측자 영희와 철수가 지구와 달 또는 은하와 같은 곳으로 멀리 떨어져 있더라도 이런 원격작용, 파동함수의 수축에 의해 상관관계를 갖는다는 것이 일반적인 양자역학적 해석이다.

이런 해석에 반대한 이가 아인슈타인인데 그는 양자역학적 세계를 확률적으로 볼 수 밖에 없는 이유는 미지인 어떤 변수(숨은 변수)가 관측되지 않기 때문이라 주장하였다. 이 논쟁은 오랜 기간 동안 철학적 개념상의 문제로 거론이 되다가 1964년 벨(J.S. Bell)에 의해 제창된 벨의 부등식에 의해 관측 가능한 문제로 되었으며 이론의 정당성이 완성되었다. 한편 EPR 쌍의 실험은 정보통신 분야에 있어서 완전히 새로운 수단을 제공하였다. 이것을 **양자통신** 또는 **양자순간수송**(quantum teleportation)이라 부르며 서로 얽혀있는 두 입자를 이용하여 정보를 순식간에 보내는 방법을 이해하게 해준다.

2.2 양자상태의 전달

스핀업과 스핀다운 상태를 중첩시킨 양자상태

$$|\phi\rangle_1 = a|\uparrow\rangle_1 + b|\downarrow\rangle_1 = \begin{pmatrix} a \\ b \end{pmatrix} \tag{2.5}$$

를 EPR 쌍을 이용하여 영희가 철수에게 보낸다고 가정하자. 전달되는 양자상태의 지표를 1이라 하고 EPR 쌍의 지표를 2와 3이라 한다면 EPR 쌍의 파동함수는

$$|\Psi\rangle_{23} = \sqrt{\frac{1}{2}}\{|\uparrow\rangle_2|\downarrow\rangle_3 - |\downarrow\rangle_2|\uparrow\rangle_3\} \tag{2.6}$$

로 쓸 수 있다. EPR 쌍 중에서 입자 2는 영희에게 그리고 입자 3은 철수에게 전송된다고 가정하자. 여기서 EPR 쌍은 영희가 철수에게로 전달하지 않는 정보는 전혀 포함하지 않는다는 사실에 주의하기 바란다. ϕ와 Ψ 상태를 중첩시켜 **벨상태**(Bell state)라 불리는 두 입자계의 완전상태로 분해가 가능하다.

벨상태는

$$|\Psi^{(\pm)}\rangle_{12} = \frac{1}{\sqrt{2}}\{|\uparrow\rangle_1|\downarrow\rangle_2 \pm |\downarrow\rangle_1|\uparrow\rangle_2\} \tag{2.7}$$

$$|\Phi^{(\pm)}\rangle_{12} = \frac{1}{\sqrt{2}}\{|\uparrow\rangle_1|\uparrow\rangle_2 \pm |\downarrow\rangle_1|\downarrow\rangle_2\} \tag{2.8}$$

의 4 종류이다. EPR 쌍은 $|\Psi^{(-)}\rangle$ 에 대응한다. ϕ와 Ψ 를 중첩시켜 만든 3 입자 상태는 벨상태를 이용하여

$$\begin{aligned}|\Psi\rangle_{123} = |\phi\rangle_1|\Psi\rangle_{23} = \tfrac{1}{2}\Big[&|\Psi^{(-)}\rangle_{12}(-a|\uparrow\rangle_3 - b|\downarrow\rangle_3) + |\Psi^{(+)}\rangle_{12}(-a|\uparrow\rangle_3 + b|\downarrow\rangle_3)\\ &+|\Phi^{(-)}\rangle_{12}(a|\downarrow\rangle_3 + b|\uparrow\rangle_3) + |\Phi^{(+)}\rangle_{12}(a|\downarrow\rangle_3 - b|\uparrow\rangle_3)\Big]\end{aligned} \tag{2.9}$$

와 같이 표현할 수 있다.

(2.9)식은 영희가 두 개의 입자를 측정한 경우, 4개의 벨상태는 같은 확률로 관측됨을 나타낸다. 여기서 주목해야 할 사실은 영희가 벨상태 중 하나를 관측하면 철수가 관측하는 3번째 입자의 상태는 그 순간에 결정되어버린다는 것이다. 이 상태는 표 2.1에 요약해 놓았듯이 각각이 영희가 전달하고자 하는 상태와 연관되어 있다. 영희가 $\Psi_{12}^{(-)}$ 를 관측한 경우 철수에는 영희의 상태에서 −1의 위상을 뺀 채로 전달된다. 그 외의 경우에는 $\sigma_x, \sigma_y, \sigma_z$로 변환된 상태로 된다.

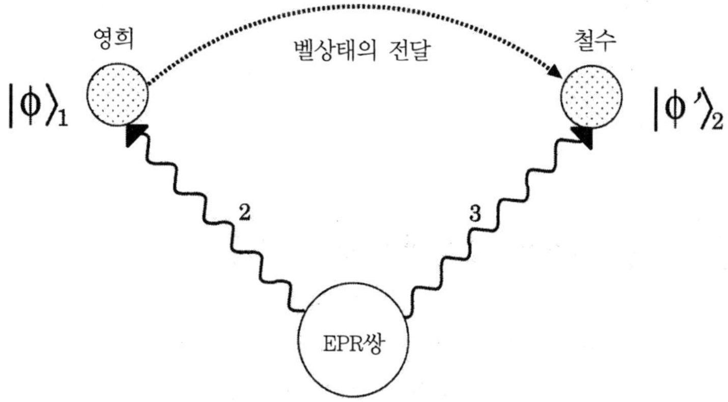

[그림 2.2] 양자순간수송(quantum teleportation)과 벨상태

이렇게 영희에서 철수의 아래쪽으로 영희가 전달하고자 하는 양자정보는 순간적으로 전달되는데 이런 것을 **양자순간수송**이라 한다. 영희가 벨상태의 어느 하나를 관측했다고 철수에게 전달하면 철수는 $1, \sigma_x, \sigma_y, \sigma_z$ 중 어느 하나를 이용하여 적당한 변환을 하여 철수로부터 온 정보를 재현한다. 그러나 영희 주변에는 영희가 최초에 지니고 있던 정보는 남아있지 않고 비밀리에 보관되어 있다. 이렇게 EPR 쌍을 이용한 양자순간수송은 신속하면서 안전하게 정보를 전달하는 수단으로서 큰 가능성을 지니고 있다. 양자순간수송 실험은 편광된 광자쌍을 이용하여 1990년대부터 이루어졌으며 영희가 철수에게로 양자역학적인 수단에 의해 정보를 전달하는 실험으로 자리를 잡아가고 있는 중이다.

[표 2.1] 영희가 관측한 벨상태와 철수로 전달된 정보 사이의 관계

영희	철수
$\Psi_{12}^{(-)}$	$-a\lvert\uparrow\rangle_3 - b\lvert\downarrow\rangle_3 = -\begin{pmatrix} a \\ b \end{pmatrix}_3$
$\Psi_{12}^{(+)}$	$-a\lvert\uparrow\rangle_3 + b\lvert\downarrow\rangle_3 = \begin{pmatrix} -a \\ b \end{pmatrix}_3 = -\sigma_z \begin{pmatrix} a \\ b \end{pmatrix}_3$
$\Phi_{12}^{(-)}$	$b\lvert\uparrow\rangle_3 + a\lvert\downarrow\rangle_3 = \begin{pmatrix} b \\ a \end{pmatrix}_3 = \sigma_x \begin{pmatrix} a \\ b \end{pmatrix}_3$
$\Phi_{12}^{(+)}$	$-b\lvert\uparrow\rangle_3 + a\lvert\downarrow\rangle_3 = \begin{pmatrix} -b \\ a \end{pmatrix}_3 = -i\sigma_y \begin{pmatrix} a \\ b \end{pmatrix}_3$

2.3 아인슈타인 양자역학의 국소원리

아인슈타인이 갖고 있는 미시세계 물리현상에 대한 기본적인 사고는 국소원리이다. 이 원리는 관측자 철수가 관측하는 물리량은 공간적으로 떨어져 있는 영희의 관측에 의존하지 않는다고 생각하는 것이다. 이것이 숨겨진 변수이론의 기본적 사고법이다. 구체적으로 숨겨진 변수이론이 스핀 $\frac{1}{2}$인 입자의 관측결과를 어떻게 기술할 수 있을까에 대해 생각해 보기로 하자. 스핀의 방향을 z와 x 방향에서 측정하기

로 하자. 이 이론에 의하자면 스핀의 z 성분과 x 성분을 동시에 측정할 수는 없으며, 스핀이 z축의 + 방향을 향하고 있을 때 s_x의 성분이 (+)와 (−) 방향으로 향하고 있을 확률이 동일하다. s_x의 방향을 숨겨진 변수라 본다면 $|\uparrow_z\rangle$ 의 상태는

$$|\uparrow_z\rangle_{\mathrm{HV}} = \int_{-\frac{1}{2}}^{\frac{1}{2}} |\uparrow_z, \lambda\rangle w(\lambda) d\lambda \tag{2.10}$$

와 같이 표현된다. 여기서 HV는 숨겨진 변수(hidden variable)의 약칭이고, $w(\lambda)$는 중첩함수이다. 숨겨진 변수를 s_x의 (+)와 (−) 상태만으로 나타내면

$$|\uparrow_z\rangle_{\mathrm{HV}} = \frac{1}{\sqrt{2}}\{|\uparrow_z\uparrow_x\rangle + |\uparrow_z\downarrow_x\rangle\} \tag{2.11}$$

으로 되고, σ_z와 σ_x의 기대값을 구해보면

$$\langle\uparrow_z|\sigma_z|\uparrow_z\rangle_{\mathrm{HV}} = \frac{1}{2} + \frac{1}{2} = 1 \tag{2.12}$$

$$\langle\uparrow_z|\sigma_x|\uparrow_z\rangle_{\mathrm{HV}} = \frac{1}{2} - \frac{1}{2} = 0 \tag{2.13}$$

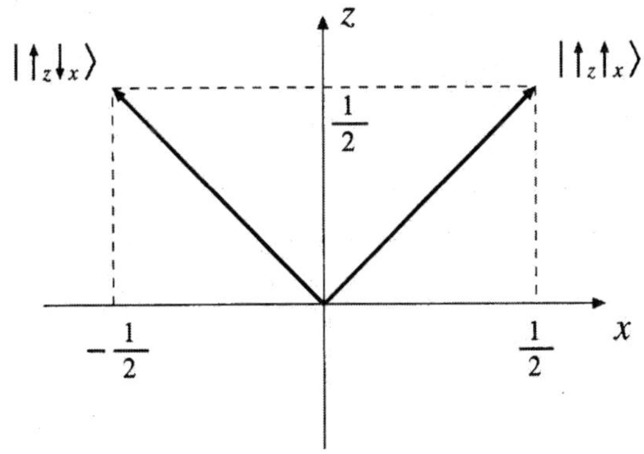

[그림 2.3] 숨겨진 변수 이론에 의한 스핀의 방향

이 된다. 이 결과는 양자역학의 $|\uparrow_z\rangle_{\mathrm{QM}}$ 파동함수가 (1.64)식과 (1.68)식의 σ_x의 고유상태를 이용하여

$$|\uparrow_z\rangle_{\mathrm{QM}} = \frac{1}{\sqrt{2}}\{|\uparrow_x\rangle + |\downarrow_x\rangle\} \tag{2.14}$$

로 표현되고

$$\langle \uparrow_z | \sigma_z | \uparrow_z \rangle_{\text{QM}} = 1 \tag{2.15}$$

$$\langle \uparrow_z | \sigma_x | \uparrow_z \rangle_{\text{QM}} = \frac{1}{2}(1-1) = 0 \tag{2.16}$$

으로 되므로 HV와 QM의 결과는 완전히 일치한다. 여기서 QM은 Quantum Mechanics의 약칭이다.

이 숨겨진 변수 이론을 (2.6)식과 같이 $S=0$인 두 입자쌍에 응용해 보자. 이 경우 전체 스핀 S가 0이므로 스핀 1과 2는 z방향 및 x방향에서 각 방향으로 반대방향을 이루고 있어야만 한다. 그 조합은

$$|\Psi\rangle_{\text{HV}} = \frac{1}{2}\{|\uparrow_z\uparrow_x\rangle_1|\downarrow_z\downarrow_x\rangle_2 + |\uparrow_z\downarrow_x\rangle_1|\downarrow_z\uparrow_x\rangle_2 - |\downarrow_z\uparrow_x\rangle_1|\uparrow_z\downarrow_x\rangle_2 - |\downarrow_z\downarrow_x\rangle_1|\uparrow_z\uparrow_x\rangle_2\} \tag{2.17}$$

로 주어지며, 각각의 상태가 25%씩 포함돼 있다. (2.17)식의 상태는 입자 1의 z 방향 스핀이 (+)이면 입자 2는 (−), 입자 1의 z 방향 스핀이 (−)이면 입자 2는 (+)로 되어서 양자역학 $S=0$ 상태의 결과와 완전하게 일치한다. 그러나 여기서 주의해야 할 점은 모든 상태에서 x방향의 스핀 방향이 관측의 여부에 무관하게 결정된다는 것이다.

1 입자계의 경우 숨겨진 변수이론이 양자역학의 확률해석과 같은 결과를 가져다준다. 두 입자계인 (2.17)식으로 주어진 상태를 생각해 보자. 지금 스핀의 측정방향으로 xz 평면상의 세 단위벡터 a, b, c의 방향을 생각해 보자. 각각의 방향에서 측정에 의해 스핀의 방향이 (+) 인지 (−) 인지를 확인하고, 두 벡터 a와 b, a와 c 및 c와 b 방향에서 첫 번째 입자와 두 번째 입자가 (+)(+)를 관측할 확률을 계산해 보자.

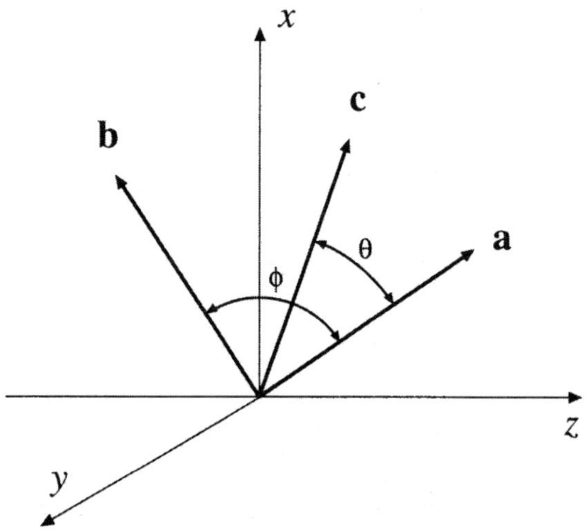

[그림 2.4] xz 평면에 놓인 a, b, c 세 방향의 측정기

[표 2.2] 숨겨진 변수에 의한 두 입자쌍의 a, b, c 방향에 따르는 스핀의 측정 가능한 조합표

관측자	영희	철수
확률	입자 1	입자 2
C_1	$\uparrow a \uparrow b \uparrow c$	$\downarrow a \downarrow b \downarrow c$
C_2	$\uparrow a \uparrow b \downarrow c$	$\downarrow a \downarrow b \uparrow c$
C_3	$\uparrow a \downarrow b \uparrow c$	$\downarrow a \uparrow b \downarrow c$
C_4	$\uparrow a \downarrow b \downarrow c$	$\downarrow a \uparrow b \uparrow c$
C_5	$\downarrow a \uparrow b \uparrow c$	$\uparrow a \downarrow b \downarrow c$
C_6	$\downarrow a \uparrow b \downarrow c$	$\uparrow a \downarrow b \uparrow c$
C_7	$\downarrow a \downarrow b \uparrow c$	$\uparrow a \uparrow b \downarrow c$
C_8	$\downarrow a \downarrow b \downarrow c$	$\uparrow a \uparrow b \uparrow c$

[표 2.2]에 두 입자쌍의 스핀을 측정할 때 a, b, c 방향의 가능한 스핀방향의 조합을 보인다. 제 1 예의 확률 C_1의 결과는 입자 1을 a 방향에서 관측하면 +1, b, c 방향에서도 역시 +1의 값을 갖는 경우이다. 전체 스핀이 0이 되려면 입자 2는 반드시 a, b, c 방향에서 −1이 되어야 한다. 측정결과는 표 2.2의 8개 조합 중 반드시 어느 한 곳에 속해야 한다. 관측자 영희가 입자 1을 a 방향에서 관측하고 철수

가 입자 2를 b 방향에서 관측하였는데 이 때 둘 다 양의 값을 가질 확률은

$$P(\uparrow_a, \uparrow_b) = C_3 + C_4 \tag{2.18}$$

이다. 또 a와 c 방향에서 관측하고 모두 양의 값을 가질 확률은

$$P(\uparrow_a, \uparrow_c) = C_2 + C_4 \tag{2.19}$$

이고, c와 b 방향에서는

$$P(\uparrow_c, \uparrow_b) = C_3 + C_7 \tag{2.20}$$

로 된다. 각각의 확률 P는 양이므로 (2.18), (2.19), (2.20)식으로 부터

$$P(\uparrow_a, \uparrow_b) \leqq P(\uparrow_a, \uparrow_c) + P(\uparrow_c, \uparrow_b) \tag{2.21}$$

이 됨이 분명하다. (2.21)식을 **벨의 부등식**이라 부른다.

이 부등식을 두 입자가 $S=0$인 쌍으로 되어 있는 양자상태로 가정해 보자. 우선 (2.21)식의 $P(\uparrow_a, \uparrow_b)$를 계산한다. 입자 1이 벡터 a의 + 방향이라면 입자 2는 반드시 −방향이어야 한다. b 방향의 $|\downarrow_b\rangle$ 상태는 y축 중심으로 각도 $-\phi$만큼 회전하여 a 방향의 $|\downarrow_a\rangle$ 상태로 된다. (1.110)식을 이용하면

$$\begin{aligned} |\downarrow_a\rangle_2 &= D_y^s(-\phi)|\downarrow_b\rangle_2 \\ &= \left\{\cos\left(-\frac{\phi}{2}\right) - i\sin\left(-\frac{\phi}{2}\right)\begin{pmatrix} 0 & -i \\ i & 0 \end{pmatrix}\right\}\begin{pmatrix} 0 \\ 1 \end{pmatrix}_2 \\ &= \left\{\cos\left(\frac{\phi}{2}\right)|\downarrow_b\rangle_2 + \sin\left(\frac{\phi}{2}\right)|\uparrow_b\rangle_2\right\} \end{aligned} \tag{2.22}$$

로 구해진다. 즉 b 방향에서 +의 스핀을 관측할 확률은

$$|\langle\uparrow_b|\downarrow_a\rangle_2|^2 = \sin^2\left(\frac{\phi}{2}\right) \tag{2.23}$$

이고, a와 b에서 +와 +를 관측할 확률은

$$P(\uparrow_a, \uparrow_b) = \sin^2\left(\frac{\phi}{2}\right) \tag{2.24}$$

와 벡터 a, b가 이루는 각 ϕ를 이용해 표현된다. 동일한 방법으로

$$P(\uparrow_a, \uparrow_c) = \sin^2\left(\frac{\theta}{2}\right) \tag{2.25}$$

$$P(\uparrow_c, \uparrow_b) = \sin^2\left(\frac{(\phi-\theta)}{2}\right) \tag{2.26}$$

가 얻어진다. 벨의 부등식 (2.21)에서 θ와 ϕ의 함수

$$\begin{aligned} C(\phi,\theta) &\equiv P(\uparrow_a, \uparrow_c) + P(\uparrow_c, \uparrow_b) - P(\uparrow_a, \uparrow_b) \\ &= \sin^2\left(\frac{\theta}{2}\right) + \sin^2\left(\frac{(\phi-\theta)}{2}\right) - \sin^2\left(\frac{\phi}{2}\right) \end{aligned} \tag{2.27}$$

로 구해지고 이것은 항상 양이다.

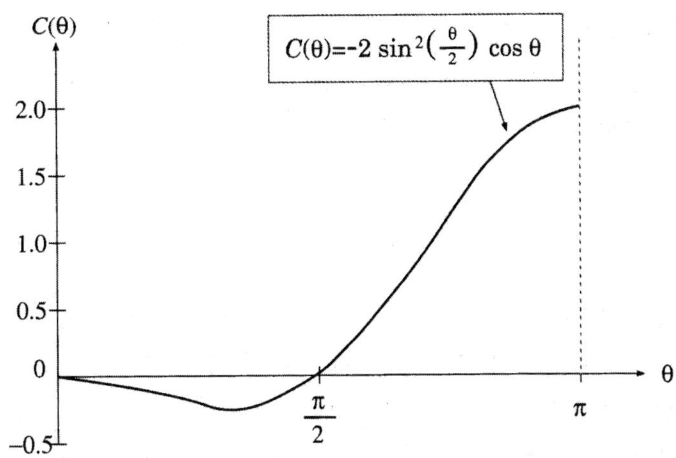

[그림 2.5] 양자역학 관측에 의한 벨 부등식의 어긋남. $C(\theta) < 0$인 영역 $0 < \theta < \pi/2$에서 벨의 부등식이 어긋난다.

간단하게 하기 위해 $\phi = 2\theta$라 두면 (2.27)식은

$$C(\phi = 2\theta, \theta) = -2\sin^2\left(\frac{\theta}{2}\right)\cos\theta \tag{2.28}$$

로 된다. (2.28)식은 분명히 $0 < \theta < \pi/2$에서는 음이니까 벨의 부등식이 파괴됨을 알 수 있다. 파괴의 최대는 $\theta = \pi/3$에서 일어나며 이 때 $C(\theta = \pi/3) = -0.25$로 된다.

2.4 상관된 두 입자의 측정과 숨겨진 변수 이론

2.4.1 CHSH 부등식

양자역학의 숨겨진 변수 이론은 통계적인 확률해석과 대립되는 사고법으로서 양자역학에서는 관측되지 않는 **숨겨진 변수**가 존재하며 그 변수가 물리현상을 결정한다고 생각하는 것이다. 예컨대 제 2.3절에서 z 방향의 스핀 측정에 관련된 x 방향의 스핀방향이 그 숨겨진 변수에 해당한다. 이 이론은 예를 들어 두 입자계에서 한 입자의 측정결과가 다른 한 입자의 측정에 영향을 미치는 원격작용은 존재하지 않으며 각각의 위치에서 어느 입자라도 숨겨진 변수 λ의 결정된 값을 갖는다는 국소적 입장을 견지한다. 그리고 입자가 값 λ를 가질 확률이 $\rho(\lambda)$로 주어지며 확률밀도 $\rho(\lambda)$ (>0)는 규격화조건

$$\int \rho(\lambda) d\lambda = 1 \tag{2.29}$$

를 만족한다. 이 $\rho(\lambda)$는(2.10)식의 중첩함수와 $\rho(\lambda) = |w(\lambda)|^2$의 관계에 있다.

숨겨진 변수이론의 입장에서, 전체스핀 $S = 0$를 갖는 (2.1)식으로 표현되는 EPR 쌍의 스핀이 멀리 떨어진 장소에서의 관측에 의해 어떤 상관관계를 갖는지 생각해 보자. 그림 2.6과 같이 영희와 철수가 반대방향에 위치해 있고 거기에 단위벡터 a와 b 방향으로 놓인 측정장치가 있으며, 입자의 스핀방향을 관측한 결과를 A와 B라 하자. 이 A와 B는 숨겨진 변수 λ와 각각의 측정방향 a와 b에 의존하므로 $A(\mathrm{a}, \lambda)$와 $B(\mathrm{b}, \lambda)$라 할 수 있다.

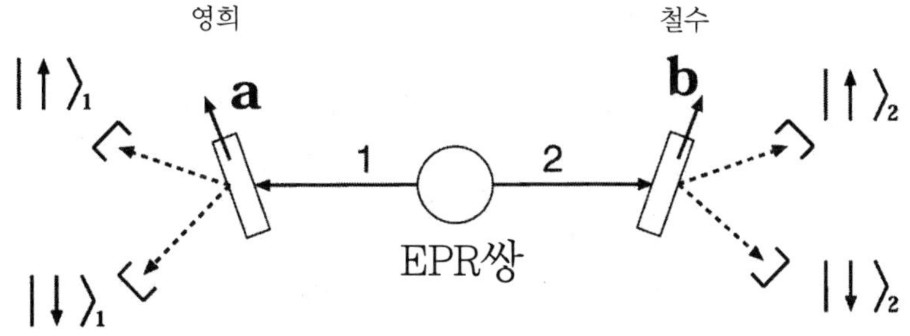

[그림 2.6]
EPR 쌍의 관측실험. 전체 스핀이 $S=0$이고 각자의 스핀이 $\frac{1}{2}$인 두 입자(또는 다른 편광을 가진 두 개의 입자쌍)를 영희와 철수가 각각 a 및 b 방향으로 배치된 자기장(광자의 경우에는 편광계기)에 의해 스핀의 방향을 분리하여 측정한다.

A와 B는 스핀연산자 σ의 방향을 관찰한 결과라 하면 그 최대치는 1, 최소치는 −1이 되므로

$$|A(\mathbf{a},\lambda)|\leqq 1, \quad |B(\mathbf{b},\lambda)|\leqq 1 \tag{2.30}$$

의 조건을 만족한다. 국소적으로 숨겨진 변수이론에 의한 측정 A, B의 상관은

$$E_{\mathrm{HV}}(\mathbf{a},\mathbf{b}) = \int A(\mathbf{a},\lambda)B(\mathbf{b},\lambda)\rho(\lambda)d\lambda \tag{2.31}$$

로 쓸 수 있다. 4개의 측정방향을 $\mathbf{a}$, $\mathbf{a}'$, $\mathbf{b}$, $\mathbf{b}'$ 라 하면 이들의 상관에는 CHSH 부등식

$$S_{\mathrm{HV}} \equiv |E(\mathbf{a},\mathbf{b}) - E(\mathbf{a},\mathbf{b}')| + |E(\mathbf{a}',\mathbf{b}') + E(\mathbf{a}',\mathbf{b})| \leqq 2 \tag{2.32}$$

이 성립한다. (2.32)식은 CHSH **부등식**(Clauser, Horne, Shimony, Holt 부등식)[3] 이라 불리는데 이는 벨의 부등식의 일종이다.

예제 2-2 CHSH 부등식을 증명하여라.

[해] 여기서는 숨겨진 변수 λ를 생략하여 $A(\mathrm{a},\lambda)$, $B(\mathrm{b},\lambda)$를 $A(\mathrm{a})$와 $B(\mathrm{b})$로 쓰기로 한다. (2.32)식의 우변 제 1항에 주목하자.

이 항에 다음과 같이 합이 0이 되는 두 개의 적분을 ± 부호를 첨부해 전체를 바꾸어주면

3) J.F. Clauser, M.A. Horne, A. Shimony and R.A. Holt, Phys. Rev. Lett. 23, 880(1969)
J.F. Clauser, M.A. Horne, Phys. Rev. D10, 526(1974)

$$\begin{aligned}
&|E(\mathbf{a},\mathbf{b})-E(\mathbf{a},\mathbf{b}')| \\
&= \left|\int A(\mathbf{a})B(\mathbf{b})\rho(\lambda)d\lambda - \int A(\mathbf{a})B(\mathbf{b}')\rho(\lambda)d\lambda \right. \\
&\quad \left. \pm\left[\int A(\mathbf{a})B(\mathbf{b})A(\mathbf{a}')B(\mathbf{b}')\rho(\lambda)d\lambda - \int A(\mathbf{a})B(\mathbf{b}')A(\mathbf{a}')B(\mathbf{b})\rho(\lambda)d\lambda\right]\right| \\
&= \left|\int A(\mathbf{a})B(\mathbf{b})(1\pm A(\mathbf{a}')B(\mathbf{b}'))\rho(\lambda)d\lambda - \int A(\mathbf{a})B(\mathbf{b}')(1\pm A(\mathbf{a}')B(\mathbf{b}))\rho(\lambda)d\lambda\right| \\
&\leqq \int |A(\mathbf{a})B(\mathbf{b})|(1\pm A(\mathbf{a}')B(\mathbf{b}'))\rho(\lambda)d\lambda + \int |A(\mathbf{a})B(\mathbf{b}')|(1\pm A(\mathbf{a}')B(\mathbf{b}))\rho(\lambda)d\lambda
\end{aligned} \tag{2.33}$$

로 된다. (2.33)식을 유도하기 위해 부등식 $|a-b| \leq |a|+|b|$와, (2.30)식에서 유도된 $|AB| \leq 1$에 의해

$$|1 \pm AB| = 1 \pm AB \tag{2.34}$$

으로 되는 관계가 성립한다는 사실을 이용하였다. 게다가 (2.33)식은 $|AB| \leq 1$이므로

$$\begin{aligned}
|E(\mathbf{a},\mathbf{b})-E(\mathbf{a},\mathbf{b}')| &\leqq \int(1\pm A(\mathbf{a}')B(\mathbf{b}'))\rho(\lambda)d\lambda + \int(1\pm A(\mathbf{a}')B(\mathbf{b}))\rho(\lambda)d\lambda \\
&= 2\pm(E(\mathbf{a}',\mathbf{b}')+E(\mathbf{a}',\mathbf{b}))
\end{aligned} \tag{2.35}$$

로 되므로 (2.35)식의 우변 둘째 항을 좌변으로 옮기면

$$|E(\mathbf{a},\mathbf{b})-E(\mathbf{a},\mathbf{b}')| \pm (E(\mathbf{a}',\mathbf{b}')+E(\mathbf{a}',\mathbf{b})) \leqq |E(\mathbf{a},\mathbf{b})-E(\mathbf{a},\mathbf{b}')|+|E(\mathbf{a}',\mathbf{b}')+E(\mathbf{a}',\mathbf{b})| \leqq 2 \tag{2.36}$$

과 (2.32)식의 CHSH 부등식이 유도된다. 위의 CHSH 부등식 유도과정에는 양자역학적인 확률해석이나 두 입자의 상관에 관한 물리적 개념이나 정보 등이 전혀 포함되어 있지 않다는 사실을 염두에 두기 바란다.

양자역학의 입장에서 두 입자계의 스핀 관측을 생각해 보자. 관측자 영희와 철수가 (2.1)식의 EPR 쌍

$$|\Psi\rangle_{12} = \frac{1}{\sqrt{2}}\{|\uparrow\rangle_1|\downarrow\rangle_2 - |\downarrow\rangle_1|\uparrow\rangle_2\} \tag{2.37}$$

에서 스핀방향을 단위벡터 $\mathbf{a}$와 $\mathbf{b}$ 방향에서 각각 스핀을 관측했을 때의 상관은

$$E(\mathbf{a},\mathbf{b}) = \langle\Psi|(\boldsymbol{\sigma}_1\cdot\mathbf{a})(\boldsymbol{\sigma}_2\cdot\mathbf{b})|\Psi\rangle_{12} \tag{2.38}$$

의 기대치로 표현된다. 여기서 EPR 쌍의 전체 스핀은 $S=0$이므로

$$\mathbf{S}|\Psi\rangle_{12} = (\mathbf{s}_1+\mathbf{s}_2)|\Psi\rangle_{12} = \frac{1}{2}(\boldsymbol{\sigma}_1+\boldsymbol{\sigma}_2)|\Psi\rangle_{12} = 0 \tag{2.39}$$

로 되어서

$$\boldsymbol{\sigma}_1|\Psi\rangle_{12} = -\boldsymbol{\sigma}_2|\Psi\rangle_{12} \tag{2.40}$$

이 얻어지고, (2.38)식은

$$E(\mathbf{a},\mathbf{b}) = -\langle\Psi|(\boldsymbol{\sigma}_1\cdot\mathbf{a})(\boldsymbol{\sigma}_1\cdot\mathbf{b})|\Psi\rangle_{12} \tag{2.41}$$

로 표현된다. 여기서 예제 1.3에 나오는 (1.73)식을 이용하면 (2.41)식은

$$E(\mathbf{a},\mathbf{b}) = -\langle\Psi|(\mathbf{a}\cdot\mathbf{b}) + i(\mathbf{a}\times\mathbf{b})\cdot\boldsymbol{\sigma}_1|\Psi\rangle_{12} \tag{2.42}$$

와 같이 되고, (2.42)식의 제 2항은 첫 번째 입자의 스핀방향만을 측정한 것이므로 그 기대치가 0이 된다. 결국 양자역학에서 $\mathbf{a}$와 $\mathbf{b}$ 방향의 관측결과에서는

$$E_{\text{QM}}(\mathbf{a},\mathbf{b}) = -{}_{12}\langle\Psi|(\mathbf{a}\cdot\mathbf{b})|\Psi\rangle_{12} = -(\mathbf{a}\cdot\mathbf{b}) = -\cos\phi \tag{2.43}$$

이 얻어진다. 여기서 ϕ는 벡터 $\mathbf{a}$와 $\mathbf{b}$가 이루는 각이다.

지금 영희는 $\mathbf{a}$와 $\mathbf{a}'$ 측정기를 갖고 있으며 철수는 $\mathbf{b}$와 $\mathbf{b}'$ 측정기를 갖고 있다.

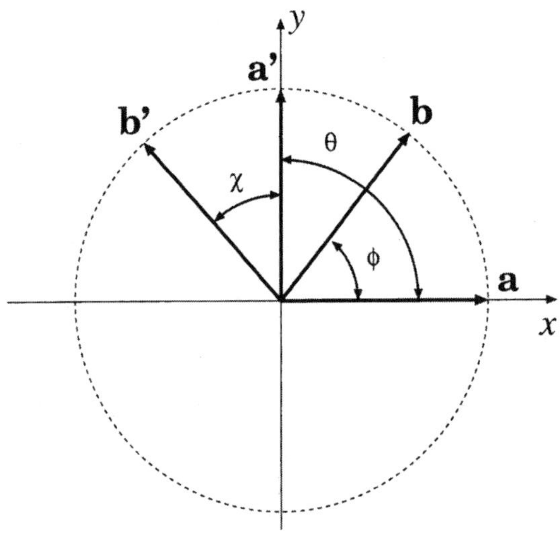

[그림 2.7] EPR 쌍의 스핀방향을 4개의 방향 $\mathrm{a}, \mathrm{b}, \mathrm{a}', \mathrm{b}'$ 에서 측정.

그림 2.7에 보이듯이 4개 측정기의 방향을 정하고, a와 b 사이를 ϕ, a와 a$'$ 사이를 θ, 그리고 a$'$과 b$'$ 사이를 χ라 하면 CHSH 부등식에 대한 양자역학적인 관측은

$$\begin{aligned} S_{\mathrm{QM}} &= |E(\mathbf{a},\mathbf{b}) - E(\mathbf{a},\mathbf{b}')| + |E(\mathbf{a}',\mathbf{b}') + E(\mathbf{a}',\mathbf{b})| \\ &= |\cos\phi - \cos(\theta+\chi)| + |\cos\chi + \cos(\theta-\phi)| \end{aligned} \tag{2.44}$$

를 제공한다. 여기서 $\mathrm{a}, \mathrm{b}, \mathrm{a}', \mathrm{b}'$ 을 $\pi/4$만큼의 등간격으로 배치하면

$$S_{\mathrm{QM}} = \cos\left(\frac{\pi}{4}\right) - \cos\left(\frac{3\pi}{4}\right) + \cos\left(\frac{\pi}{4}\right) + \cos\left(\frac{\pi}{4}\right) = 2\sqrt{2} > 2 \tag{2.45}$$

이 되고, 이것은 CHSH부등식을 만족시키지 않는다.

2.4.2 고전적 상관과 양자적 상관 : 핵분열의 경우

벨의 부등식은 두 물체간의 상관에 관한 일반론으로서 물리이론과는 무관하게 구해지는 부등식이다. 즉 국소원리가 성립할 때 멀리 떨어진 물체 사이의 상관관계의 상한선을 제공한다. 이 부등식이 양자역학적인 상관에 의해 파괴된다는 사실은 매우 놀라운 일일 것이다.

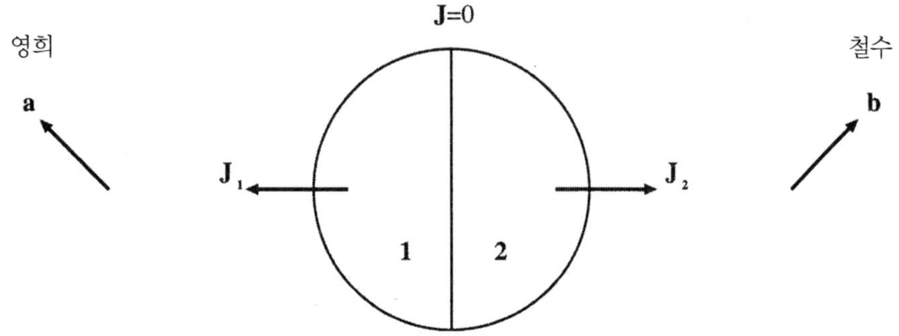

[그림 2.8]
원자핵의 분열에 의해 두 개의 파편들이 각운동량 J_1과 J_2를 갖고 반대방향으로 날아간다. 관측자 영희는 파편 1을 a 방향에서 관측하고 철수는 b 방향의 측정기에서 파편 2를 측정한다.

국소원리로부터 두 물체의 상관을 원자핵의 핵분열을 예로 들어 구체적으로 살펴보기로 하자.

그림 2.8과 같이 각운동량이 J=0인 원자핵의 분열에 의해 J_1과 J_2인 각운동량을 갖는 두 파편으로 나뉘어 반대방향으로 날아간다고 하자. 이 때 각운동량보존법칙에 의해 $J=J_1+J_2=0$이므로 J_1과 J_2의 크기는 같으면서 $(J_1=J_2)$ 그 부호가 반대로 된다 $(J_1=-J_2)$. $J_1=J_2=\frac{1}{2}$이라 하면 나뉜 두 파편을 일종의 EPR 쌍이라 할 수 있다.

관측자 영희가 첫 파편의 각운동량을 a 방향의 측정기로 측정하고, 철수는 두 번째 파편의 각운동량을 b 방향의 측정기로 측정한다고 하자. 측정결과의 부호에만 주목하여 각각을 a,b라 하면 정의에 의해

$$a \equiv \text{sign}(\mathbf{a}\cdot\mathbf{J}_1)=\text{sign}(\mathbf{a}\cdot\boldsymbol{\sigma}_1)=\pm 1 \tag{2.46}$$

$$b \equiv \text{sign}(\mathbf{b}\cdot\mathbf{J}_2)=\text{sign}(\mathbf{b}\cdot\boldsymbol{\sigma}_2)=\pm 1 \tag{2.47}$$

인 두 개의 값을 갖는다. 이 측정을 M회 행하여 그 i번째 결과를 a_i, b_i라 하면 각각의 평균치는

$$E_a=\sum_{i=1}^{M} a_i/M, \qquad E_b=\sum_{i=1}^{M} b_i/M \tag{2.48}$$

와 같이 정의할 수 있다. 두 파편의 J_1과 J_2는 모두 임의의 방향을 향하고 있으므로 충분히 크게 M을 반복하면 그 평균치는

$$E_a \to 0, \qquad E_b \to 0 \qquad (M \to \infty) \tag{2.49}$$

로 되어서 0이 된다. 한편 a_i와 b_i의 상관

$$E_{ab} = \sum_{i=1}^{M} a_i b_i / M \tag{2.50}$$

은 어떻게 될까? 만약 a와 b가 평행하면 J_1과 J_2는 반평행하므로 $a_i = 1$이면 $b_i = -1$이어야 하고, $a_i = -1$이면 $b_i = 1$이어야 한다. 따라서 이 경우

$$E_{ab} = -1 \tag{2.51}$$

과 완전 반상관임을 보여준다. a와 b가 각도 θ의 기울기를 갖는 경우의 상관을 구해보자. 그림 2.9와 같이 구의 중심에 a와 b의 원점을 잡고, 구의 북극 방향을 a라 하고 b는 a에서 θ만큼 기울어져 있다고 하자.

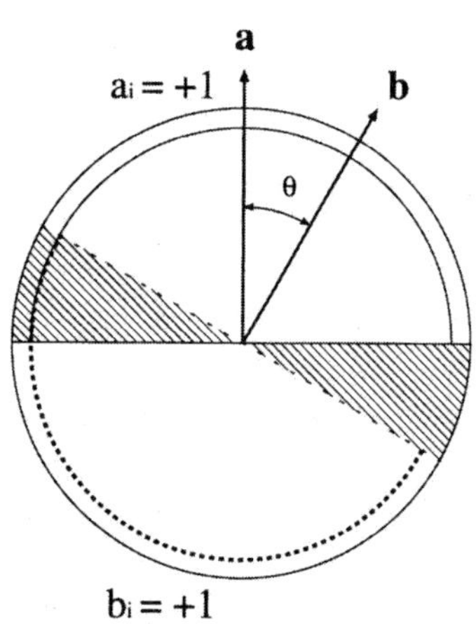

[그림 2.9]

북극방향을 a라 하고 b는 θ만큼 기울어져 있다고 할 때 구의 중심에서 a와 b에 수직인 평면으로 구를 분할한 단면도. a의 구에서는 J_1이 북반구를 향하면 a=+1 (실선의 반원 영역), 남반구를 향하면 a=−1이 된다. b의 구에서는 J_2이 남반구를 향하면 b=+1 (점선의 반원 영역), 북반구를 향하면 b=−1이 된다.

그림 2.9는북극방향을 a 라 하고 b는 θ만큼 기울어져 있는 경우, 구의 중심에서 a와 b에 수직인 평면으로 구를 분할한 단면도이다. a의 구에서는 J_1이 북반구를 향하면 a=+1(실선의 반원 영역), 남반구를 향하면 a=−1이 된다. b의 구에서는 J_2가 남반구를 향하면 b=+1(점선의 반원 영역), 북반구를 향하면 b=−1이 된다. 그림 2.9의 단면도에서 생각해보면 ab가 +1이 되는 것은 사선부분이며 다른 하얀 부분에서는 −1로 된다. 따라서 상관계수로

$$E_{ab} = \frac{(2\theta - (2\pi - 2\theta))}{2\pi} = \frac{2\theta}{\pi} - 1 \tag{2.52}$$

가 얻어진다. 이 결과는 양자역학에 의한 스핀이 1/2인 입자의 스핀방향 상관관계인 (2.43)식

$$E_{\mathrm{QM}}(\mathbf{a}, \mathbf{b}) = -\mathbf{a} \cdot \mathbf{b} = -\cos\theta \tag{2.53}$$

과 확실하게 다르다(그림 2.10).

그림 2.10의 결과는 양자역학적 상관이 항시 고전역학적 상관보다 강하다는 사실을 보여준다.

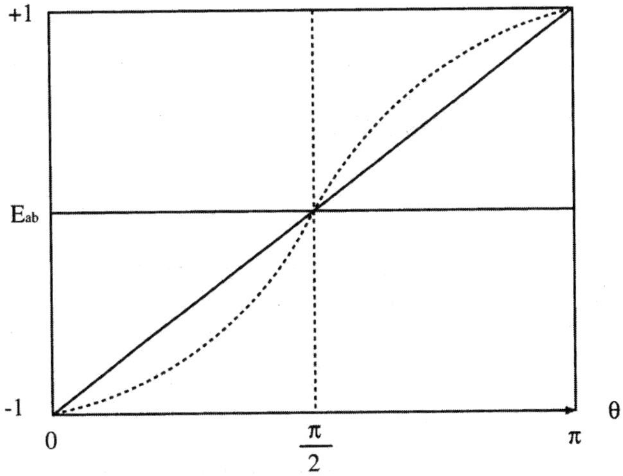

[그림 2.10]
a, b 두 방향의 측정기에 의한 EPR 쌍 측정에 따른 상관함수 E_{ab}. 고전적 결과인(2.52)식은 실선이며 양자역학적 결과인(2.53)식은 점선으로 나타내었다.

2.5 광자쌍을 이용한 EPR 실험

스핀 1/2인 입자쌍에 의한 EPR 실험은 양성자와 양성자를 이용한 산란실험으로 가능하다. 현재 많은 EPR 실험은 원자의 들뜬상태에서 방출되는 광자쌍에 의해 이루어진다. 광자의 스핀은 1이므로 질량이 0이 되기 위해서 스핀의 방향은 광자의 운동량 방향과 평행 혹은 반평행만이 허용된다. 광자의 스핀방향은 두 가지 만 허용되므로 양자상태는 2이며 스핀 1/2인 입자와 같이 EPR 쌍을 만들 수가 있다.

광자가 x 방향으로 편광된 상태를 $|H\rangle$, y 방향으로 편광된 상태를 $|V\rangle$ 라 하자. 이 두 상태는 직선편광 상태라 부르며

$$|V\rangle = |\updownarrow\rangle \tag{2.54}$$

$$|H\rangle = |\leftrightarrow\rangle \tag{2.55}$$

란 캐트벡터로 표현된다. 이 직선편광 두 상태를 중첩시켜 진행방향에서 볼 때 우회전 원편광

$$|R\rangle = \frac{1}{\sqrt{2}}\{|V\rangle + i|H\rangle\} \tag{2.56}$$

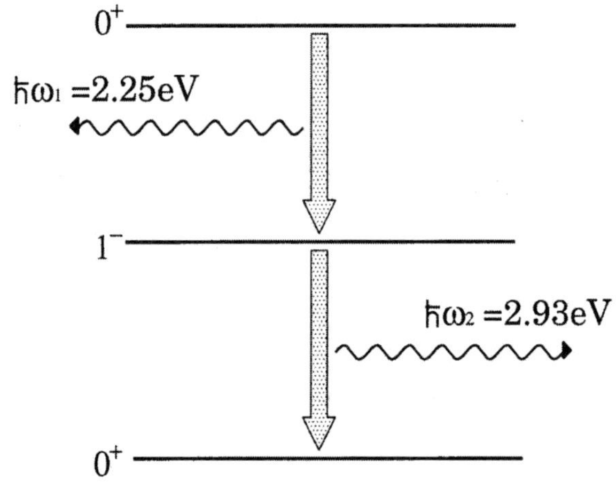

[그림 2.11] Ca 원자의 들뜬상태에서 방출되는 광자쌍. 두 개의 광자는 $0^+ \to 1^- \to 0^+$의 천이과정을 거쳐 전체 스핀 $S=0$일 때 동시에 반대방향으로 방출된다.

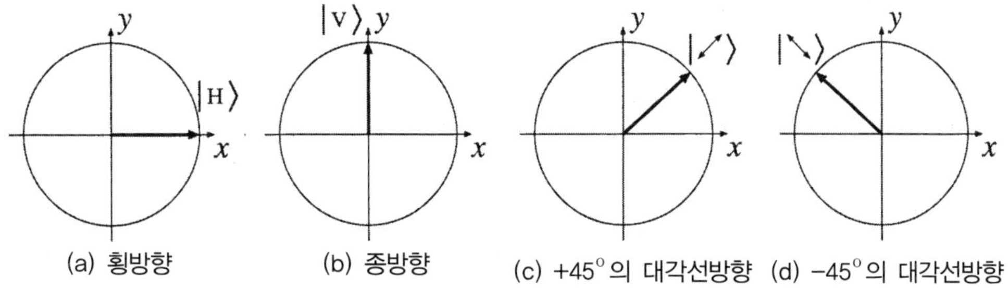

[그림 2.12] 광자가 갖는 4가지 종류의 직선편광상태

과 좌회전 원편광

$$|L\rangle = \frac{1}{\sqrt{2}}\{|V\rangle - i|H\rangle\} \tag{2.57}$$

이 만들어진다.

예제 2-3 운동량 k, 각진동수 ω로 z 방향으로 전파하는 평면파

$$\phi^{\pm}(\mathbf{r},t) = \phi_0\{\boldsymbol{\varepsilon}_2 \pm i\boldsymbol{\varepsilon}_1\}e^{i(kz-\omega t)} \tag{2.58}$$

의 xy 평면에서의 회전방향을 구하라. 여기서 ε_1, ε_2는 각각 x,y 방향의 벡터이며 ε_1=|↔⟩ , ε_2=|↕⟩ 인 직선편광을 나타낸다.

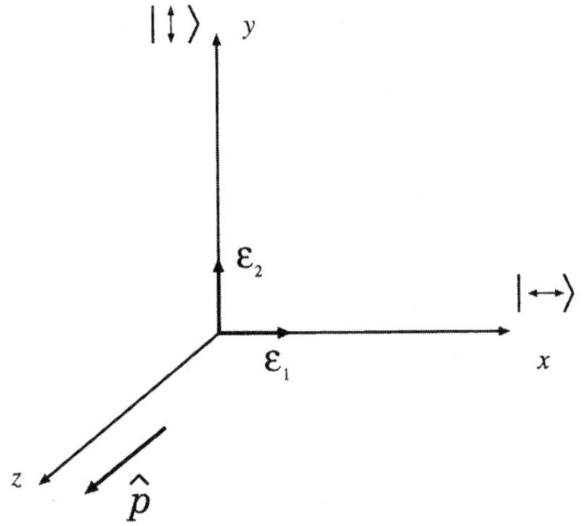

[그림 2.13] 광자의 편광방향 ε_1, ε_2와 진행방향 $\hat{p}$

[해] (2.58)식 파동함수의 실수부를 생각해 보자. x, y 성분은

$$\phi_x^{\pm}(z,t) = \mp\phi_0 \sin(kz - \omega t) \tag{2.59}$$

$$\phi_y^{\pm}(z,t) = \phi_0 \cos(kz - \omega t) \tag{2.60}$$

으로 된다. kz를 일정하다고 하고 파동함수를 z 방향에서 보면 ϕ^+는 시계방향(우회전), ϕ^-는 반시계방향(좌회전)으로 회전한다. ϕ^+는 원편광상태 $|R\rangle$ 에 그리고 ϕ^-는 $|L\rangle$ 에 해당한다.[4)]

광자의 운동량방향 단위벡터 $\hat{\mathrm{p}}$는 직선편광상태 $|H\rangle$, $|V\rangle$ 방향의 단위벡터를 ε_1, ε_2라 하면 그 벡터곱에 의해

$$\hat{\mathrm{p}} = \boldsymbol{\varepsilon}_1 \times \boldsymbol{\varepsilon}_2 \tag{2.61}$$

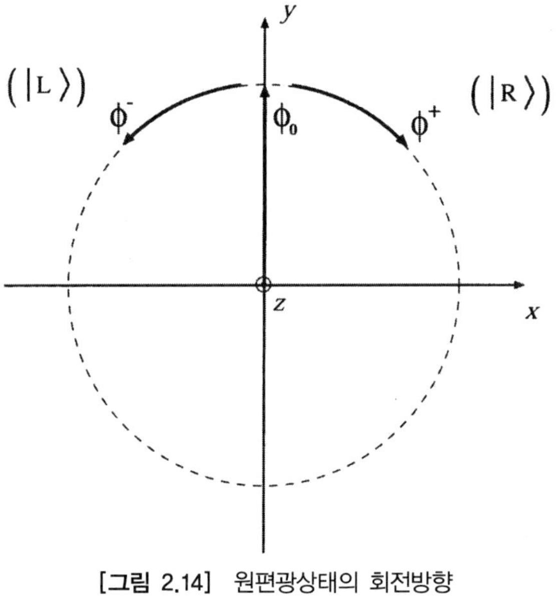

[그림 2.14] 원편광상태의 회전방향

4) 전자기파의 양자론에서 스핀이 운동방향에 평행한 상태(헬리시티 $h=+1$)를 오른손계 상태, 반평행 상태(헬리시티 $h=-1$)를 왼손계 상태라 한다. 하지만 광학에서의 평면파는 역으로 ϕ^+ $(h=-1)$를 좌편광상태, ϕ^- $(h=+1)$를 우편광상태라 부른다.

로 주어진다. 원편광상태는 광자의 운동량 방향에 대한 스핀 $S(S=1)$의 방향인 헬리시티라 불리는 $h=(S\cdot\hat{\mathrm{p}})$가 ± 1의 값을 갖는 상태이다. 좌회전 원편광상태 $|L\rangle$ 은 $h=1$이고 진행방향과 평행이며, 우회전 원편광상태 $|R\rangle$ 은 $h=-1$이고 진행방향과 반평행이다. 그림 2.8과 같이 $0^+\to 1^-\to 0^+$ 천이의 광자쌍 동시 방출은 초기상태의 각운동량이 0이고 최종상태의 각운동량도 0이므로 광자쌍의 전체 스핀 S가 0이어야 한다. 두 광자가 R 또는 L인 원편광을 갖고 반대방향으로 방출된다고 하면 그들이 중첩된 상태는

$$|\Psi\rangle_{12}=\frac{1}{\sqrt{2}}\{|R\rangle_1|R\rangle_2+|L\rangle_1|L\rangle_2\} \tag{2.62}$$

과 같이 표현된다. EPR 쌍인 광자의 운동량 방향이 서로 반대이므로 $|R\rangle_1$과 $|R\rangle_2$, 그리고 $|L\rangle_1$과 $|L\rangle_2$인 상태는 그림 2.15에 보이듯이 반대방향을 향하며 전체 스핀이 0이다. (2.62)의 상태는 직선편광 상태를 이용하면

$$|\Psi\rangle_{12}=\frac{1}{\sqrt{2}}\{|H\rangle_1|H_2\rangle-|V\rangle_1|V\rangle_2\} \tag{2.63}$$

과 같이 표현가능하다. 이 직선편광 상태를 그림 2.15와 같이 관측자 영희와 철수가 반대방향에서 관측한다. 영희는 x축에서 ϕ의 각을 이루는 편광기를 이용하고 철수는 그림 2.16의 $\overline{x}$축에서 $\overline{\phi_2}$의 각을 이루는 편광기를 이용한다. 영희와 철수가 관측하는 광자의 운동량벡터가 반대이므로 $|V\rangle$ 를 y 방향으로 한다면 $|H\rangle$의 방향이 1과 2의 측정기에서는 x와 $\overline{x}$로서 반대로 된다.

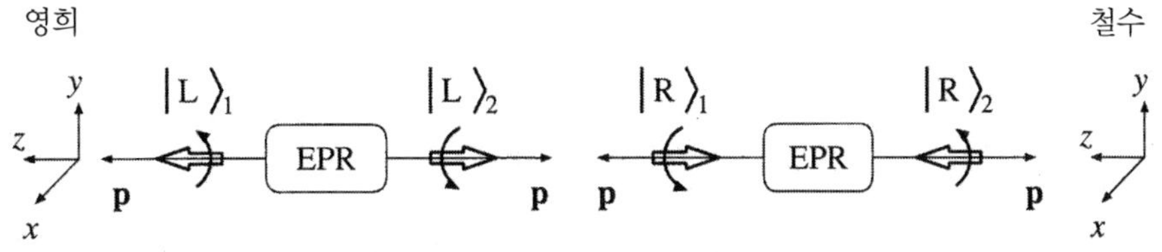

[그림 2.15] EPR 쌍의 진행방향과 스핀 방향. 광자 1은 영희의 방향으로, 광자 2는 철수 방향으로 진행한다. 좌원편광 상태 $|L\rangle$ 은 스핀 진행방향과 평행하고, 우원편광 상태 $|R\rangle$ 은 스핀 진행방향과 반평행이다.

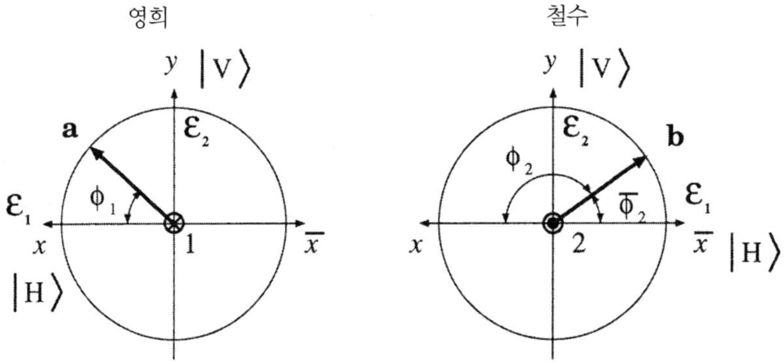

[그림 2.16] 영희와 철수의 편광기. 광자 1의 운동량벡터 p는 지면으로부터 안으로 (⊗), 광자 2는 안에서 바깥쪽으로 (⊙) 향한다. $|V\rangle$ 의 방향을 y축으로 고정하면 $|H\rangle$ 방향은 광자 1과 2에서 서로 반대로 된다.

광자의 스핀이 1이므로 그 파동함수는 3개의 성분으로 표시되고 3차원 공간상의 좌표벡터와 동일한 성질을 갖는다. 광자의 편향방향을 그림 2.15와 같이 a와 b의 방향을 향한 편향기로 측정한다. 벡터 a의 x 방향으로부터의 각도를 ϕ_1, 벡터 b의 $\bar{x}$ 방향으로부터의 기울기를 $\overline{\phi_2}$라 하자. 광자의 H와 V 방향과 운동량벡터 p는 오른손좌표계의 x, y, z 좌표에 대응함에 유념하기 바란다. a 방향의 편광기에서는 그림 2.15에서 분명히 알 수 있듯이

$$|H_a\rangle = \cos\phi_1 |H\rangle_1 + \sin\phi_1 |V\rangle_1 \tag{2.64}$$

$$|V_a\rangle = -\sin\phi_1 |H\rangle_1 + \cos\phi_1 |V\rangle_1 \tag{2.65}$$

로 표현된다. 동일한 방법으로 b 방향의 편광기에서는

$$|H_b\rangle = \cos\bar{\phi_2} |H\rangle_2 + \sin\bar{\phi_2} |V\rangle_2 \tag{2.66}$$

$$|V_b\rangle = -\sin\bar{\phi_2} |H\rangle_2 + \cos\bar{\phi_2} |V\rangle_2 \tag{2.67}$$

이다. ϕ_1과 $\overline{\phi_2}$ 방향의 벡터 a와 b에 대한 광자쌍의 상관인 $E(\mathrm{a}, \mathrm{b})$를 생각해 보자. 양의 상관인 $E_{\leftrightarrow\leftrightarrow}$, $E_{\updownarrow\updownarrow}$와 음의 상관인 $E_{\leftrightarrow\updownarrow}$, $E_{\updownarrow\leftrightarrow}$으로부터

$$E(\mathbf{a}, \mathbf{b}) = E_{\leftrightarrow\leftrightarrow} + E_{\updownarrow\updownarrow} - E_{\leftrightarrow\updownarrow} - E_{\updownarrow\leftrightarrow} \tag{2.68}$$

로 표현된다. (2.63)식의 EPR 쌍에 대한 각각의 상관은

$$\begin{aligned} E_{\leftrightarrow\leftrightarrow} &= \langle\Psi|\{|H_a\rangle_1|H_b\rangle_2\ {}_1\langle H_a|_2\langle H_b|\}|\Psi\rangle_{12} \\ &= \frac{1}{2}\cos^2(\phi_1+\bar{\phi_2}) \end{aligned} \tag{2.69}$$

$$\begin{aligned} E_{\updownarrow\updownarrow} &= \langle\Psi|\{|V_a\rangle_1|V_b\rangle_2\ {}_1\langle V_a|_2\langle V_b|\}|\Psi\rangle_{12} \\ &= \frac{1}{2}\cos^2(\phi_1+\bar{\phi_2}) \end{aligned} \tag{2.70}$$

$$\begin{aligned} E_{\leftrightarrow\updownarrow} &= \langle\Psi|\{|H_a\rangle_1|V_b\rangle_2\ {}_1\langle H_a|_2\langle V_b|\}|\Psi\rangle_{12} \\ &= \frac{1}{2}\sin^2(\phi_1+\bar{\phi_2}) \end{aligned} \tag{2.71}$$

$$\begin{aligned} E_{\updownarrow\leftrightarrow} &= \langle\Psi|\{|V_a\rangle_1|H_b\rangle_2\ {}_1\langle V_a|_2\langle H_b|\}|\Psi\rangle_{12} \\ &= \frac{1}{2}\sin^2(\phi_1+\bar{\phi_2}) \end{aligned} \tag{2.72}$$

로 구해지므로 (2.68)식은

$$E(\mathbf{a},\mathbf{b}) = \cos^2(\phi_1+\bar{\phi_2}) - \sin^2(\phi_1+\bar{\phi_2}) = \cos 2(\phi_1+\bar{\phi_2}) \tag{2.73}$$

으로 된다. x 축으로부터의 기울기가 $\phi_2 = \pi - \overline{\phi_2}$ 이란 사실에 주목하면, 상관은

$$E(\mathbf{a},\mathbf{b}) = \cos(2(\phi_1-\phi_2)+2\pi) = \cos 2(\phi_1-\phi_2) \tag{2.74}$$

로 된다. (2.43)식의 스핀이 $1/2$ 인 입자의 상관에 비해 (2.74)식에서는 부호가 양인 곳에서 각도가 두 배로 됨을 알 수 있다. 부호가 양이란 사실은 광의 EPR 쌍의 편광방향이 동일하다는 것이다. 각도가 두 배로 된다는 것은 광자의 스핀이 1인 것에 비해 (2.43)식은 스핀이 $1/2$ 인 입자의 상관에 의해 형성되는 것이다. (2.74)식의 결과를 이용하면 그림 2.7과 같이 측정장치를 배치하여 광에 의한 벨의 부등식 파괴실험을 할 수 있다. 단 광에 의한 실험의 경우 측정기의 방향 $\mathbf{a}, \mathbf{b}, \mathbf{a}', \mathbf{b}'$ 를 $\pi/8$ 간격으로 배치하면 최대의 파괴를 관측할 수 있다.

연습문제

1

$$|\Psi^{(+)}\rangle = \frac{1}{\sqrt{2}}\{|\uparrow\rangle_1|\downarrow\rangle_2 + |\downarrow\rangle_1|\uparrow\rangle_2\}$$

의 상태는 전체스핀 $S=1$을 가짐을 보여라.

2 (2.9)식을 구하여라.

3 핵분열에 의해 구해진 상관관계 (2.52)

$$E = \frac{2\theta}{\pi} - 1$$

이 CHSH 부등식을 만족함을 보여라.

Chapter

03

고전적 컴퓨터

현재 사용 중인 대부분의 컴퓨터에는 반도체 집적회로 (Integrated Circuit, IC)가 사용된다. 반도체란 조건에 따라 도체로 되거나 절연체로 되므로 전류를 흐르게 하거나 흐르지 못하게 하는 스위치의 역할을 한다. 물론 반도체의 동작원리도 양자역학에 기반을 두지만 개별 원자나 분자의 상태를 논리적으로 사용하는 것은 아니므로 양자컴퓨터라 하지는 않는다. 따라서 여기서는 단지 이를 고전적 컴퓨터라 하기로 하자. 컴퓨터 내부에서 데이터의 값은 전압의 고저, 전류의 유무, 자극(磁極)의 방향 등에 의해 표시되지만 보통 그것들을 추상적으로 두 개의 논리값인 0과 1로 표현한다.

3.1 논리회로

컴퓨터는 논리값 0과 1을 서로 조합하여 원하는 것을 출력하도록 설계한다. 0과 1을 이용하는 연산을 논리연산이라 하며 이 연산은 AND, OR, NOT 등으로 불리는 기본적 연산의 조합에 의해 표현된다. 지금부터 논리연산을 설명할 때 논리식 $A \cdot B$, $A+B$ 등이 이용된다. 이들 기호는 곱셈이나 덧셈과 유사하지만 의미가 다르므로 주의를 요한다.

■ AND

논리곱이라고도 한다. 두 개의 입력 모두가 1인 경우에만 연산결과가 1로 된다. 수식과 같이 논리식으로 표현된다. 연산기호는 "·" 이다. 이 기호나 0과 1의 연산결과도 보통의 산술계산의 곱셈과 그 의미가 다르므로 주의하기 바란다.

입력과 출력의 대응관계를 분명하게 하기 위해 표 3.1과 같은 진리표가 잘 사용된다.

[표 3.1] 논리표(AND)의 논리식과 진리표

논리식(정의)
$0 \cdot 0 = 0$
$0 \cdot 1 = 0$
$1 \cdot 0 = 0$
$1 \cdot 1 = 1$

진리표		
A	B	$A \cdot B$
0	0	0
0	1	0
1	0	0
1	1	1

[표 3.2] AND의 교환법칙 확인

A	B	$A \cdot B$	$B \cdot A$
0	0	0	0
0	1	0	0
1	0	0	0
1	1	1	1

[표 3.3] AND의 결합법칙 확인

A	B	C	$A \cdot B$	$(A \cdot B) \cdot C$	$(B \cdot C)$	$A \cdot (B \cdot C)$
0	0	0	0	0	0	0
0	0	1	0	0	0	0
0	1	0	0	0	0	0
0	1	1	0	0	1	0
1	0	0	0	0	0	0
1	0	1	0	0	0	0
1	1	0	1	0	0	0
1	1	1	1	1	1	1

[표 3.4] 논리합(OR)의 논리식과 진리표

논리식(정의)
$0+0=0$
$0+1=1$
$1+0=1$
$1+1=1$

진리표		
A	B	$A+B$
0	0	0
0	1	0
1	0	0
1	1	1

[표 3.5] 부정(NOT)의 논리식과 진리표

논리식(정의)
$\overline{0}=1$
$\overline{1}=0$

진리표	
A	$\overline{A}$
0	1
1	0

- **OR**

  논리합이라고도 한다. 두 개의 입력 중 적어도 하나가 1일 때 연산결과가 1로 된다. OR 연산도 AND 연산과 동일하게 교환 및 결합법칙이 성립한다.

- **NOT**

  부정이라고도 한다. 입력은 하나이며 연산결과는 입력과 반대의 값을 갖는다. $\overline{A}$는 A의 부정을 나타낸다.

예제 3-1 AND 연산이 교환법칙과 결합법칙을 만족함을 보여라.

[해] 모든 논리값 A와 B에 대해 교환법칙 관계를 조사해 보면 표 3.2와 같이 된다. 따라서 항상 $A \cdot B = B \cdot A$임을 알 수 있다. 결합법칙은 모두 8가지의 경우가 존재하지만 표 3.3과 같이 모든 경우 $(A \cdot B) \cdot C = A \cdot (B \cdot C)$임을 알 수 있다.

이상과 같은 기본 연산들을 조합한 것을 **논리연산**이라 한다. 그것을 회로로 나타낸 것이 **논리회로**이며 표 3.6의 회로기호를 이용하여 표시한다. 그림에서 실제 트랜지스터 소자를 사용한 회로 배선과 마찬가지로 논리연산을 실행하는 조자를 **논리게이트**(게이트)라 부른다.

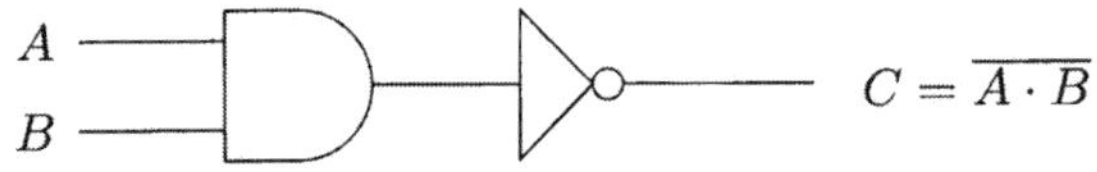

[그림 3.1] 논리식 $C = \overline{A \cdot B}$ 를 실현하는 논리회로

예를 들어 입력 A와 B로부터 $C = \overline{A \cdot B}$ 를 구하여 출력하는 회로는 그림 3.1과 같이 표현된다. 다른 예로서 그림 3.2에 보인 것과 같은 **멀티플렉서**(multiplexer) 회로를 들 수 있다. 이 회로는 다수의 입력 데이터 중에서 주어진 어드레스를 갖는 것을 선택하여 출력하는 것이다. 즉

- A=0일 때 : 입력 X인 값을 출력
- A=1일 때 : 입력 Y인 값을 출력

으로 되어서 복수 개의 입력 데이터 중 어드레스로 지정된 하나를 선택적으로 동작하게 하는 회로가 만들어진다.

■ XOR

이상과 같은 기본적 게이트를 조합하면 여러 가지 게이트를 만들 수 있다. 그 중에서 잘 사용되는 것이 XOR이다. 이는 **배타적논리합**(exclusive OR의 약칭, EOR이라 하기도 함)이라 한다. 연산기호는 ⊕이고 그 작용법은 표 3.7에 보인다.

XOR은 산술연산의 합 계산이나 패리티 체크를 결과물로 출력한다. 이것이 논리합과 유사하긴 하지만 두 개의 입력이 모두 1일 때 연산결과가 0으로 된다는 사실이 논리합과 다른 점이다.

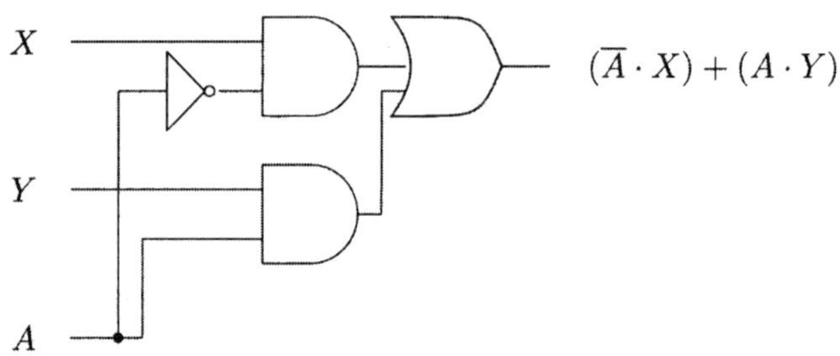

[그림 3.2] 멀티플렉스(multiplex) 회로

[표 3.6] 논리 게이트

이름	연산기호	회로 기호
AND(논리곱)	$A \cdot B$	입력 출력 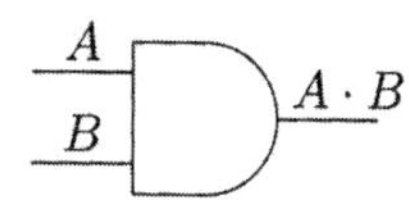
OR(논리합)	$A+B$	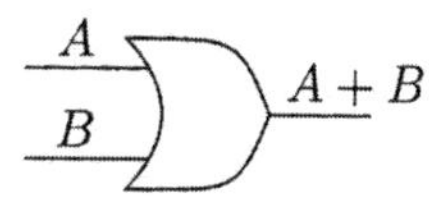
NOT(부정)	$\overline{A}$	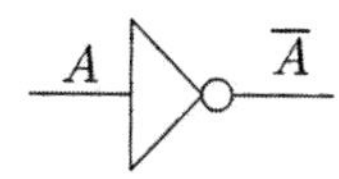
XOR(배타적 논리합)	$A \oplus B$	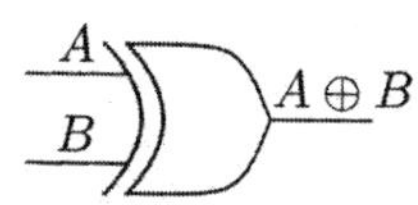

예제 3-2 XOR 동작회로를 AND, OR, NOT 등의 기본 게이트를 조합하여 설계하여라.

해 그림 3.3과 같이 하면 된다.

XOR 회로는 여러 개의 기본 게이트로부터 만들어지지만 자주 등장하므로 표 3.6과 같은 특유의 회로기호를 가진다. XOR 소자를 사용하는 구체적인 회로의 예로서 덧셈회로(**가산기**)를 들어보자. 그림 3.4에 보인 것은 **반가산기**(half adder)라 불리는 것이다. 두 비트 이상의 덧셈을 행할 때 아래 행으로부터 받아올림을 고려한 전가산기가 필요하다. 받아올림을 행한 입력을 추가해 주면 입력은 3 비트가 된다. 그것을 X, Y, Z라 하면 출력 측의 합 S와 받아올림(carry) C는

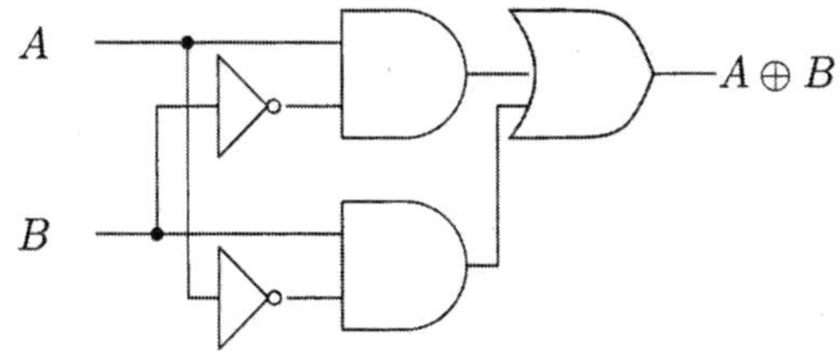

[그림 3.3] XOR 회로

[표 3.7] 배타적 논리합(XOR)의 논리식과 진리표

논리식(정의)
$0+0=0$
$0+1=1$
$1+0=1$
$1+1=0$

진리표		
A	B	$A \oplus B$
0	0	0
0	1	1
1	0	1
1	1	0

$$\begin{aligned} S &= X \oplus Y \oplus Z \\ C &= (X \cdot Y) + (Y \cdot Z) + (Z \cdot X) \end{aligned}$$

로 된다. 즉 논리연산에서는 결합법칙이 성립하므로 위식에서 $\oplus$나 +를 괄호 없이 표기하였다.

반가산기나 전가산기를 조합하여 3 비트짜리 가산기를 만든다고 하자. 즉 3 비트로 표현되는 두 개의 정수

$$\begin{aligned} A &= A_2A_1A_0 \qquad \textbf{2진 표현} \\ B &= B_2B_1B_0 \end{aligned}$$

을 입력이라 하고, 그 합인

$$C = A + B$$

을 2진 표현인

$$C = C_3C_2C_1C_0$$

로서 출력하는 덧셈회로를 설계한다. 그림 3.5와 같이 만들면 반가산기와 전가산기를 여러 개 조합하여 일반적인 n-비트 가산기를 만들 수 있다.

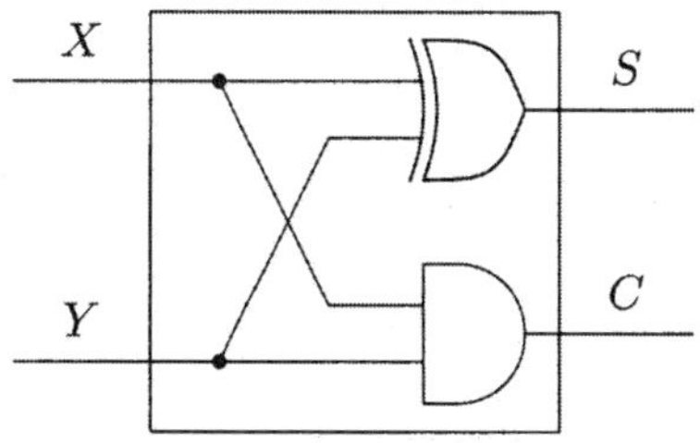

[그림 3.4] 반가산기(half adder) 회로

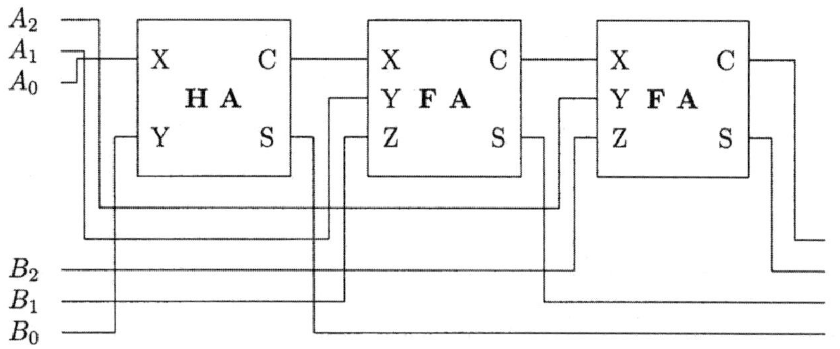

[그림 3.5] 3-비트 덧셈 회로(HA : 반가산기, FA : 전가산기)

3.2 순서회로와 메모리

3.1절에서 생각하였듯이 논리게이트를 조합하면 여러 종류의 계산이 가능할 것이다. 그러나 다양한 동작을 하는 게이트를 실제로 구축하고자 하면 수많은 개수의 게이트가 필요해 진다. 예컨대

$$\sum_{k=1}^{10,000} a_k \tag{3.1}$$

과 같은 계산을 생각해 보자. 여기서 a_k는 미리 주어진 수치 데이터이다. 이 계산을 하기 위해서는 9999번의 덧셈이 필요하다. 즉 9999개의 가산기를 조합한 회로가 필요할 것이다.

우리가 보통 계산을 하는 방법대로 하나씩 순서대로 더한다면 가산기는 하나면 된다. 그렇게 하려면 중간에 계산결과를 기억해 둘 소자가 필요하므로 기억력이 있는 소자가 필요한데 그런 소자들을 예를 들어보자.

■ **레지스터** (register)

컴퓨터에서 데이터나 명령 등을 일시적으로 기억시켜 두는 장치이다. 보통 CPU(중앙처리장치) 내에 여러 개가 설치되어 있으며 계산 과정에서 순차적으로 내용이 갱신된다.

■ **메모리** (memory)

기억장치. 레지스터도 기억장치이지만 특별히 메모리라 하는 것은 어떤 계산에 필요한 명령의 비트 수를 보존하거나 계산과정 상의 다양한 수치 등을 대량으로 보존해 두는 CPU 외부의 기억장치를 말한다.

■ **카운터** (counter)

펄스 개수를 측정하는 회로. 입력된 논리값이 0에서 1로 바뀌면 출력되는 2진수가 하나씩 증가한다. 출력 가능한 최대치를 넘어서게 되면 다시 0으로 되돌아간다. 명령에 의해 강제적으로 0으로 되돌아가게 할 수도 있다 (리셋).

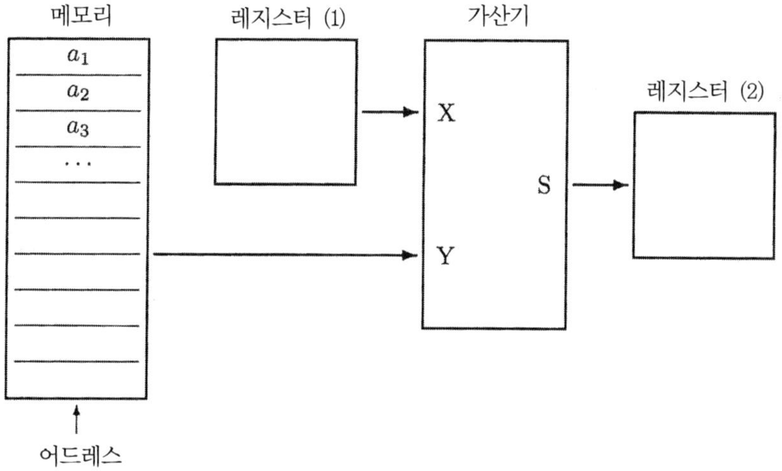

[그림 3.6] 덧셈. 레지스터 (1)과 메모리에 들어가는 개수를 더하여 그 결과를 레지스터 (2)에 넣는다.

[그림 3.7] 결과를 레지스터 (2)로부터 레지스터 (1)로 전송.

위에서 설명한 레지스터, 메모리, 그리고 카운터 등은 앞의 논리회로와 달리 **순서회로**라 부른다. 이들을 조합하여 식(3.1)의 덧셈 회로를 만들어보자. 다음과 같은 두 단계(2상) 작업이 반복하여 실행된다.

(1) 덧셈

그림 3.6과 같이 지금까지의 합이 레지스터 (1)에 들어가 있다 하고, 거기에 메모리에서 새롭게 출력한 수치를 더하여 그 결과를 레지스터 (2)에 넣는다.

(2) 결과의 이동

그림 3.7과 같이 레지스터 (2)에 들어있는 덧셈 결과를 레지스터 (1)로 돌려보낸다. 따라서 레지스터 (1)의 내용이 갱신된다.

위의 (1)-(2) 과정을 자동으로 수행하려면 그림 3.8과 같은 회로가 필요하다. 펄스라 표시한 부분은 그림 3.9와 같은 타이밍으로 논리펄스를 발생하는 소자를 말한다. 각 레지스터에는 펄스발생기로부터 "1"의 신호가 나올 경우에만 데이터를 갱신한다. 두 개의 값이 동시에 "1"로 되지 않도록 해야 한다.

이 과정에서

- 초기에 메모리에 a_i란 값을 넣어두고 레지스터 (1)과 카운터는 리셋(reset) 해둔다.
- 그림 3.9와 같은 펄스를 개시한다.
- 카운터가 일만을 넘어서면 펄스를 정지시킨다.
- 레지스터 (1)에 들어있는 숫자를 확인한다.

의 순서로 식(3.1)의 계산을 실행할 수 있다.

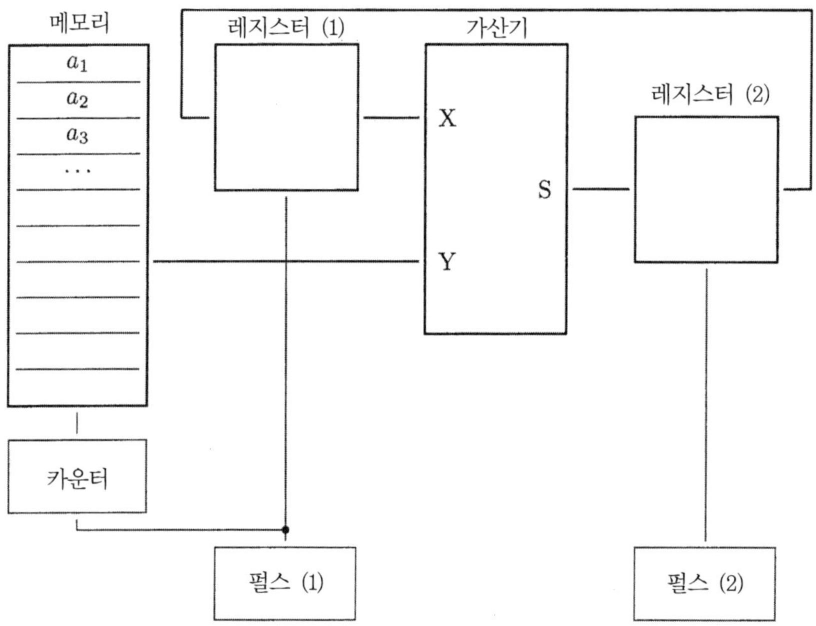

[그림 3.8] 덧셈을 반복하는 회로

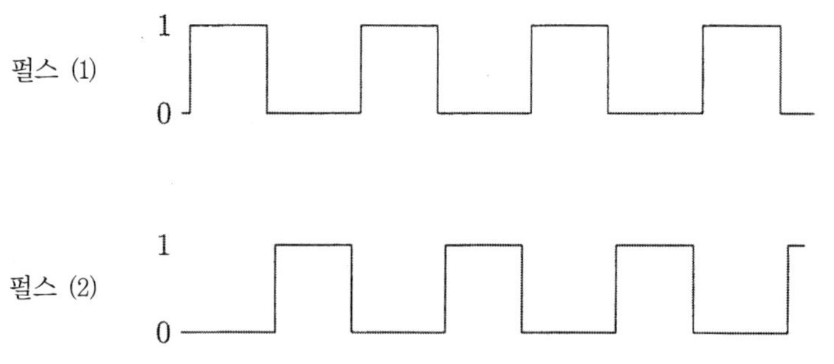

[그림 3.9] 두 종류의 논리 펄스

지금까지의 과정만으로는 계산의 종류에 따라 회로를 바꾸어주어야 한다. 즉 위에서 설명한 회로는 「1만법 덧셈 전용기」이며 만약 곱셈을 하고자 한다면 또 회로의 배선을 수정해야만 한다. 실제로 옛날 계산기는 이런 일도 있었다.

배선을 바꾸는 대신에 접속방법까지도 메모리에 넣어둔다. 이는 어떤 일을 할 것인가 하는 명령을 넣어두는 것과 동일하다. 위와 같이 데이터도 순서대로 읽어야 하므로 명령의 형태는 전형적으로는

명령	어드레스

와 같이 된다. 여기서 「명령」이란 메모리에서 데이터를 읽어서 레지스터에 넣는다든지 메모리에서 읽은 값을 더한다든지 하는 것이지만 실제로는 비트배열을 따라 데이터의 경로가 바뀐다. 계산기의 동작은

명령읽기 ⇨ 회로전환 ⇨ 실행 ⇨ 명령일기 ⇨ …

의 순서로 진행한다.

계산의 순서도 프로그램으로 주어지고 그것에 따라 컴퓨터 스스로 내부의 스위치를 제어하게 되어 있다. 그 중의 하나가 다음에 언급하는 노이만형 컴퓨터이다.

3.3 노이만형 컴퓨터

현재 대부분의 컴퓨터는 기억장치, 제어장치, 입출력장치를 갖춘 그림 3.10과 같은 구조를 하고 있다. 이런 구조를 노이만형 아키텍처(architecture)라 부른다.

기억장치는 제어명령 한 줄(프로그램)과 데이터를 기억한다. 실제로는 명령도 비트열이므로 그것이 제어장치의 논리회로로 들어가서 입력을 제어한다. 제어장치는 CPU(Central Process Unit, 중앙처리장치)라 부르며 논리연산이나 산술연산 회로를 갖는다. 클록펄스에 따라서 명령을 순서대로 읽어 들여 데이터의 흐름을 제어하고 연산을 행한다. 만약 「점프」하라는 명령이 있다면 다음 데이터를 읽는 대신에 지정된 번지의 명령으로 점프한다. 여기서 「명령」이란 예컨대 메모리의 어딘가에 들어있는 수치를 어떤 특정 레지스터로 이동시킨다든지, 개개의 레지스터에 들어있는 두 개의 수치를 더한 결과를 다른 레지스터에 넣는다든지 하는 것을 말한다. 구체적인 제어에는 앞에서 예를 든 멀티플렉스 등이 이용된다. 입출력장치로는 키보드, 디스크드라이브, 디스프레이, 그리고 프린터 등이 있다.

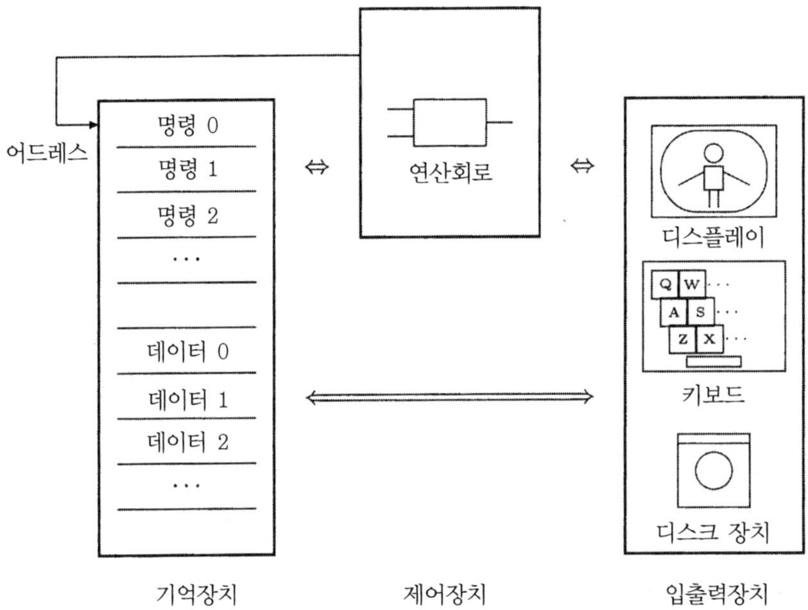

[그림 3.10] 노이만형 컴퓨터

3.4 튜링기계

문제를 컴퓨터에서 풀 수 있는가, 또 원리적으로는 가능하더라도 실행 가능한 시간 안에 답이 나올 것인가를 검토할 필요가 있다. 상세하게는 물론 개개 컴퓨터의 속도나 구조 등에 의존하지만 가장 일반화한 컴퓨터를 수학적인 모델로 가상적으로 만든 것을 **튜링기계**(Turing Machine)라고 한다. 최근에는 양자정보에 기반을 둔 튜링기계도 연구 중이지만 여기서는 고전적인 것에 대해서만 언급하고자 한다. 튜링기계의 구조는 다음과 같다. 무한히 긴 테이프에 일정간격으로 모눈이 매겨져 있으며 각 모눈에는 미리 정해진 유한 개수의 기호를 기록할 수 있게 되어 있다(그림 3.11). 아무런 기호가 들어가 있지 않는 모눈(기호 B로 표시)도 있다. 제어부를 가지고 있는데 이것도 $0, 1, 2, \cdots, n$ 등의 유한 상태를 갖는다. 좌우로 이동하는 헤드에 의해 테이프의 모눈에 있는 기호를 읽거나 쓰기를 한다.

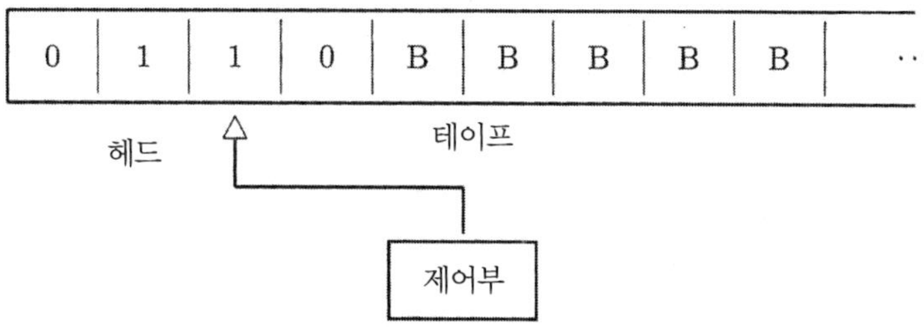

[그림 3.11] 튜링기계

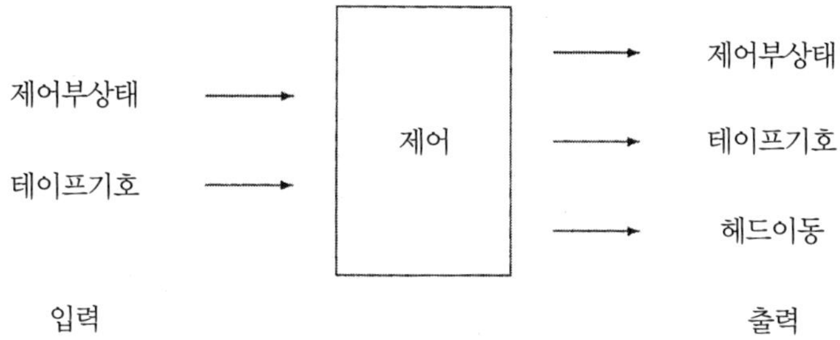

[그림 3.12] 튜링기계의 제어

헤드에서 읽는 모눈의 기호와 제어부의 상태에 따라 그 다음에 테이프에 기록할 기호, 제어부의 다음 상태, 헤드의 이동방향, 기계의 실행을 정지할 조건 등이 규칙적으로 결정된다 (그림 3.12). 제어부가 수행할 상태나 테이프의 기호 종류, 규칙 등은 튜링기계의 실행방법에 따라 미리 정해둔다.

계산용 기계의 모형으로 고안된 것은 튜링기계가 유일한 것은 아니고 RAM (Random Access Machine)이라 불리는 모형도 있다. 이것은 입력용 데이터와 출력용 데이터가 결정되어 있으며 입력용 데이터를 바꾸어 쓸 수 없게 되어 있다. 또 헤드의 동작방향도 오른쪽으로 정해져 있다.

튜링기계의 동작은 다음과 같이 이루어진다.

1. 초기상태로서 제어부의 상태와 헤드의 위치가 주어진다.
2. 테이프의 초기상태는 좌단을 첫 모눈이라 하고 n-번째 까지의 모눈에 기호가 적혀있다. 이것이 튜링기계로의 입력에 해당한다.
3. 실행은 규칙에 따라 진행해 나간다. 각 단계에서는 그 때의 제어부 상태, 헤드가 읽는 테이프의 기호에 따라 제어부의 상태를 바꾸고 모눈의 기호를 고쳐 쓴 후 헤드를 좌우로 이동한다.

4. 제어부, 테이프가 있을 조건을 만족하면 기계는 정지한다.

정지 후의 테이프 상태가 튜링기계의 출력이 된다.

예제 3-3 테이프의 기호는 0이나 1로 기록된다. 입력 테이프의 각 모눈의 기호를 반전하는 기계를 설계하여라.

해 예를 들어 다음과 같은 모양으로 만들면 된다.

- 제어부 상태는 0만 가능하게.
- 테이프의 기호는 0, 1 혹은 B의 세 종류로.
- 제어규칙은 다음 표와 같이.

제어부 상태	테이프 기호		
	0	1	B
0	01R	00R	0,1C

단, 표 내부의 숫자와 기호(즉 0, 1, B)는 제어상태의 교체 기록, 테이프 기호 교체, 그리고 헤드의 이동방향(R → 오른쪽, L → 왼쪽)을 나타낸다. 제어부의 Halt는 정지를 의미한다.

- 초기에 헤드는 테이프의 좌단에 있다고 한다.

표의 규칙에 의해 입력 시 1이던 모눈은 0으로, 0이었던 모눈은 1로 바뀐 후 정지한다.

입력	0	1	1	0	B	B	…
				↓			
출력	1	0	0	1	B	B	…

예제 3-4 테이프 기호의 열을 우측으로 1눈금씩 이동시키는 튜링기계를 설계하여라. 좌단의 모눈에는 0을 넣는다.

해 예컨대 제어부의 상태도 $q=0$와 $q=1$의 두 가지라 하고 읽어 온 테이프의 기호를 다음 단계에서 기호로 고쳐 써 넣으면 된다.

- 제어부 : $q=0,1$
- 테이프 기호 : 0 혹은 1
- 동작규칙: 다음 표와 같다.

제어부 상태	테이프 기호		
	0	1	B
0	01R	00R	Halt
1	01R	11R	Halt

• 초기상태: $q=0$에서 헤드는 테이프의 좌단으로 한다.
이 튜링기계에서는 제어부가 메모리로 된다.

예제 3-5 테이프의 기호를 왼쪽으로 1만큼 이동시키는 튜링기계를 설계하라. 우단은 0으로 놓는다. 헤드는 초기에 좌단에 있다고 한다.

해 헤드가 초기에 좌단에 있으므로 우선 우단으로 이동한다. 제어부는 (q_0, q_1)라 한다. q_0는 헤드를 테이프 기호열 우단으로 이동하는 순간에는 0이고 이동한 후에는 1로 한다. q_1은 메모리라 한다.

제어부 상태	테이프 기호		
(q_0q_1)	0	1	B
00	(00)0R	(00)1R	(10)BL
01	(01)0R	(01)1R	(10)BL
10	(10)0L	(11)0L	Halt
11	(11)1L	(10)1L	Halt

위와 같이 하면 초기상태 $(q_0q_1)=(00)$일 때 헤드를 테이프의 좌단에 두고서 처음에 1 단계씩 진행하여 공백(B)인 모눈에 도달한다. 그곳에서 $q_0=1$로 상태를 바꾸고 왼쪽으로 읽은 모눈의 기호를 q_1에 전달하면서 진행하면 된다. 헤드가 좌단에 도달하여 더 이상 진행하지 못할 때 표에는 들어있지 않지만 정지한다고 한다.

튜링기계의 기본형은 위와 같지만 튜링기계의 정의는 문헌마다 약간의 차이가 있고, 테이프가 여러 개인 것도 있으며, 테이프의 좌측 길이가 무한대인 것 등등이 있지만 기본적인 구조는 위의 예와 같다.

제어부는 3.1절에서 보인 논리회로로 실현할 수 있다(그림 3.13).

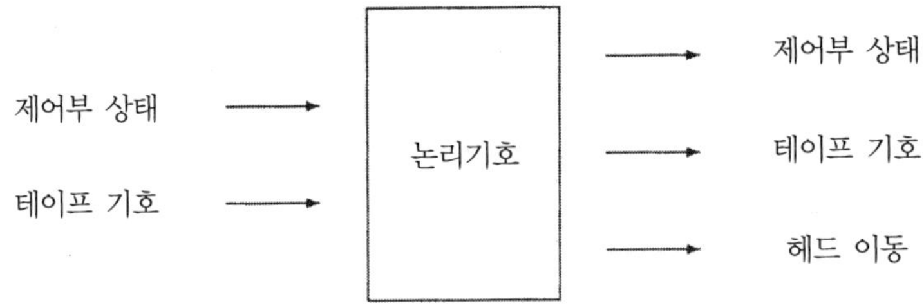

[그림 3.13] 튜링 기계의 제어부를 실행하는 논리회로

위에서는 제어부의 규칙이 처음부터 정해져있다고 생각했었다. 그러나 규칙이란 테이프의 어느 곳에 주어져 있더라도 무방하다. 그런 것을 **만능튜링기계**(Universal Turing Machine)라 하며 노이만형 컴퓨터라 불리는 현재의(고전적) 컴퓨터의 수리 모델이다.

제어부의 상태와 헤드에 나타나는 기호가 주어지더라도 다음 동작이 그대로 시행이 되지 않고 복수 개의 기능이 가능한 튜링기계도 고안 중이다. 이것을 **비결정성 튜링기계**(Nondeterministic Turing Machine)이라 한다. 비결정성 튜링기계의 동작은 각 단계의 동작 선택방법이 다양하므로 각 경우에 대해 순차적으로 계통도를 그려 나타낸다. 양자비트를 이용하는 양자튜링기계에 대해서는 제 4장의 양자 게이트에서 고려할 것이다.

3.5 계산가능성과 계산의 복잡성

컴퓨터의 계산가능성이라 불리는 문제가 있다. 이것은 주어진 문제가 컴퓨터로 풀릴 수 있는가 여부를 묻는 문제이다. 예컨대 수학의 명제가 컴퓨터로 풀릴 수 있는가 하는 문제이다. "어떤 문제가 풀리는가 풀리지 않는가" 또 "어떤 정리가 성립하는가 하지 않는가"를 결정하는 문제를 **결정문제**라 한다. 어떤 결정문제가 풀릴 때 그 문제는 **계산가능**하다고 하고 풀리지 않은 경우는 계산가능하지 않다고 한다. 문제가 계산가능하다는 것을 증명하는 것도 때로는 어려운 일이지만 풀리지 않는다는 것을 증명하기는 더 어려운 일이다. 유명한 「페르마(P. Fermat)의 최종정리」:

$$x^n + y^n = z^n \tag{3.2}$$

를 만족하는 정수해(整數解)는 $n \geq 3$에 대해서는 존재하지 않는다는 명제를 증명하는데 300년 이상이 걸렸다는 것만 보더라도 그 어려움을 알 수 있다.[5)]

튜링에 의하자면 컴퓨터가 계산 가능한 문제라 하는 것은 알고리즘을 갖는 문제란 것이다. 원리적으로는 답이 나오는 문제라 할지라도 그것을 풀기 위해서는 우주의 연령 이상의 시간을 필요로 한다든가, 우주 내 모든 물질을 메모리로 사용하더라도 충분하지 못할 정도의 방대한 분량이라든가 하는 것을 계산가능하다고 말하기는 곤란하다. 여기서 문제라는 것은 당연히 수량적으로 명확하게 정의될 수 있는 것으로 제한한다. 튜링기계의 단계(step) 수를 기본으로 하여서 입력 데이터의 량을 n이라 하자. 그 수가 매우 클 때에는 계산량이 n에 어떻게 의존하는가가 논점이 된다.

우선 데이터량에 어떻게 의존하는가를 논할 때 통상 "n의 몇차"라는 용어를 사용하여 $O(n)$이란 기호로 표시한다. 예컨대 어떤 결과를 얻기 위한 단계 수가

$$3n(n-1) + 18n \log n$$

인 경우 계산량은 $O(n^2)$이라 표기하고 "n^2의 차수"다 라고 한다. 이렇게 부르는 이유는 n이 클 경우 n^2에 비례하는 부분이 가장 커지게 되므로 그 앞의 3이란 비례계수는 보통 고려하지 않기 때문이다. 좀 더 엄밀하게 말하자면 충분하게 큰 상수 c를 잡으면 계산량이 분명히 $cf(n)$보다 작아진다는 상한선이 만들어질 때 이를 $O(f(n))$이라 표시한다. 즉 문제가 주어지더라도 계산량은 그 문제를 풀기 위한 알고리즘에 의존한다. 따라서 계산량 문제는 어떤 알고리즘을 가지는가 여부에 따라 변하므로 미해결인 경우도 허다하다.

다음에서 어떤 문제가 컴퓨터로 풀 수 있는가 살펴보자.

3.5.1 사칙연산

간단한 예로서 정수의 사칙연산이 있다. 이진법의 1 비트는 십진법의 $\log_{10} 2 \approx 0.3010$해에 해당한다. 다음에서 우리에게 익숙한 십진법 자리수를 고려하지만 계산상의 문제에서 이진법과 십진법에 근본적인 차이점은 없다.
이들의 대응관계는

10진법 1자리 $\approx$ 2진법 3.3자리 $\approx$ 정보 3.3 비트

5) 1995년에 와일즈(Andrew Wiles)에 의해 완전한 증명이 완성됨.

또는

$$\text{정보 1 비트} \equiv \text{이진법 1 자리} \equiv \text{10진법 0.3 자리}$$

로 된다. 예컨대 100자리 정수를 다루려면 100개의 숫자가 주어져야 하므로 50자리 정수보다도 데이터 량이 2배 이다.

■ **n-자리 정수끼리의 덧셈과 뺄셈**

연필로 계산하듯이 생각하자면 2^0 자리, 2^1 자리, …, 2^{n-1}자리와 같이 자리올림이 생기면 올림을 하면서 각 위치에서 더하기와 빼기를 할 수 있으므로 $O(n)$으로 표시할 수 있다. 그러나 테이프가 하나일 경우 가수(加數)와 피가수(被加數)사이에 위치를 나타내는 헤드 이동이 필요하므로 $O(n)$배가 더 필요하므로 전체적으로 $O(n^2)$이 된다. 테이프가 피가수용, 가수용, 합산용으로 3개가 따로 있다면 $O(n)$으로 가능하며 헤드 이동이 단계의 수에 무관한 방식도 있다. 그리고 다항식 차수를 만들 수 있다.

■ **n-자리 정수끼리의 곱셈과 나눗셈**

연필로 계산하듯이 생각하자면 모두 $O(n^2)$이 된다. 곱셈의 경우 약간 교묘한 방법으로 $O(n^2)$ 보다도 작은 $O(n\log n\log n\log n)$이란 n 의존성으로 곱셈을 할 수 있는 알고리즘도 알려져 있다.

P-문제에 대해

위의 사칙연산은 입력요소의 데이터 량이 n인 다항식으로 시간 내에 풀 수 있으므로 **계산량**(computational complexity) 문제 분류상 **P-문제**라 부른다. 또 연립일차방정식을 푸는 문제도, 계수나 미지수의 길이를 고정해 두고 미지수의 개수를 n이라 하여 문제가 풀릴 때까지에 필요한 사칙연산의 회수는 n의 다항식에 의해 상한선이 정해지므로, P-문제로 된다. 단 덧셈과 뺄셈에서 논의하였듯이 튜링기계에서라도 테이프 개수에 따라 사정이 달라지는데, 가령 3개라면 $O(n)$으로 가능할 일이 1개 밖에 없다면 $O(n^2)$이어야 된다. 따라서 P-문제인지의 여부는 n의 다항식에서 상한선이 제한되어 있는가에 따라 P-문제에 속하는지 여부를 결정하는 것이고 n의 몇 승에서 억제되는가는 중요하지 않다.

또한 연립일차방정식 같은 응용문제를 풀어야 할 경우, 계수나 미지수의 비트 길이를 고정해 두고 미지수의 개수 n에 대해 해를 얻을 때까지 필요한 가감승제를 해주는 횟수를 거론하기도 한다. 이 경우도 가우스의 소거법 입장에서 보면 $O(n^2)$으로 되므로 계산량의 문제 상으로는 P-문제가 된다.

3.5.2 인수분해와 소수(素數) 판정

만약 n-자리 정수 N의 약수를 구하려면 1에서 시작하여 $\sqrt{N}$까지의 숫자로 N이 나눠지는지 살펴보면 된다. 나눠지는 것이 하나도 없다면 N이 소수라는 사실을 알 수 있다. $N \approx 10^n$이므로 $\sqrt{N} = 10^{n/2}$이다. 즉 약 $10^{n/2}$번의 나눗셈이 필요하다. 나누는 횟수가 n에 의존하는데 그 횟수는 분명히 $O(10^{n/2}) \approx O(3.16^n)$이상 된다. 만약 100자리 수라면 10^{50}횟수 정도 나눠보는 중에서 가능하다면 인수를 발견할 수 있을 것이다. 그러나 이는 슈퍼컴퓨터로 계산을 하더라도 소요시간이 우주의 나이보다 더 길 가능성이 있다. 실제로 양자계산을 다루는 장에서 설명할 것이지만 정수론을 사용한 빠른 알고리즘이 있긴 하다. 그러나 빠른 알고리즘을 사용하더라도 차수는 α를 양의 정수라 하여서 $O(\exp(\alpha n^{1/2}(\log_2 n)^{1/2}))$정도로서 매우 길다.

계산의 량을 보다 엄밀하게 규정할 때에 문제를 "결정문제(decision problem)"라 하기보다는 물론 조건을 만족한다고 하는 "판정문제"의 형태로 지정하는 일이 있다. 예컨대 "주어진 정수 N이 소수인지 여부를 판단하여라."라는 문제가 있다고 하자. 알고리즘은 Yes 혹은 No의 판정을 내면 멈추게 된다. 소수가 무엇인가를 찾는 동안 No를 출력했다면 이는 약수를 찾는 것과는 별개의 문제이다.

NP-문제에 대하여

지수함수라든지 계승(階乘 ; factorial)등은 그 이상의 계산시간을 필요로 하는 다항식시간의 해법이 존재하지 않는 문제이지만 해가 맞는지 여부를 확인하는 것 정도는 다항식시간 내에 가능한 문제이며 이런 문제를 **NP-문제**(Nondeterministic Polynomial time problem)라 부른다. 앞에서 설명한 소수 판정 문제가 그 예의 하나이다. 다항식시간에서 상한선이 한정되지 않는 경우를 지수시간적문제라 부른다. 계산시간이 n의 지수함수에 비례하지 않고 n 계승에 비례하는 경우 등도 NP-문제에 포함이 된다. 즉 지수시간적이라고 여겨지는 문제라도 다항식시간 내에 풀 수 있는 알고리즘이 발견되면 P-문제로 바뀐다. 실제로 소수판정문제도 포함하여 P-문제인가 NP-문제인가 불분명한 문제도 많다.

앞에서 예를 들었던 소수판정 문제는 「정수 N과 그 보다도 작은 l이 주어졌을 때 1과 l 사이에 N의 약수가 존재하는지 여부를 판정하여라.」라는 문제로 변형하여도 결정문제가 된다. 결과가 Yes 즉 약수가 존재한다고 알려진 경우 만약 간단하게 약수를 찾는다면 최초의 판정 Yes가 옳다는 것을 간단한 나눗셈으로 확인할 수 있다. 이렇게 확률적인 방법으로 해의 후보가 발견되었을 때에 판정을 도출하는 것은 다항식시간 내에 불가능하더라도 해인지 여부를 확인하는 것은 다항식시간 내에서 가능한 문제가 바로 NP-문제이다.

3.5.3 조합의 문제

몇 가지 다른 루트 중 가장 단거리 루트의 탐색 등 원리적으로 하나하나씩 탐색해야 하는 문제가 있다. 예컨대 세일즈맨이 판매를 위해 3채의 집 A, B, C를 1번씩 방문한다고 하자 (그림 3.14). 각 집 사이의 거리는

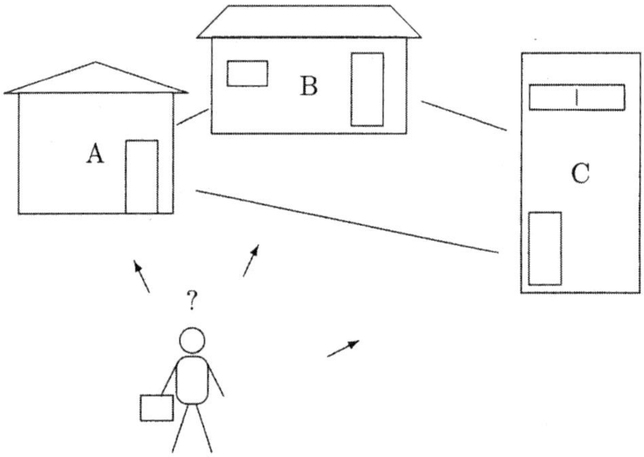

[그림 3.14] 순회하는 세일즈맨

	거리
AB 사이	2km
BC 사이	3km
CA 사이	4km

이라고 하자. 최초 방문 가정에서 최후 방문 가정까지의 거리가 최소로 되는 순회법은 무엇인가? 이 문제를 풀기 위해서는 전체 루트를 살펴보아야 한다.

	순회방법	거리
(1)	A-B-C	2 + 3 = 5km
(2)	A-C-B	4 + 3 = 7km
(3)	B-C-A	3 + 4 = 7km
(4)	B-A-C	2 + 4 = 6km
(5)	C-A-B	4 + 2 = 6km
(6)	C-B-A	3 + 2 = 5km

이 표를 살펴보면 (1)과 (6)이 최소 거리임을 알 수 있다. 순회방법이 6가지라는 말은 3집을 방문하는 순열 즉 3!=6이라는 계산에 의한 것이다.

이제 동일한 문제를 좀 확대하여 30집을 방문하는 것으로 해보자. 이 경우 순회방법은 $30! \approx 2.65 \times 10^{32}$일 것이다. 해를 구하려면 모든 경우에 대한 이동거리를 계산해야 한다. 예컨대 1테라급 컴퓨터를 사용하더라도 1초에 10^{12}번 정도 계산이 가능하므로 전체를 조사하려면 2.65×10^{20}초 즉 8.4×10^{12}년이 걸린다. 현재 우주의 나이는 100억년$\approx 10^{10}$년이므로 약 1000배 정도 더 긴 시간이 필요하다는 의미이다. 30채 정도의 집을 순회하는 일 자체는 하루 정도면 가능하지만 최적의 루트를 찾기 위한 계산은 사실상 불가능하다는 뜻이다.

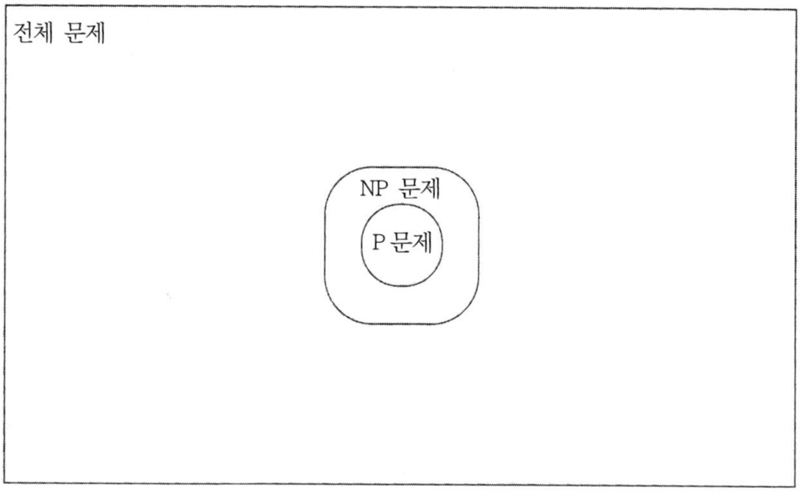

[그림 3.15] 계산량의 계층(階層)

이상은「순회 세일즈맨 문제」라 불리는 유명한 문제의 가장 간단한 표현의 하나이다. 순회하는 집의 숫자가 조금씩 증가하더라도 계산량이 극적으로 증가해버려 사실상 계산이 불가능해진다. 최적화된 해법이나 그에 가까운 해를 구하는 타협적 알고리즘이 여러 가지 제안되고 있긴 하지만 결정적인 해법은 아직 없는 실정이다.

문제의 계산량 계층(階層)은 그림 3.15와 같다. 해를 구하고자 하는 P-문제는 전체 문제 중 아주 일부분이다. NP-문제 외측에도 여러 가지 계층이 정의되어 있다.

NP-완전문제에 대하여

NP-문제 중 **NP-완전문제**(NP-complete problems)라 불리는 일련의 문제들이 있다. 그들은 서로 다항식시간문제 내에서 다른 NP-완전문제로 변환 가능하다. 또 일반적인 NP-문제는 모두다 NP-완전문제로 귀착시킬 수 있다고 알려져 있다. 만약 NP-완전문제 중 한 종류라도 다항식시간에서 풀리는 알고리즘이 존재한다면 그 외의 NP-문제도 모두 풀리게 된다. 대표적인 NP-완전문제는

- 부울대수의 “Satisfying Problem” (SAT)
- 순회 세일즈맨 문제
- 해밀토니안 문제

등이다. 순회 세일즈맨 문제를「주어진 거리 내에서 순회하는 경로가 존재하는가」라고 수정한다면 이는 “결정문제”로 된다.

만약 발견된 문제는 확인하기가 쉽다. 비결정성 튜링기계로 다항식시간내에 문제가 풀린다면 결정성 튜링기계로도 분명히 풀릴 것이다. 따라서 P-문제의 집합은 NO-문제의 집합을 포함한다. 역으로 NP-문제라고 모두 다항식시간의 알고리즘으로 해결되는 것은 아니라는 추측도 할 수 있다. 만약 그렇다면 NP-문제의 집합과 P-문제의 집합은 일치하게 된다:

$$\text{P-문제의 집합} = \text{NP-문제의 집합}$$

NP-문제가 모두 P-문제로 되는가 하는 문제는「P-NP 문제」라고 알려져 있지만 아직 해결되지는 않았다.

보통 P-문제는 계산가능하다고 알려져 있으며 그 외에는 입력의 크기가 어느 정도 이상 커지게 되면 실질적으로 계산 불가능하다고 여겨진다. 하지만 고전적인 컴퓨터에서는 계산 불가능하더라도 양자컴퓨터에서는 계산가능문제에 속하는 것도 있다는 사실이 알려지고 있다.

특히 해를 찾는 문제는 한 단계에 여러 번의 시험을 하게 되므로 지수함수적이던 것이 다항식적으로 바뀌게 된다.

3.5.4 계산의 복잡성과 계산량

계산의 복잡성은 입력 데이터량인 n의 의존성에 의해 분류된다. 입력 데이터량에 대해 계산량이 점차적으로 다항식적인 증가를 하는 알고리즘이 **유효한 알고리즘**이라 불린다. 지수함수 이상의 속도로 계산량이 증가하는 경우 이를 종합하여 지수함수적이라 부른다. 그림 3.16에 보이듯이 n이 커지게 되면 지수함수적인 의존성을 갖는 경우 계산량의 증가가 현저해진다.

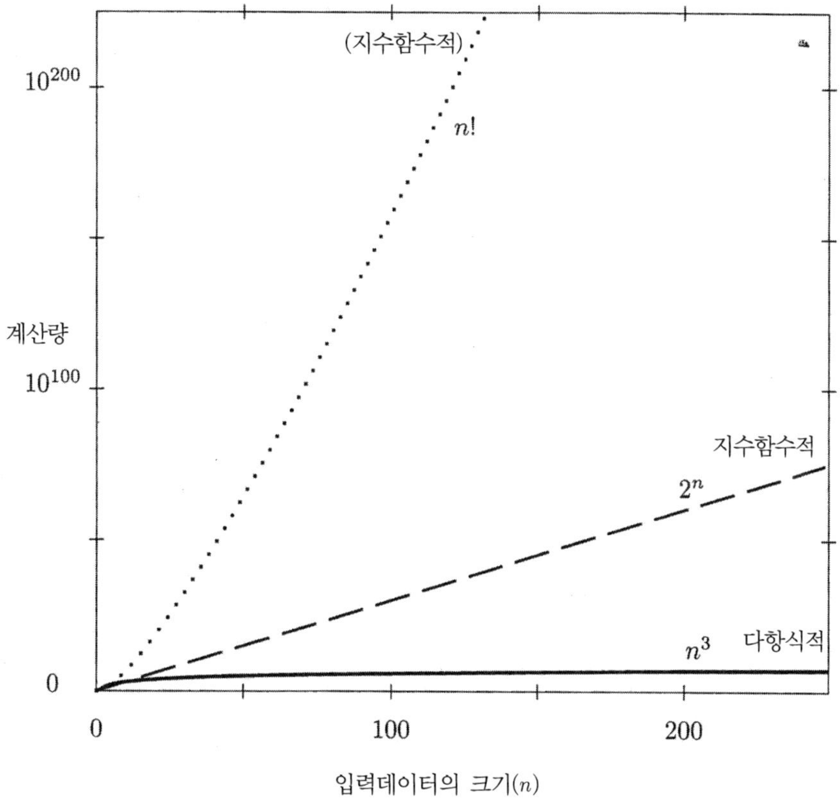

[그림 3.16] 데이터의 길이 n과 계산량의 관계. P : 다항식. N : 지수.(계승)

연습문제

1 입력 데이터를 2진법 정수로 읽어서 1을 더한 결과를 2진법 테이프로 출력하는 튜링기계를 설계하여라.

Chapter
04
양자 게이트

양자역학의 기초인 제 1장에서 서술하였듯이 양자비트는 두 개의 고유상태를 갖는 양자상태이다. 0 과 1의 두 논리값은 양자나 전자의 스핀 방향, 원자 등의 바닥상태와 들뜸상태, 광자가 통과하는 두 개의 슬릿 등과 같은 물리상태에 대응된다. 이 절에서는 양자계산을 구성하는 기본적인 양자회로에 대해 서술한다.

양자컴퓨터란 시간에 의존하는 슈뢰딩거 방정식에 따르는 양자계를 컴퓨터로 이용하는 것이다. 입력상태가 시간이 경과되면 출력상태로 바뀐다. 슈뢰딩거 방정식은 시간반전이 가능하므로 그 해인 양자상태를 양자회로로 사용할 경우 가역회로를 기본으로 하고 있다. 출력에서 입력이 재현되려면 가역 게이트의 출력단자 수가 입력단자의 수 이상 되어야 한다. 또 양자컴퓨터의 특징은 논리값 0과 1의 중복도 발생할 수 있다는 것이다. 또 고전적인 논리회로에서는 AND 등의 소자의 경우 입력 측 배선에서 들어온 값은 소자 내에서 처리되어 출력 측으로 나갔지만, 이에 비해 양자회로에서는 입력단과 출력단의 위치 구별이 없다. 즉 어떤 입력상태에 있는 스핀이 자기장 등의 상호작용에 의해 일정 시간 후 출력상태로 바뀌는 상황도 있다(그림 4.1).

이상과 같은 점에 주의하면서 기본적인 양자논리회로를 살펴보자.

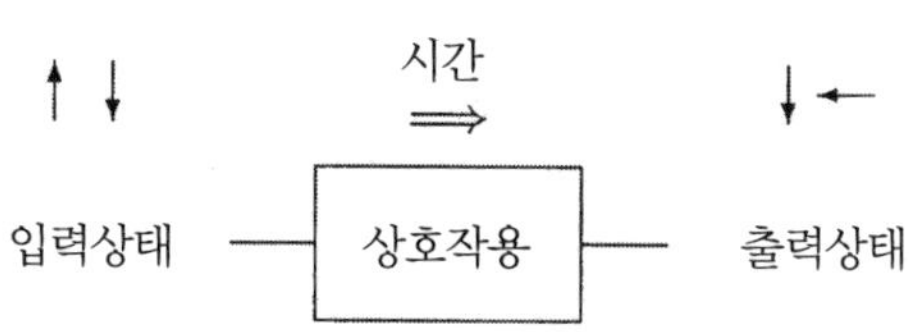

[그림 4.1] 양자게이트의 구조

4.1 기본적 양자 게이트

상태는

$$|0\rangle = \begin{pmatrix} 1 \\ 0 \end{pmatrix} \tag{4.1}$$

$$|1\rangle = \begin{pmatrix} 0 \\ 1 \end{pmatrix} \tag{4.2}$$

와 같이 상태벡터로 표시되며 고전론과 달리 두 상태의 중첩인

$$|\psi\rangle = \alpha|0\rangle + \beta|1\rangle = \begin{pmatrix} \alpha \\ \beta \end{pmatrix} \tag{4.3}$$

도 가능하다. 단 α와 β는 복소수이다. 상태벡터의 시간적 변화가 연산에 해당한다. 이 변화는 유니타리 연산자로 표현된다. 그래서

$$U \equiv \begin{pmatrix} \langle 0|U|0\rangle & \langle 0|U|1\rangle \\ \langle 1|U|0\rangle & \langle 1|U|1\rangle \end{pmatrix} \tag{4.4}$$

인 유니타리 행렬을 사용하면

출력 측의 상태벡터 = $U\times$ 입력 측의 상태벡터 (4.5

로 쓸 수 있다. 앞으로 U는 연산과 행렬 둘 다를 표현한다고 하자. 예컨대 (4.3)식의 입력상태 벡터가 U의 작용을 받아 출력상태 벡터로 된다면 그 벡터는

$$\begin{pmatrix} \langle 0|U|0\rangle & \langle 0|U|1\rangle \\ \langle 1|U|0\rangle & \langle 1|U|1\rangle \end{pmatrix} \begin{pmatrix} \alpha \\ \beta \end{pmatrix} = \begin{pmatrix} \langle 0|U|0\rangle\alpha + \langle 0|U|1\rangle\beta \\ \langle 1|U|0\rangle\alpha + \langle 1|U|1\rangle\beta \end{pmatrix} \tag{4.6}$$

으로 된다. 즉

$$U|\psi\rangle = (\langle 0|U|0\rangle\alpha + \langle 0|U|1\rangle\beta)\,|0\rangle + (\langle 1|U|0\rangle\alpha + \langle 1|U|1\rangle\rangle\beta)\,|1\rangle$$

의 상태로 된다. 게이트의 동작을 나타낼 때 고전적 게이트에서는 진리표를 사용하였지만 양자게이트에서는 행렬을 사용하면 편리하다. 다음과 같은 양자게이트가 있다.

■ **항등변환**

$|0\rangle \rightarrow |0\rangle$, $|1\rangle \rightarrow |1\rangle$ 인 단위행렬

$$\mathbf{I} = \begin{pmatrix} 1 & 0 \\ 0 & 1 \end{pmatrix} \tag{4.7}$$

■ **부정 게이트**

$|0\rangle$ 과 $|1\rangle$ 바뀌기 때문에

$$\begin{pmatrix} 0 & 1 \\ 1 & 0 \end{pmatrix} \tag{4.8}$$

로 표현된다.

■ **위상 게이트**

위상이 포함된 연산회로(그림 4.2)로 양자비트 특유의 게이트이다.

$$U(\phi) = \begin{pmatrix} 1 & 0 \\ 0 & e^{i\phi} \end{pmatrix} \tag{4.9}$$

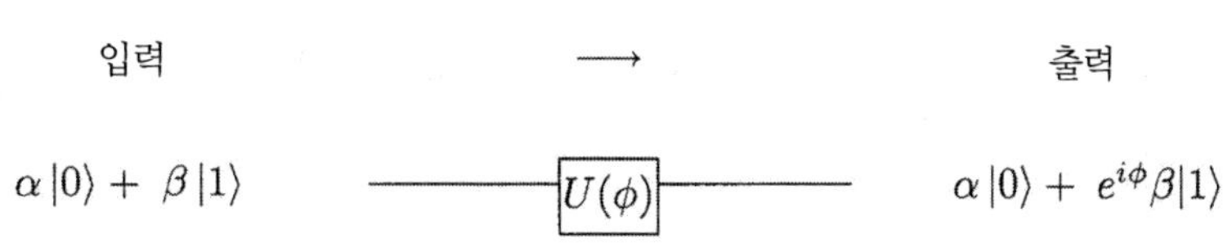

[그림 4.2] 위상 게이트. α와 β는 임의의 복소수이다.

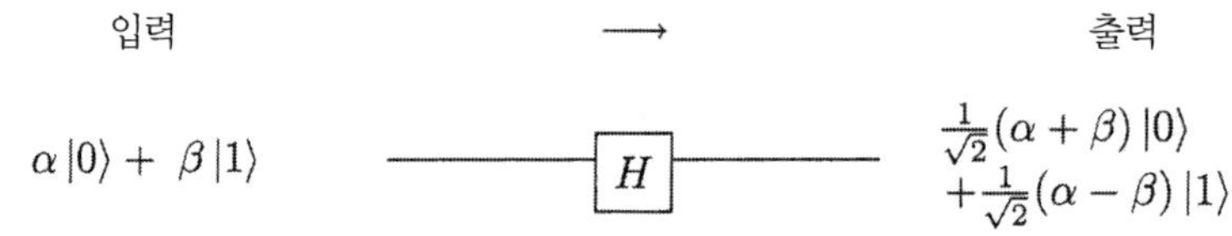

[그림 4.3] 아다마르 변환의 회로 기호. α와 β는 임의의 복소수이다.

■ **아다마르(Hadamard) 변환**

$$H \equiv \frac{1}{\sqrt{2}}\begin{pmatrix} 1 & 1 \\ 1 & -1 \end{pmatrix} \tag{4.10}$$

의 행렬로 표현되는 게이트로 회로도에서는 H라 나타낸다(그림 4.3). 이 회로도 양자비트 특유의 회로로서 가장 잘 사용되는 회로 중 하나이다. 두 번 작용시키면 항등변환으로 된다.

■ **스핀 회전연산자**

제 1.6절 「각운동량, 스핀과 회전」에서 사용한 스핀 1/2인 상태의 회전연산자

$$D_j^s(\alpha) = \cos(\alpha/2)\begin{pmatrix} 1 & 0 \\ 0 & 1 \end{pmatrix} - i\,\sin(\alpha/2)\sigma_j \tag{4.11}$$

도 양자게이트에서 종종 나타난다. 특히 x,y,z-축 중심으로 각기 나타내면

$$D_x^s(\alpha) = \begin{pmatrix} \cos(\alpha/2) & -i\sin(\alpha/2) \\ -i\sin(\alpha/2) & \cos(\alpha/2) \end{pmatrix}, \tag{4.12}$$

$$D_y^s(\alpha) = \begin{pmatrix} \cos(\alpha/2) & -\sin(\alpha/2) \\ \sin(\alpha/2) & \cos(\alpha/2) \end{pmatrix}, \tag{4.13}$$

$$\begin{aligned} D_z^s(\alpha) &= \begin{pmatrix} \cos(\alpha/2) - i\sin(\alpha/2) & 0 \\ 0 & \cos(\alpha/2) + i\sin(\alpha/2) \end{pmatrix} \\ &= \begin{pmatrix} \exp(-i\alpha/2) & 0 \\ 0 & \exp(i\alpha/2) \end{pmatrix} \end{aligned} \tag{4.14}$$

로 된다.

예제 4-1 다음 관계를 보여라.

$$D_y^s(\pi/2)\,\sigma_z\,D_y^s(-\pi/2) \;=\; \sigma_x \tag{4.15}$$

$$D_y^s(\pi/2)\,\sigma_z \;=\; H \tag{4.16}$$

$$D_y^s(-\pi/2)\,\sigma_x \;=\; H \tag{4.17}$$

해 $D_y^s(\pi/2)\,\sigma_z\,D_y^s(-\pi/2)$

$$= \begin{pmatrix} \cos(\pi/4) & -\sin(\pi/4) \\ \sin(\pi/4) & \cos(\pi/4) \end{pmatrix}\begin{pmatrix} 1 & 0 \\ 0 & -1 \end{pmatrix}\begin{pmatrix} \cos(\pi/4) & \sin(\pi/4) \\ -\sin(\pi/4) & \cos(\pi/4) \end{pmatrix}$$

$$= \frac{1}{2}\begin{pmatrix} 1 & -1 \\ 1 & 1 \end{pmatrix}\begin{pmatrix} 1 & 0 \\ 0 & -1 \end{pmatrix}\begin{pmatrix} 1 & 1 \\ -1 & 1 \end{pmatrix}$$

$$= \begin{pmatrix} 0 & 1 \\ 1 & 0 \end{pmatrix} = \sigma_x$$

이것은 σ_z를 y축 주변으로 $\pi/2$만큼 회전시키면 σ_x가 됨을 의미한다.
(4.16),(4.17)식은

$$\begin{aligned} D_y^s(\pi/2)\,\sigma_z &= \begin{pmatrix} \cos(\pi/4) & -\sin(\pi/4) \\ \sin(\pi/4) & \cos(\pi/4) \end{pmatrix}\begin{pmatrix} 1 & 0 \\ 0 & -1 \end{pmatrix} \\ &= \frac{1}{\sqrt{2}}\begin{pmatrix} 1 & -1 \\ 1 & 1 \end{pmatrix}\begin{pmatrix} 1 & 0 \\ 0 & -1 \end{pmatrix} \\ &= \frac{1}{\sqrt{2}}\begin{pmatrix} 1 & 1 \\ 1 & -1 \end{pmatrix} = H \end{aligned}$$

$$\begin{aligned} D_y^s(-\pi/2)\,\sigma_x &= \begin{pmatrix} \cos(\pi/4) & \sin(\pi/4) \\ -\sin(\pi/4) & \cos(\pi/4) \end{pmatrix}\begin{pmatrix} 0 & 1 \\ 1 & 0 \end{pmatrix} \\ &= \frac{1}{\sqrt{2}}\begin{pmatrix} 1 & 1 \\ -1 & 1 \end{pmatrix}\begin{pmatrix} 0 & 1 \\ 1 & 0 \end{pmatrix} \\ &= \frac{1}{\sqrt{2}}\begin{pmatrix} 1 & 1 \\ 1 & -1 \end{pmatrix} = H \end{aligned}$$

으로 유도된다.
행렬요소를 바꾸더라도 교환관계나 반교환관계 $\sigma_i\,\sigma_j + \sigma_j\,\sigma_i = 2\delta_{i,j}$를 이용하면 주어진 식이 역시 유도된다.

제어 비트와 출력 비트 두 가지 이상에 걸쳐 연산을 행하는 게이트를 **제어 게이트**라 부른다.

■ **제어** NOT

입력 A, B에 대해 **제어** NOT (controlled-NOT) 게이트가 걸린 출력 A', B'은

$$A' = A \tag{4.18}$$

$$B' = A \oplus B \tag{4.19}$$

로 정의된다. 즉 A'은 A가 그대로 출력되고, B'은

- $A=0$일 때, B'에는 B가 그대로 출력되고,
- $A=1$일 때, B'에는 $\overline{B}$가 출력된다.

출력 B'만 본다면 입력 A와 B의 XOR이 동일하므로 회로도는 그림 4.4와 같이 그릴 수 있다. 그러나 그림 4.5에 보인 것과 같이 NOT는 고유한 회로기호를 갖는다. 진리표와 회로기호를 그림 4.5에 보인다.

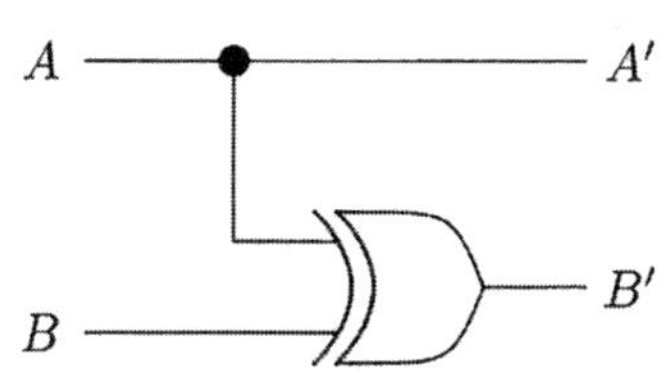

[그림 4.4] 제어 NOT 회로

A	B	A'	B'
0	0	0	0
0	1	0	1
1	0	1	1
1	1	1	0

제어 NOT 진리표

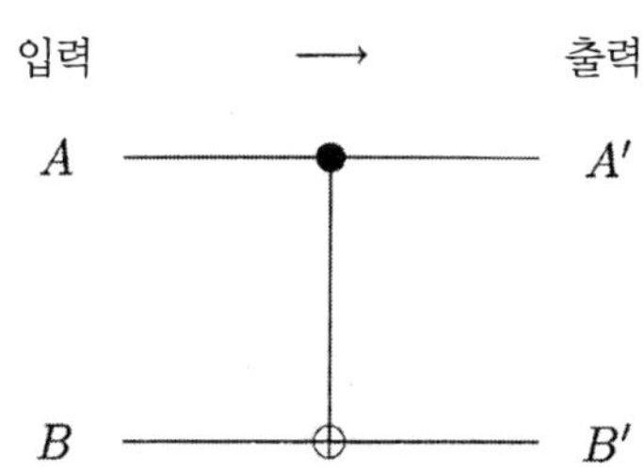

제어 NOT 회로기호

[그림 4.5] 제어 NOT의 진리표와 회로기호

예제 4-2 출력 A', B'으로부터 A, B를 구하고 제어 NOT 게이트가 가역임을 확인하여라.

해

$$\begin{aligned} A &= A' \\ B &= A' \oplus B' \end{aligned}$$

으로 구해진다. 따라서 가역이다.

일반적으로 여러 개의 양자비트를 벡터로 나타낼 때에는 **직곱**(直積 ; direct product)으로 표현한다. 2 양자비트인 경우 입출력은 $2 \times 2 = 4$원소 벡터로 된다. 각각 $|0\rangle$ 과 $|1\rangle$ 을 갖는 A와 B의 고유상태 $|q_A\rangle$, $|q_B\rangle$ 를 곱한 꼴인 $|q_A\rangle \otimes |q_B\rangle$ 또는 $|q_A q_B\rangle$ 로 표기한다. 바탕(base ; 기저라 하기도 함)을 $|00\rangle$, $|01\rangle$, $|10\rangle$, $|11\rangle$ 순으로 4행 1렬의 벡터로 나타내면

$$|00\rangle = \begin{pmatrix} 1 \\ 0 \\ 0 \\ 0 \end{pmatrix}, |01\rangle = \begin{pmatrix} 0 \\ 1 \\ 0 \\ 0 \end{pmatrix}, |10\rangle = \begin{pmatrix} 0 \\ 0 \\ 1 \\ 0 \end{pmatrix}, |11\rangle = \begin{pmatrix} 0 \\ 0 \\ 0 \\ 1 \end{pmatrix} \tag{4.20}$$

이다. 제어 NOT 행렬을 U라 하면

$$U|00\rangle = |00\rangle \tag{4.21}$$

$$U|01\rangle = |01\rangle \tag{4.22}$$

$$U|10\rangle = |11\rangle \tag{4.23}$$

$$U|11\rangle = |10\rangle \tag{4.24}$$

이므로

$$U = \begin{pmatrix} 1 & 0 & 0 & 0 \\ 0 & 1 & 0 & 0 \\ 0 & 0 & 0 & 1 \\ 0 & 0 & 1 & 0 \end{pmatrix} \tag{4.25}$$

로 된다. 일반적인 n-양자비트의 경우 입출력은 2^n개 원소를 갖는 벡터이다.

4.2 제어 연산 게이트

2–양자비트 게이트로 1–비트 유니타리 변환을 수반하는 제어연산게이트는 다음과 같이 정의된다.

- $A=0$ 일 때 $\to A'=A=0$ 이며 $B'=B$.
- $A=1$ 일 때 $\to A'=A=1$ 이지만, B는 유니타리 변환 U를 받아 $B'\neq B$.

회로도는 그림 4.6과 같이 표현된다. 행렬은

$$\begin{pmatrix} 1 & 0 & 0 & 0 \\ 0 & 1 & 0 & 0 \\ 0 & 0 & \langle 0|U|0\rangle & \langle 0|U|1\rangle \\ 0 & 0 & \langle 1|U|0\rangle & \langle 1|U|1\rangle \end{pmatrix} \tag{4.26}$$

이다. 특히 위상게이트가 $U=U(\phi)$(4.1절 참조)일 때에는 제어위상이라 부른다. 이는 양자푸리에변환 등에서 사용되며 양자알고리즘을 실행할 때 제일 중요한 게이트 중 하나이다.

$$U(\phi)=\begin{pmatrix} 1 & 0 & 0 & 0 \\ 0 & 1 & 0 & 0 \\ 0 & 0 & 1 & 0 \\ 0 & 0 & 0 & e^{i\phi} \end{pmatrix} \tag{4.27}$$

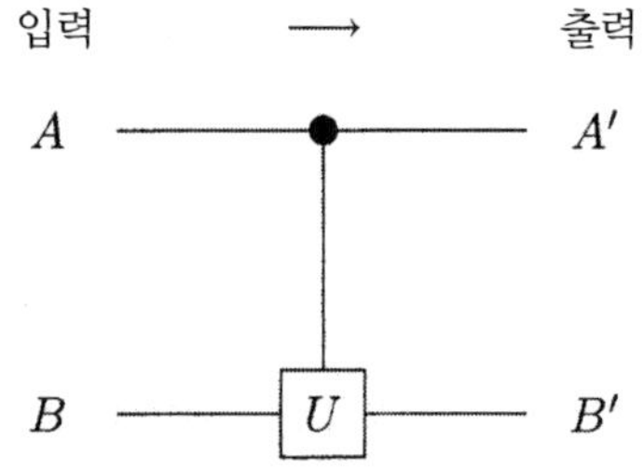

[그림 4.6] 제어연산 게이트

예제 4-3 그림 4.7에 보인 두 종류의 회로를 행렬로 표현 하여라.

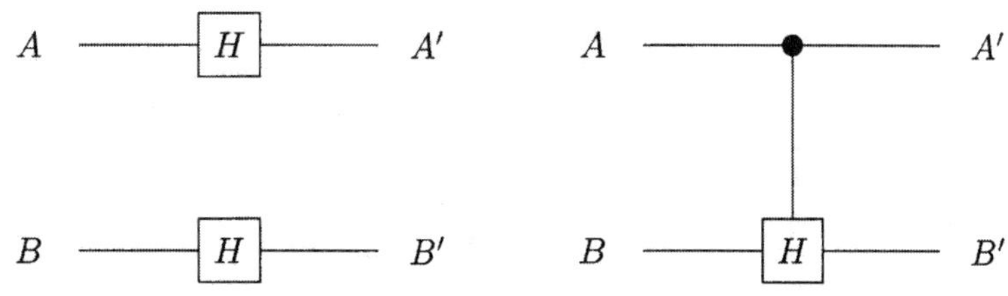

(a) 독립하여 아다마르 변환을 행한다 (b) 제어 아다마르 변환

[그림 4.7] 아다마르 게이트를 사용한 2-양자비트 회로의 예.

해 (a) 연산을 O라 표기하고 $|00\rangle$, $|01\rangle$, $|10\rangle$, $|11\rangle$ 이 어떻게 변환되는가를 보면

$$
\begin{aligned}
O|00\rangle &= \frac{1}{\sqrt{2}}(|0\rangle+|1\rangle)_A \otimes \frac{1}{\sqrt{2}}(|0\rangle+|1\rangle)_B \\
&= \frac{1}{2}|00\rangle+\frac{1}{2}|01\rangle+\frac{1}{2}|10\rangle+\frac{1}{2}|11\rangle, \\
O|01\rangle &= \frac{1}{\sqrt{2}}(|0\rangle+|1\rangle)_A \otimes \frac{1}{\sqrt{2}}(|0\rangle-|1\rangle)_B \\
&= \frac{1}{2}|00\rangle-\frac{1}{2}|01\rangle+\frac{1}{2}|10\rangle-\frac{1}{2}|11\rangle, \\
O|10\rangle &= \frac{1}{\sqrt{2}}(|0\rangle-|1\rangle)_A \otimes \frac{1}{\sqrt{2}}(|0\rangle+|1\rangle)_B \\
&= \frac{1}{2}|00\rangle+\frac{1}{2}|01\rangle-\frac{1}{2}|10\rangle-\frac{1}{2}|11\rangle, \\
O|11\rangle &= \frac{1}{\sqrt{2}}(|0\rangle-|1\rangle)_A \otimes \frac{1}{\sqrt{2}}(|0\rangle-|1\rangle)_B \\
&= \frac{1}{2}|00\rangle-\frac{1}{2}|01\rangle-\frac{1}{2}|10\rangle+\frac{1}{2}|11\rangle
\end{aligned}
$$

위 식에서 순서대로 계수를 좌에서 나란히 배열해 주면

$$
O=\frac{1}{2}\begin{pmatrix} 1 & 1 & 1 & 1 \\ 1 & -1 & 1 & -1 \\ 1 & 1 & -1 & -1 \\ 1 & -1 & -1 & 1 \end{pmatrix}
$$

이 얻어진다.

(b) 같은 방법으로

$$\begin{aligned} O|00\rangle &= |00\rangle, \\ O|01\rangle &= |01\rangle, \\ O|10\rangle &= |1\rangle_A \otimes \frac{1}{\sqrt{2}}(|0\rangle + |1\rangle)_B \\ &= \frac{1}{\sqrt{2}}|10\rangle + \frac{1}{\sqrt{2}}|11\rangle, \\ O|11\rangle &= |1\rangle_A \otimes \frac{1}{\sqrt{2}}(|0\rangle - |1\rangle)_B \\ &= \frac{1}{\sqrt{2}}|10\rangle - \frac{1}{\sqrt{2}}|11\rangle, \end{aligned}$$

따라서

$$O = \begin{pmatrix} 1 & 0 & 0 & 0 \\ 0 & 1 & 0 & 0 \\ 0 & 0 & 1/\sqrt{2} & 1/\sqrt{2} \\ 0 & 0 & 1/\sqrt{2} & -1/\sqrt{2} \end{pmatrix}$$

이 된다.

■ **교환**

2-양자비트의 상태벡터를 교환하는 게이트. 행렬로 나타내면

$$\begin{pmatrix} 1 & 0 & 0 & 0 \\ 0 & 0 & 1 & 0 \\ 0 & 1 & 0 & 0 \\ 0 & 0 & 0 & 1 \end{pmatrix} \tag{4.28}$$

로 되며, 회로기호는 그림 4.8과 같다. 고전적 컴퓨터의 회로에서는 입력측과 출력측이 별도로 존재하며 출력이 다른 소자에 의해 이루어지므로 배선교환은 가능하지만 양자컴퓨터에서는 많은 경우 하나의 양자상태의 시간변화를 추적하는 것이므로 교환 자체도 중요한 게이트이다.

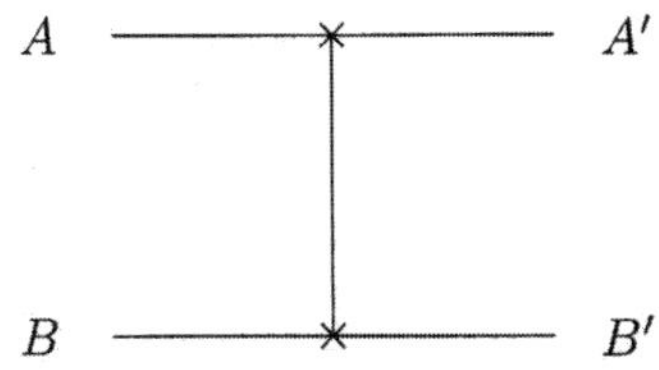

[그림 4-8] 교환

■ 프레드킨 게이트

프레드킨 게이트(Fredkin gate) 또는 **제어교환 게이트**(Controlled-Exchange gate)라 불리는 3-양자비트 게이트는

$$A' = A \tag{4.29}$$

$$B' = (\overline{A}\cdot B)+(A\cdot C) \tag{4.30}$$

$$C' = (\overline{A}\cdot C)+(A\cdot B) \tag{4.31}$$

로 표현되는 동작을 한다. 즉 A'에는 A가 그대로 출력되며, B', C'의 경우에는

- $A=0$ 일 때, 입력 B, C가 그대로 B', C'으로 출력된다.
- $A=1$ 일 때, B, C가 교환되어 출력된다.

진리표와 회로기호는 그림 4.9와 같다. 한편 출력 중 B'에 주목하면

A	B	C	A'	B'	C'
0	0	0	0	0	0
0	0	1	0	0	1
0	1	0	0	1	0
0	1	1	0	1	1
1	0	0	1	0	0
1	0	1	1	1	0
1	1	0	1	0	1
1	1	1	1	1	1

프레드킨 게이트의 진리표

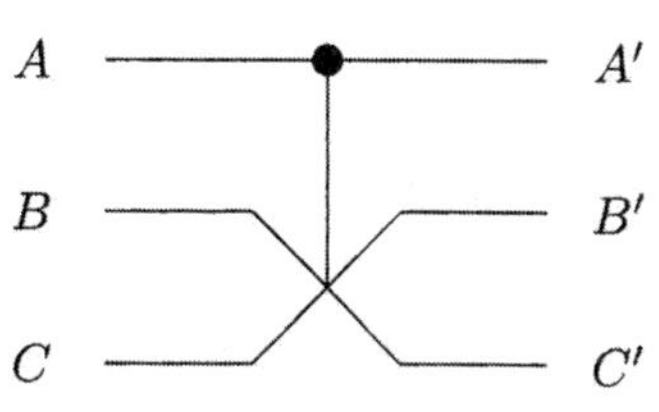

프레드킨 게이트의 회로기호

[그림 4.9] 프레드킨 게이트의 진리표와 회로기호

$A=0$일 때 B가, $A=1$일 때 C가 출력된다. 즉 A를 어드레스로 하여 B와 C중 어느 하나를 선택하는 멀티플렉스로 동작한다. 또 입력의 일부를 고정하면 다양한 기본 게이트가 실현가능하다. 예컨대

- 프레드킨 게이트에 의한 AND 게이트 : 입력 중 $C=0$를 고정하면

$$C' = A \cdot B$$

가 되어서 AND 게이트로 된다.

- 프레드킨 게이트에 의한 NOT 게이트 : $B=0$, $C=1$이라 하면

$$C' = \overline{A}$$

가 되어서 NOT 게이트가 된다.

3-양자비트의 상태는 $2^3=8$원소 벡터로 이루어지고 연산은 8×8행렬로 표현된다. 베이스를 $|000\rangle$, $|001\rangle$, $|010\rangle$, $|011\rangle$, $|100\rangle$, $|101\rangle$, $|110\rangle$, $|111\rangle$ 순으로 잡으면 프레드킨 게이트에 대한 행렬은

$$\begin{pmatrix} 1 & 0 & 0 & 0 & 0 & 0 & 0 & 0 \\ 0 & 1 & 0 & 0 & 0 & 0 & 0 & 0 \\ 0 & 0 & 1 & 0 & 0 & 0 & 0 & 0 \\ 0 & 0 & 0 & 1 & 0 & 0 & 0 & 0 \\ 0 & 0 & 0 & 0 & 1 & 0 & 0 & 0 \\ 0 & 0 & 0 & 0 & 0 & 0 & 1 & 0 \\ 0 & 0 & 0 & 0 & 0 & 1 & 0 & 0 \\ 0 & 0 & 0 & 0 & 0 & 0 & 0 & 1 \end{pmatrix} \tag{4.32}$$

로 표현된다.

예제 4-4 AND 게이트와 NOT 게이트를 적절히 조합하면 OR 게이트가 됨을 보여라.

해 그림 4.10과 같이 하면 된다.

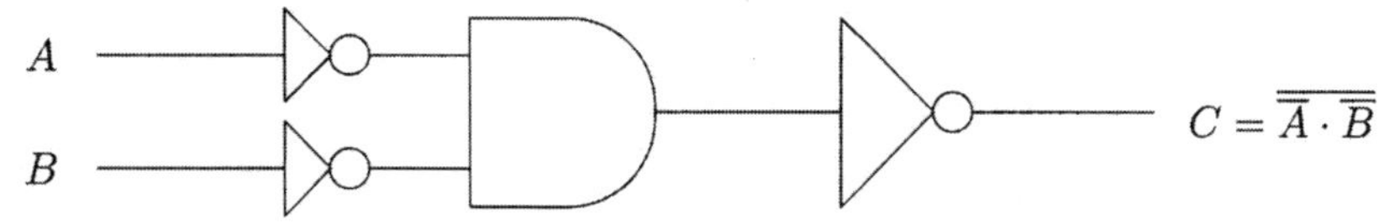

[그림 4.10] AND 게이트와 NOT 게이트로 만든 OR 회로.

이렇게 하여 프레드킨 게이트를 이용하면 AND, OR, NOT가 만들어지므로 어떤 논리회로라도 제작 가능하다.

■ 토폴리 게이트

토폴리 게이트(Toffoli gate) 또는 **제어-제어** NOT(Controlled-Controlled NOT)라 불리며 다음과 같이 정의된다.

$$A' = A \tag{4.33}$$

$$B' = B \tag{4.34}$$

$$C' = C \oplus (A \cdot B) \tag{4.35}$$

진리표와 회로기호는 그림 4.11과 같다. 4-양자비트게이트이므로 입출력은 8 원소 벡터로 표현되며 연산은

$$\begin{pmatrix} 1 & 0 & 0 & 0 & 0 & 0 & 0 & 0 \\ 0 & 1 & 0 & 0 & 0 & 0 & 0 & 0 \\ 0 & 0 & 1 & 0 & 0 & 0 & 0 & 0 \\ 0 & 0 & 0 & 1 & 0 & 0 & 0 & 0 \\ 0 & 0 & 0 & 0 & 1 & 0 & 0 & 0 \\ 0 & 0 & 0 & 0 & 0 & 1 & 0 & 0 \\ 0 & 0 & 0 & 0 & 0 & 0 & 0 & 1 \\ 0 & 0 & 0 & 0 & 0 & 0 & 1 & 0 \end{pmatrix} \tag{4.36}$$

의 8×8 행렬이 된다. 토폴리 게이트에서 $A = 1$라 두면 $C' = B \oplus C$로 되므로 제어 NOT로 된다. 또 $C = 0$라 두면 $C' = A \cdot B$이므로 AND도 만들 수 있다.

A	B	C	A'	B'	C'
0	0	0	0	0	0
0	0	1	0	0	1
0	1	0	0	1	0
0	1	1	0	1	1
1	0	0	1	0	0
1	0	1	1	1	0
1	1	0	1	0	1
1	1	1	1	1	1

토폴리 게이트의 진리표

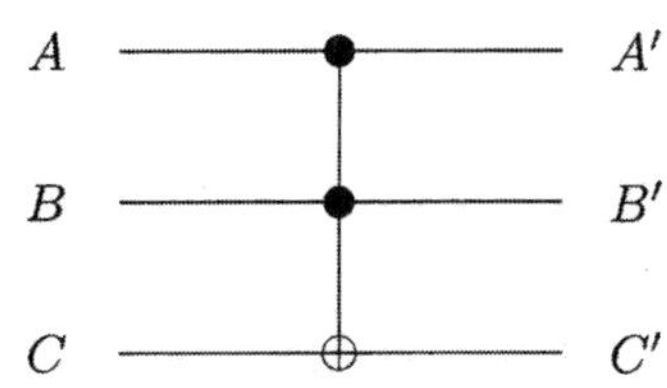

토폴리 게이트의 회로기호

[그림 4.11] 토폴리 게이트의 진리표와 회로기호.

예제 4-5 토폴리 게이트와 제어 NOT를 조합하여 반가산기와 전체가산기를 만들어라.

해 입력 X, Y의 반가산기 합은 $S = X \oplus Y$이므로 제어 NOT가 된다. 행올림은 $C = X \cdot Y$이므로 제어-제어 NOT에서 마지막 입력을 0으로 두면 가능하다. 따라서 그림 4.12의(a)와 같이 하면 된다.

입력 X, Y, Z인 전체가산기의 합은 $X \oplus Y \oplus Z$이므로 제어 NOT를 두 번 사용하면 된다. 행올림은 $C = X \cdot Y + Y \cdot Z + Z \cdot X$인데 예를 들어 그림 4.12의(b)와 같이 하면 된다.

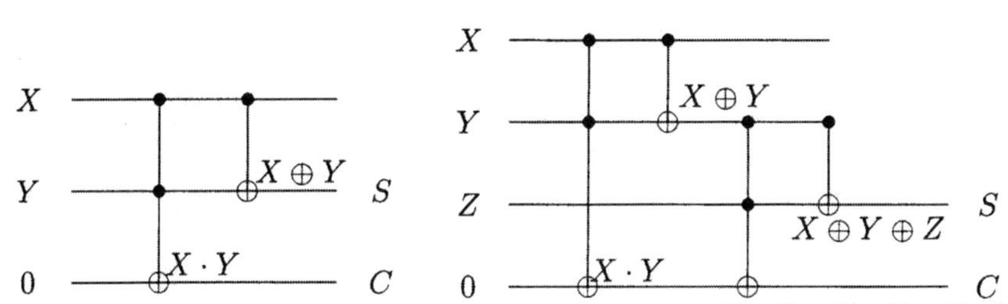

(a) 반가산기 (b) 전체가산기

[그림 4.12] 가역 논리회로를 조합시킨 가산기.

4.3 양자 튜링 기계

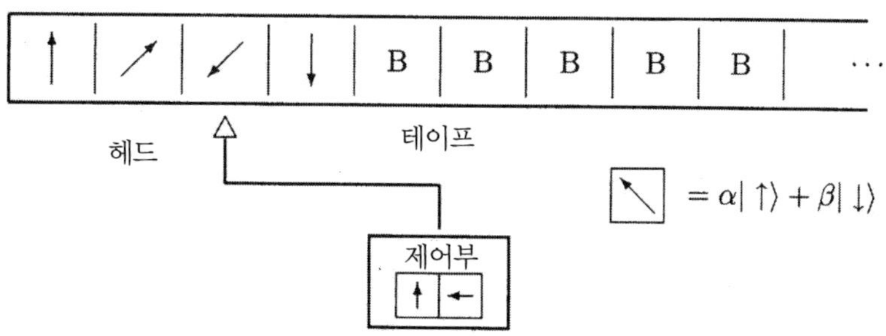

[그림 4.13] 양자 튜링 기계.

베넷(C. H. Bennett), 베니오프(P. Benioff), 파인만(R. Peynman) 등에 의해 튜링기계의 양자역학판인 양자튜링기계가 다양하게 제안되고 있다. 특히 이를 잘 정리한 사람이 도이치(D. Deutsch)이다(그림 4.13). 테이프의 각 모눈을 0과 1이 중첩 가능하도록 하였다. 위로 향한 화살표는 0을 아래 방향 화살표는 1이라 표기하고 사선방향 화살표는 일반적인 양자비트를 나타낸다. 그림에서 생략하였지만 3차원 구로 표시하면 그 위상을 함께 넣을 수 있다. 고전적 비결정적 또는 확률적 튜링기계와 유사하지만 고전적인 것이 실제 하나의 경로밖에 선택되지 않는 것에 비해 양자 튜링기계는 양자역학적인 중첩에 기인된 병렬연산이 가능하다. 그러므로 탐색문제 같은 계산에서는 고전적 튜링기계에서는 다루지 않는 계산량 문제가 양자튜링기계에서는 취급 가능한 계산량 범위로 되는 일도 있다. 단 계산량 문제를 제외한 계산가능성 문제만 본다면 양자튜링기계와 고전적 튜링기계는 동일하다는 것이 증명되고 있다.

4.4 양자 푸리에변환(3-비트인 경우)

q-개의 데이터 $u_0, u_1, \cdots, u_{q-1}$에 중첩을 시킨 합 :

$$f_c = \frac{1}{\sqrt{q}} \sum_{a=0}^{q-1} u_a \, e^{2\pi i a c / q} \qquad (c = 0, 1, ..., q-1) \tag{4.37}$$

이 정의된다. 이렇게 하여 얻어진 q개의 값 $f_0, f_1, \cdots, f_{q-1}$을 $u_0, u_1, \cdots, u_{q-1}$의 **이산(離散)푸리에변환**이라 한다. 역으로 푸리에변환을 알면 원래의 데이터를 역변환

$$u_a = \frac{1}{\sqrt{q}} \sum_{c=0}^{q-1} f_c\, e^{-2\pi iac/q} \qquad (a = 0,\ 1,\ \ldots,\ q-1) \tag{4.38}$$

에 의해 구할 수 있다.

(4.38)식에 의해 f_c는 u_a를 $e^{-2\pi iac/q} = \cos\left(\frac{2\pi c}{q}a\right) - i\sin\left(\frac{2\pi c}{q}a\right)$로 전개할 때의 그 계수이므로 $\omega_c = 2\pi c/q$인 주파수 성분을 구할 수 있다.

푸리에변환을 양자논리회로로 실행하는 것을 **양자푸리에변환**(Quantum Fourier Transform) 또는 **QFT**이라 부른다. Q개의 정규 직교상태 벡터 $|0\rangle$, $|1\rangle$, $\cdots$, $|q-1\rangle$ 에 대한 변환은 상태 $|a\rangle$ $(0 \le a \le q-1)$에 대해서

$$\frac{1}{\sqrt{q}} \sum_{c=0}^{q-1} e^{2\pi iac/q} |c\rangle \tag{4.39}$$

로 변환하는 유니타리 변환 U를 보면 된다. 그러면 바탕 $|a\rangle$ 의 성분이 $u_0, u_1, u_2, \cdots, u_{q-1}$인 상태벡터가 (4.39)식에 의해 성분이 $f_0, f_1, f_2, \cdots, f_{q-1}$인 상태벡터로 변환된다. 왜냐면 원래의 상태벡터를

$$|A\rangle = \sum_a u_a |a\rangle \tag{4.40}$$

라 하면 베이스 $|a\rangle$ 가 (4.39)식의 변환에 의해

$$\begin{aligned} |B\rangle = U|A\rangle &= \sum_a u_a \left(\frac{1}{\sqrt{q}} \sum_c e^{2\pi iac/q} |c\rangle \right) \\ &= \sum_c \left(\frac{1}{\sqrt{q}} \sum_a u_a e^{2\pi iac/q} |c\rangle \right) \end{aligned} \tag{4.41}$$

로 되고, $|c\rangle$ 의 성분이 (4.37)식으로 정의되는 f_c와 같기 때문이다.

변환(4.39)의 구체적 예로 $q = 2^3 = 8$의 푸리에변환을 해보자. 3-양자비트 $|q_2 q_1 q_0\rangle$ 와 정수 a의 이진법표현 $a_2 a_1 a_0$의 각 행을 양자비트에 대응시킨다. 즉

$a = 2^0 a_0 + 2^1 a_1 + 2^2 a_2$라 한다. 변환 후의 성분도 $c = 2^0 c_0 + 2^1 c_1 + 2^2 c_2$라 한다. $e^{2\pi i \times \text{정수}} = 1$이란 사실에 유의하면

$$
\begin{aligned}
|a_2 a_1 a_0\rangle \;\to\;& \frac{1}{\sqrt{8}} \sum_{c_2=0}^{1} \sum_{c_1=0}^{1} \sum_{c_0=0}^{1} e^{2\pi i (a_0+2a_1+4a_2)(c_0+2c_1+4c_2)/8} |c_2 c_1 c_0\rangle \\
=& \left(\frac{1}{\sqrt{2}} \sum_{c_2=0}^{1} e^{2\pi i (4c_2)(a_0+2a_1+4a_2)/8} |c_2\rangle_2 \right) \\
& \otimes \left(\frac{1}{\sqrt{2}} \sum_{c_1=0}^{1} e^{2\pi i (2c_1)(a_0+2a_1+4a_2)/8} |c_1\rangle_1 \right) \\
& \otimes \left(\frac{1}{\sqrt{2}} \sum_{c_0=0}^{1} e^{2\pi i c_0 (a_0+2a_1+4a_2)/8} |c_0\rangle_0 \right) \\
=& \frac{1}{\sqrt{2}} \left(|0\rangle_2 + e^{2\pi i \cdot a_0/2} |1\rangle_2 \right) \\
& \otimes \frac{1}{\sqrt{2}} \left(|0\rangle_1 + e^{2\pi i \cdot (a_1/2 + a_0/4)} |1\rangle_1 \right) \\
& \otimes \frac{1}{\sqrt{2}} \left(|0\rangle_0 + e^{2\pi i \cdot (a_2/2 + a_1/4 + a_0/8)} |1\rangle_0 \right)
\end{aligned}
\tag{4.42}
$$

이 된다. 여기서 (4.42)식을 구하는 회로를 생각해 보자. 우선 우변의 마지막 행은

- $a_0 = 0$일 때 $\frac{1}{\sqrt{2}}(|0\rangle + |1\rangle)$
- $a_0 = 1$일 때 $\frac{1}{\sqrt{2}}(|0\rangle - |1\rangle)$

로 되므로 $|a_0\rangle$ 에 아다마르 변환을 행한 것과 동일하다. 따라서 그림 4.14에서 구해진다.

그 아래 행의 경우 a_1에 의존하는 부분은 동일하게 $|a_1\rangle$ 의 아다마르 변환으로 실현 가능하지만 a_0에 의존하는 부분이 남게된다. 그래서

- $a_0 = 0$일 때 $e^{2\pi i \cdot a_0/4} = 1$
- $a_0 = 1$일 때 $e^{2\pi i \cdot a_0/4} = e^{i\pi/2}\ (= i)$

에 주목하여 4.1절의 제어위상 게이트 $U(\phi = \pi/2)$를 사용하면 그림 4.15에 의해 c_1이 생성된다.

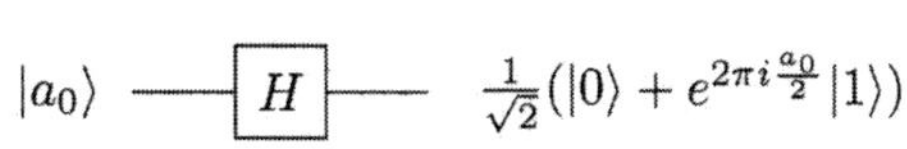

[그림 4.14] a_0로 부터의 회로도.

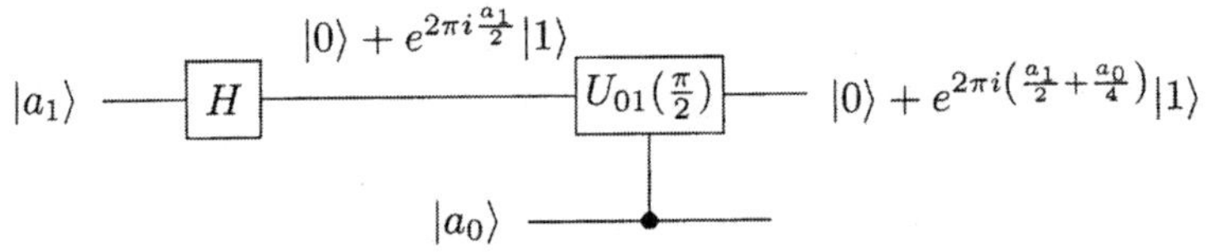

[그림 4.15] a_1로 부터의 회로도.

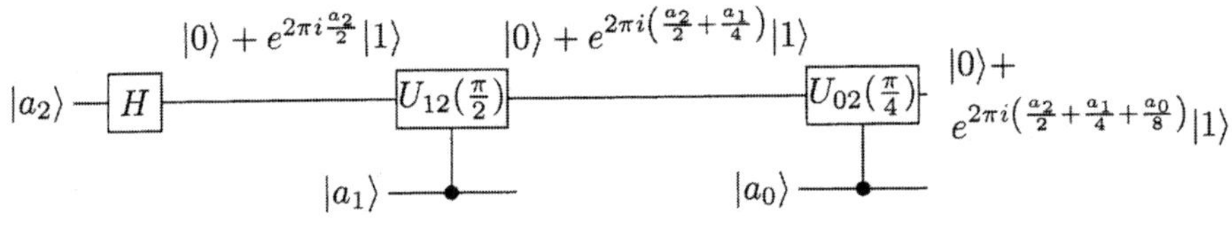

[그림 4.16] a_2로 부터의 회로도.

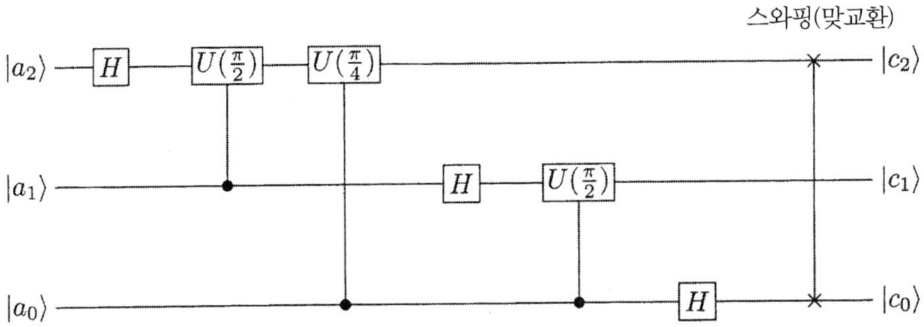

[그림 4.17] 양자비트의 푸리에 변환 회로도.

다시 가장 마지막 행도 동일하게 생각하여 그림 4.16에서 c_0이 만들어진다. 이상을 요약하면 그림 4.17의 3-양자비트($q=8$) 푸리에변환 회로가 만들어진다.

이런 변환의 일반화($q=2^n, n \geq 4$)는 쉽고 제 6장에서 다룰 것이다. 즉 상위 비트와 하위 비트의 역전이 필요하다. **비트역전** 문제는 **고속푸리에변환**(Fast Fourier Transform, FFT)에서도 발생한다. 그림 4.18은 동일한 $q=8$인 변환을 고속푸리에변환으로 실행하는 방법을 보인 것이다. 예컨대 스텝 1의 계산 시, u_0와 u_4 중 하나에는

$$u_0 + u_4$$

를 계산하여 보존하고 다른 하나에는

$$u_0 + W^4 u_4$$

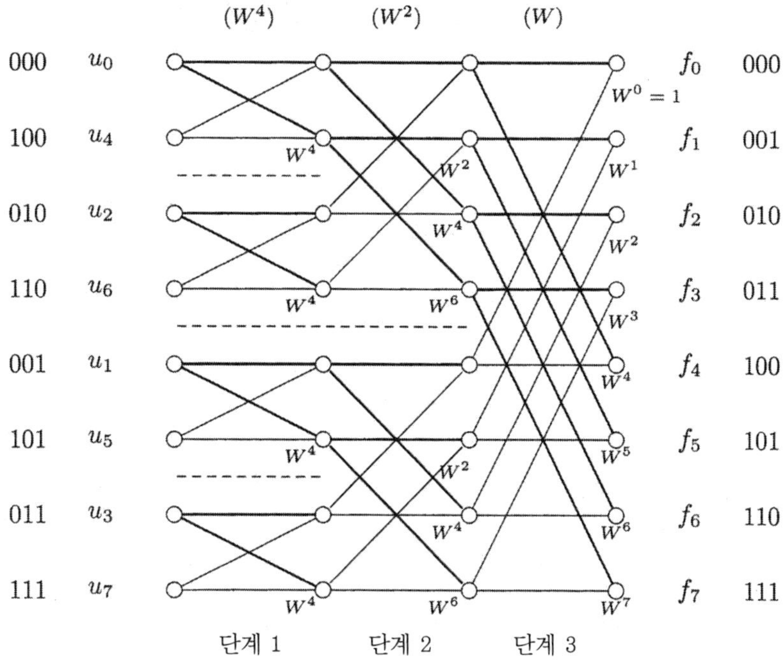

[그림 4.18] $q=2^3=8$일 때의 고속푸리에변환(FFT). $W=e^{2\pi i/8}=(1+i)/\sqrt{2}$는 1의 8승 근(根)이다.

를 계산하여 보존하는 것을 보여준다. 그림 4.18의 흰 원은 계산이 가능한 값을 의미하고, 그 좌편에 첨부한 기호는 곱하는 인자를 나타낸다. 이렇게 계속해 나가면 3 스텝 후에 8로 나누면 (4.37)에서 정의된 푸리에변환이 구해진다. 일반적인 q에 대해서도 확장이 가능하다.

계산량을 비교해 보자. 데이터가 $q=2^n$개 있을 때 이산푸리에변환인 (4.37)식을 그대로 사용하면 $O(q^2)=O(2^{2n})$의 차수를 갖는다. 또 FFT에서는 그림 4.18에서 알 수 있듯이 1 스텝당 q번의 곱셈과 덧셈 세트가 필요하다. 스텝의 수가 n이므로 전부 $O(q\log q)=O(n2^n)$의 차수만큼 계산량이 생긴다. 한편 QFT에서는 처음에 n개의 게이트를 통과하고 다음에 $n-1$개의 게이트를 다시 $n-2$개의 게이트 등등의 방식으로 1개 남을 때까지 이루어지므로 전부 $O(n^2)=O((\log q)^2)$가 된다. 즉 고전적 컴퓨터에서 FFT로 n의 지수함수로 증가하던 인자가 QFT에서는 다항식으로 바뀐다. 이것이 양자역학적 병렬성의 결과이다. 즉 비트 역전은 FFT에서나 QFT에서 모두 $O(n)$이므로 중요한 항은 아니다.

연습문제

1 프레드킨 게이트와 토폴리 게이트에서 출력 (A', B', C')으로부터 역으로 입력 (A, B, C)를 구하는 논리식을 만들어라.

2 2-비트 멀티플렉스를 프레드킨을 조합하여 설계하여라. 즉 그림 4.19(a)와 같이 하여 입력 데이터 $X = x_1x_0$, $Y = y_1y_0$와 어드레스 1-비트인 A가 $A=0$일 때에는 $Z = X$이고 $A=1$일 때에는 $Z = Y$가 출력되도록 만들어라.

3 프레드킨 게이트만으로 조합하여 OR이 출력되는 회로를 만들어라.

4 그림 4.19(b)와 같이 2진법 2-비트인 수 $X = x_1x_0$, $Y = y_1y_0$의 mod 4인 덧셈 $Z = X + Y \pmod 4$를 수행하는 회로를 제어 NOT와 토폴리 게이트를 조합하여 설계하여라.

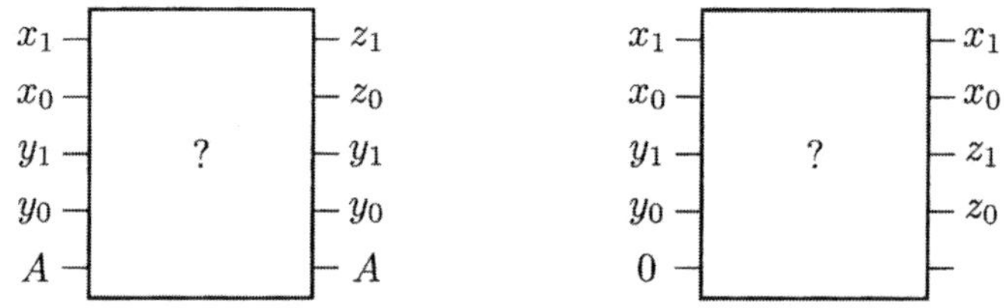

(a) 멀티플렉스　　(b) 가산기(mod 4)

[그림 4.19] 연습문제

5 이산푸리에변환인 (4.37)식이 유니타리변환임을 보여라. 또 (4.37)식에서 구한 f_c를 (4.38)식과 같이 합해주면 원래의 u_a가 구해지는 것도 보여라.

6 그림 4.17의 회로가 (4.39)식의 변환을 수행한다는 사실을 그림 중에 나오는 개개의 소자에 대응하는 8×8행렬을 곱하여 확인하여라.

Chapter

05 정보 · 통신의 이론

통신에서 엔트로피라는 개념은 중요하다. 이는 일정량의 정보량을 얼마의 빠르기로 전송하는 것이 가능한가와 관련이 있다. 현대의 데이터 통신에서는 문자나 화면을 모두 비트화 하여 송신한다. 같은 내용을 송신한다면 가능한 한 적은 비트 수로 바꾸는 것이 속도를 빠르게 할 것이다. 따라서 엔트로피 개념은 데이터의 압축에 밀접하게 연관되어 있다.

이 장에서는 우선 섀넌의 대표적인 고전적 정보 처리법을 논의할 것이다. 다음에 고전적 엔트로피를 양자정보 쪽으로 확장하기 위하여 가서 폰·노이만의 엔트로피로 나아갈 것이다.

5.1 엔트로피

5.1.1 정보량의 정의

임의 사건에서 N개의 결과가 동일한 확률로 기대될 때 그것을 알아서 얻게 되는 **정보량** I는 2진법 비트를 단위로 할 때

$$I = \log_2 N \tag{5.1}$$

과 같이 정의된다. 예컨대 동전을 던져서 떨어질 때 앞면이 나올지 뒷면이 나올지에 따른 정보량은 $N=2$이므로 $I=\log_2 2 = 1$ 비트이다. 만약 동전을 2회 던지면 「앞앞」, 「앞뒤」, 「뒤앞」, 「뒤뒤」의 $2^2 = 4$가지 경우가 가능하므로 정보량은 $I=\log_2 2^2 = 2$ 비트가 된다. 마찬가지로 3회 던졌다면 결과는 3 비트가 되므로 (5.1)식은 직감적으로도 자연스럽게 이해 가능한 정의라 할 수 있다.

일반적으로 제 1의 사건이 N_1번 제 2의 사건이 N_2번 가능하며 각각이 독립적으로 일어날 경우 양측의 결과를 안다는 것은 $N_1 \times N_2$개의 가능성 중 하나의 사건이 정해지는 것이므로 정보량은 $I_{12} = \log_2(N_1 \times N_2)$이다. 이것은 첫 번째 사건의 정보량인 $I_1 = \log_2 N_1$와 $I_2 = \log_2 N_2$의 합으로 되어있다.

예제 5-1 주사위를 1회 던졌을 때의 정보량은 얼마인가.

해 주사위의 면은 6개이므로 정보량은 $\log_2 6 \approx 2.585$ 비트이다.

5.1.2 엔트로피

문자를 순차적으로 전송하고자 할 때 한 문자의 정보량은 얼마정도 일까? 동전이나 주사위와 달리 문자는 나올 확률이 매번 다르다는 것이다. 문자의 종류가 N개이고 i번째 나올 확률을 p_i라 하자. 예컨대 오십음절에서는 $N = 50$이고 알파벳은 $N = 26$이다. 문자의 개수나 동전의 양면 그리고 주사위의 6면 모두를 같이 생각할 수 있다. 한 문자당의 정보량을 섀넌(C. E. Shannon)은

$$I = -\sum_{i=1}^{N} p_i \log_2 p_i \tag{5.2}$$

라 정의하고 이를 **엔트로피**라 불렀다. (5.2)식은 한 문자당의 엔트로피:

$$I_i = -\log_2 p_i \tag{5.3}$$

을 전 문자에 대해 평균한 것이라 할 수 있다. 즉 $p_i = 0$인 경우는 로그가 정의되지 않는데 이 때에는 극한값 $\lim_{p_i \to 0} \log_2 p_i = 0$를 사용한다. $0 \le p_i \le 1$이므로 각 항은 $-p_i \log_2 p_i \ge 0$로 되어서 $I \ge 0$이다. 엔트로피 (5.2)는 정보량 (5.1)을 일반화한 것이다. 실제 N개의 문자가 같은 확률로 나타난다면 모든 i에 대하여 $p_i = 1/N$이 되므로 엔트로피는

$$I = -\sum_{i=1}^{N} \frac{1}{N} \log_2 \frac{1}{N} = \log_2 N$$

로 되어서 (5.1)식과 같아진다.

두 가지 결과가 있을 경우 $i=1$인 결과를 N_1개, $i=2$인 결과를 N_2개라 한다면, 정보량은 (5.2)식에서

$$I = \log_2 \frac{(N_1+N_2)!}{N_1!N_2!} \tag{5.4}$$

이며 $\log_2 N \neq \log_2 e \ln N!$[6]와 N_i가 매우 클 때에 성립하는 스털링의 공식(Stirling's formular)

$$\ln(N!) \approx N \ln N - N \tag{5.5}$$

을 이용하면 식 (5.4)는

$$I \approx -(N_1+N_2)\left[\frac{N_1}{N_1+N_2}\log_2\frac{N_1}{N_1+N_2} + \frac{N_2}{N_1+N_2}\log_2\frac{N_2}{N_1+N_2}\right] \tag{5.6}$$

과 같이 바꾸어진다. 여기서 확률을 $p_i = N_i/(N_1+N_2)$라 놓으면 한 문자당에 대해 (5.2)식에서 유도되는 엔트로피와 일치하게 된다.

예제 5-2 사건 1, 2, 3이 생길 확률이 각각 p_1, p_2, p_3일 때 그 엔트로피 I는

$$I(p_1,p_2,p_3) = I(p_1,p_2+p_3) + (p_2+p_3)I\left(\frac{p_2}{p_2+p_3},\frac{p_3}{p_2+p_3}\right) \tag{5.7}$$

과 같이 됨을 증명하라.

해 정의로부터

$$\begin{aligned}
&I(p_1,p_2,p_3)\\
&= -[p_1\log p_1 + p_2\log p_2 + p_3\log p_3]\\
&= -p_1\log p_1\\
&\quad -\left[+p_2\log\left((p_2+p_3)\cdot\frac{p_2}{p_2+p_3}\right) + p_3\log\left((p_2+p_3)\cdot\frac{p_3}{p_2+p_3}\right)\right]\\
&= -p_1\log p_1\\
&\quad -\left[+p_2\left(\log(p_2+p_3)+\log\frac{p_2}{p_2+p_3}\right) + p_3\left(\log(p_2+p_3)+\log\frac{p_3}{p_2+p_3}\right)\right]
\end{aligned}$$

6) 이후로는 $\log_e N! = \ln N!$이라 한다.

$$
\begin{aligned}
&= -p_1 \log p_1 \\
&\quad - \left[+p_2 \left(\log(p_2+p_3) + \log \frac{p_2}{p_2+p_3}\right) + p_3 \left(\log(p_2+p_3) + \log \frac{p_3}{p_2+p_3}\right)\right] \\
&= -[p_1 \log p_1 + (p_2+p_3)\log(p_2+p_3)] \\
&\quad - \left[p_2 \log \frac{p_2}{p_2+p_3} + p_3 \log \frac{p_3}{p_2+p_3}\right] \\
&= -[p_1 \log p_1 + (p_2+p_3)\log(p_2+p_3)] \\
&\quad -(p_2+p_3)\left[\frac{p_2}{p_2+p_3}\log\frac{p_2}{p_2+p_3} + \frac{p_3}{p_2+p_3}\log\frac{p_3}{p_2+p_3}\right] \\
&= I(p_1, p_2+p_3) + (p_2+p_3) I\left(\frac{p_2}{p_2+p_3}, \frac{p_3}{p_2+p_3}\right)
\end{aligned}
\tag{5.8}
$$

로 된다. 즉 이 식은 사건 1, 2, 3의 엔트로피 $I(p_1, p_2, p_3)$가 사건 1이 "2 또는 3"의 둘 중 하나를 택할 엔트로피인 $I(p_1, p_2+p_3)$에 2일까 3일까 하는 엔트로피 $I(p_2/(p_2+p_3), p_3/(p_2+p_3))$에 중첩 (p_2+p_3)을 곱한 것을 더한 것과 같다는 의미이다.

5.1.3 정보의 부호화

예제 5-3 어떤 강의 수강자 200명의 성적을 매기는 경우의 정보를 생각해 보자. A, B, C, D를 각각 1/2, 1/4, 1/8, 1/8의 비율로 준다고 하자. 이 성적을 0이나 1의 부호로 바꾸어서 가능한 짧은 시간 내에 각 학교에 보낸다고 하자. A에서 D까지의 기호에 어떤 기호를 할당하면 될까

해 2-비트 레지스터에는 4 종류의 기호가 있으므로

$$
\begin{aligned}
A &\to 00 \\
B &\to 01 \\
C &\to 10 \\
D &\to 11
\end{aligned}
$$

와 같이 대응시킬 수 있다. 예컨대

0001111000000110...

와 같다면

ABDCAABC...

로 읽을 수 있다.

그러나 위의 해가 가장 합리적일까? 특히 위의 방법으로는 200명의 정보를 보존하기 위해서는 200×2=400 비트가 필요하다. 이를 더 줄일 수 있는 방법이 없을까 하는 의문에 대한 답으로 다음의 예를 보자. 즉 A, B, C, D를 각각

$$\begin{aligned} A &\rightarrow 0 \\ B &\rightarrow 10 \\ C &\rightarrow 110 \\ D &\rightarrow 111 \end{aligned}$$

로 둔다. 이렇게 하면 위와 같은 ABDCAABC…은

$$\overset{A}{\overbrace{0}}\ \overset{B}{\overbrace{10}}\ \overset{C}{\overbrace{110}}\ \overset{D}{\overbrace{111}}\ \overset{A}{\overbrace{0}}\ \overset{A}{\overbrace{0}}\ \overset{B}{\overbrace{10}}\ \overset{C}{\overbrace{110}}$$

과 같은 비트열로 바뀐다. 또 역으로 이런 비트 열이 주어질 때 ABD…라는 기호열로 복원하는 것도 쉽다는 사실을 알 수 있다.

위에서 서술한 알고리즘으로는

- A…100인
- B…50인
- C…25인
- D…25인

이므로 전체 길이는

$$100 \times 1 + 50 \times 2 + 25 \times 3 + 25 \times 3 = 350 \text{ (bits)}$$

이다. 즉 1인당의 평균 비트수는 2 비트에서 1.75비트로 줄어들게 된다.

비트부호의 길이는 얼마까지 줄일 수 있을까? 이 문제에 대한 답으로 **정보원부호화정리**(情報源符號化定理)(섀넌의 제 1 정리)가 있다. 이 정리에 의하자면 i 번째 기호의 확률이 p_i 인 정보원에서는 한 기호당의 부호 길이의 평균을 엔트로피보다는 좀 더 작게 만들고자 하지만 엔트로피 보다는 부호의 길이를 더 작게 만들 수는 없다.

위에서 예를 든 성적의 엔트로피는

$$H = \frac{1}{2}\log_2 2 + \frac{1}{4}\log_2 4 + \frac{1}{8}\log_2 8 + \frac{1}{8}\log_2 8 = 0.5 + 0.5 + 0.375 + 0.375 = 1.75$$

이다. 즉 최적화하면 1인당 1.75비트까지 수축될 가능성이 있다. 따라서 앞의 두 번째 부호화 방식은 비트의 길이가 최고도로 수축되어 있다.

다음의 일기예보의 경우를 생각해 보면 엔트로피의 유효성에 의문이 생길지 모른다. 「비가 내리지 않는다.」가 80%, 「비가 내린다.」가 20% 였다면 어떻게 될까? 엔트로피는

$$0.8 \times \log_2 \frac{1}{0.8} + 0.2 \times \log_2 \frac{1}{0.2} = 0.722$$

로 되어서 1 정보당 0.722비트가 될 것이다. 그런데 「내리지 않는다.」에 「0」을, 「내린다.」에 「1」을 할당하든지 아니면 반대로 할당하는 두 가지 방법밖에 없으므로 1 비트보다 더 작게 만들 수 있는 방법이 과연 있을 수 있을까 하는 의문이 생길 것이다. 이에 대한 답은 바로 두 개 이상의 정보를 서로 조합하는 것이 가능하기 때문이다. 예컨대 두 개씩 모아서 「내리지 않는다-내리지 않는다」, 「내리지 않는다-내린다」, 「내린다-내리지 않는다」, 「내린다-내린다」라 하고 단순하게는 2-비트가 필요해 보이지만 확률이 높은 「내리지 않는다-내리지 않는다」에 간단한 부호를 달아주면 평균적으로 이 간단한 부호로 대변이 된다. 이틀씩 묶어서 확률이 높은 쪽에서부터 앞의 예와 같은 부호를 달아주면(○: 「내리지 않는다」, ●: 「내린다」라 함)

			확률	부호	길이
○	○	→	0.64	0	1
○	●	→	0.16	10	2
●	○	→	0.16	110	3
●	●	→	0.04	111	3
					평균 1.56

로 된다. 단 이틀사이 맑음과 강우의 상관관계는 없다고 가정했다. 평균 1.56-비트란 이틀간의 평균이므로 하루분의 평균은 0.78이다. 이 수치는 아직 극한값인 0.722 비트에는 도달하지 못했지만 가장 단순한 부호화의 1 일 평균 1 비트라는 율과 비교하면 많이 개선이 된 수치이다. 하지만 이 경우 단순한 부호달기보다 읽는 방법에 복잡성이 존재한다. 즉 평균 비트 수를 간단하게 하기 위해 그 대상인 문자와 부호 간의 변환 수순에 복잡성이 따른다는 것이다.

일반적으로는 자주 나타나는 기호에 짧은 비트를 부여하고 그렇지 않은 기호에는 긴 비트를 부여해주는 아이디어로 부호화를 체계적으로 행하는 방법으로 **하프만 부호**라 불리는 방식이 있다.

5.1.4 폰 노이만의 엔트로피

양자상태 $|n\rangle$ 의 확률이 p_n일 때 밀도행렬은

$$\rho = \sum_n p_n |n\rangle\langle n| \tag{5.9}$$

로 정의된다. 폰 노이만의 엔트로피는

$$S(\rho) = -\mathrm{tr}(\rho \log \rho) \tag{5.10}$$

로 정의된다. 온도 T 하에서 에너지의 고유상태에 대해 전개할 때 p_n은 볼츠만 인자 $p_n \propto e^{-E_n/(k_B T)}$로 된다. 여기서 k_B는 볼츠만 상수이다. (제 9장 참조)

5.2 통신에서의 정보량

정보를 송신할 때 도중에서 신호가 왜곡되거나 방해전파가 들어가서 수취인이 받기 전에 아무래도 얼만가의 잘못된 정보가 들어가는 일은 피할 수 없다. 불규칙적 오류를 일으키는 원인을 일반적으로 **잡음**(noise)이라 한다.

이제 일련의 정보를 비트단위로 전송한다고 하자. 만약 오류 없이 도달한다면 1-비트 통신에서 1 비트 전송은 틀림없을 것이다. 그런데 현실에서 이런 일은 거의 존재하지 않는다. 간단하게 1 비트 당 일정하게 q의 확률로 오류가 들어간다고 가정하자. 즉 "0"에 "1"이 잘못 들어갈 확률이나 "1"에 "0"이 잘못 들어갈 확률이 동일하게 q라 가정하는 것이다. 그리고 잘못된 확률이 이전에 송신한 신호의 여부와 무관하다고 가정한다. 예컨대 $q = 1/5$이면 5번에 1번의 비율로 잘못된 정보의 송수신이 일어난다.

이런 조건 하에서 정보를 가장 잘 송신할 수 있는 방법을 생각해 보자. 예컨대 하나의 정보를 삼중으로 하여 다음과 같이 해 보면 어떨까?

- 보내는 사람 : 보내야 할 신호가 만약 0이면 000으로 그리고 1이면 111과 같이 삼중으로 해서 보낸다.
- 받는 사람 : 만약에 수신호의 부호 3개가 일치하지 않는다면 다수결로 해석한다.

이렇게 하면 잘못 전달되는 것은 보내진 3비트 중 도중에서 2 비트 이상이 역전된 경우가 되고 그렇게 될 확률은

$$q' = q^3 + 3q^2(1-q) = q^2(3-2q) \tag{5.11}$$

이다. 앞에선 언급한 $q = 1/5 = 0.2$인 경우에 신호를 3중으로 해주면 오류는 $q' = 13/125 = 0.104$로 줄어든다. 이 경우 「**여유도**(redundancy)」를 이용하여 오류를 줄인다. 또 다른 방법은 일정시간에 보낼 수 있는 정보량을 1/3정도 시간을 늘려주는 방법 즉 통신속도를 느리게 만들긴 하지만 오류를 줄일게 한다. 이 방법은 송신 부호 3비트와 수신부호 3비트 중 1-비트만 다르다면 바르게 정정이 가능하고 2-비트 이상 다르면 잘못된 해석이 생긴다.

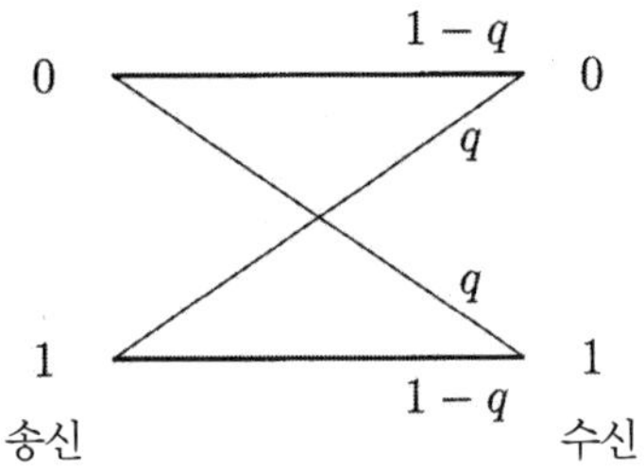

[그림 5.1] 잡음이 존재하는 2진 기호의 통신

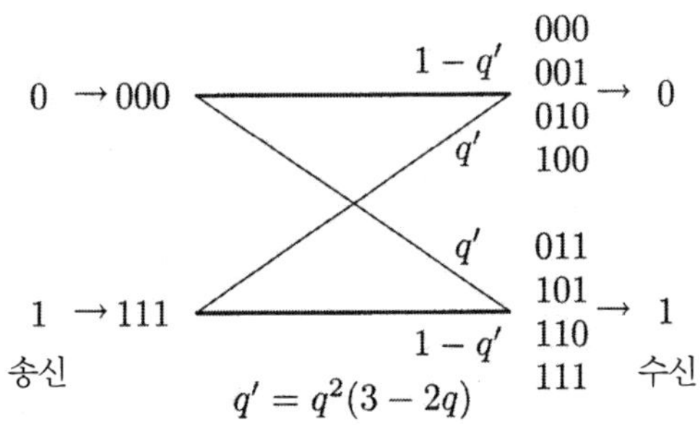

[그림 5.2] 잡음이 존재할 때의 2진 기호. 3중으로 해서 송신하면 오류 확률이 줄어든다.

일반적으로 두 개의 같은 길이를 갖는 부호를 비교할 때 다른 비트의 수를 **해밍거리**(hamming distance)라 한다. 예컨대

$$\begin{aligned} A &= 1111000011110000 \\ B &= 0101000000011010 \end{aligned}$$

사이의 해밍거리는 7이다. 왜냐하면 1, 3, 9, 10, 11, 13, 15번째의 자리가 서로 다르기 때문이다. 이 경우 어딘가 중도에서 3 비트까지 틀리게 전송되더라도 해밍거리에 가까운 쪽을 선택함으로써 올바른 정보를 수신할 수 있게 된다.

일반적으로 오류를 줄이기 위해 여유도를 첨부하여 원래 정보보다 더 긴 부호로 변환한다. 얼마만큼 길게 할까에 대해서는 **통신로부호화정리**(섀넌의 제 2정리)에서 논의한다. 그 정리에 의하자면 통신로에는 고유의 통신로용량 C가 정의되며, 통신 중 부호 속에 참된 정보가 포함되는 비율 R(정보의 비트수 / 부호의 비트수)이 C이하이면 즉 $R \leq C$이면 전달오류 확률이 비교적 많이 줄어드는 부호화방식이다. 역으로 어떤 부호화방식을 사용하더라도 $R > C$인 통신에서는 오류확률을 줄이는데 한계가 생긴다. 앞에서 든 간단한 예제의 경우 통신로용량이

$$C = 1 - q \log_2 \frac{1}{q} - (1-q) \log_2 \frac{1}{1-q} \tag{5.12}$$

로 된다고 알려져 있다. 수치적 예로 $q = 1/5$인 경우 $C \approx 0.278$이다. 정의에 의하자면 송수신 부호 1 비트 당의 정보가 0.278 비트 이하로 가능해지면 오류확률이 제일 작은 통신용부호화방식이 존재하게 된다. 예로 들었던 3중으로 만든 송신방법은 $R = 1/3 \approx 0.333$이므로 오류확률이 작지는 않다. 그러나 이 $R = 0.333$이란 비율에서는 어떤 부호화방식을 고안하더라도 오류는 0이 되지 않는다.

즉 통신로용량은 1초 당의 정보량으로 정의된다. 이는 위의 C에 1초 당 송신된 부호의 부호비트 수를 곱한 것이다. 예컨대 1초 만에 부호 10만 비트가 송신되는 통신계에서 $q = 1/5$이면 통신로용량은 27,800 비트/초가 된다. 따라서 전송속도 27800 비트/초 이하이면 오차를 가장 적게 만드는 부호화가 가능하다.

(5.12)식의 의미는 다음과 같이 생각하면 될 것이다. 통신 도중 1 비트 당의 오차확률을 q라 하고 그 통신로 상에서 M 비트의 정보를 보낸다 하자. 그러나 그대로는 도중에서 오류가 일어나므로 평균 qM 비트는 오류가 될 것이다. 그러면 수취인은 어느 비트가 오류인지 판별하기 어렵다. 그래서 보내기 전에 여유도 비트를

첨부하여 부호화의 길이를 L 비트라 한다. 이렇게 하면 L 비트 중 도중에서 오류로 되는 비트 수는 평균적으로 qL 이 된다. 물론 실제 오류 수는 평균 그 자체가 아니라 그 전후의 분산값 범위에 존재한다. 즉 n 비트의 오류가 있을 확률을 $P(n)$ 이라 하면

$$P(n) = q^n (1-q)^{L-n} \begin{pmatrix} L \\ n \end{pmatrix} \tag{5.13}$$

이다. 예컨대 그림 5.3의(a)는 $q = 0.3$ 인 경우 $L = 10$ 비트 중 오류의 개수 n에 대한 확률 $P(n)$을 보인 것이다. $n = 3$에서 최대가 되는 동시에 그것이 평균값이다. 하지만 그 주변에도 분포를 하고 있으며 10 비트 중 6비트가 오류로 될 확률도 상당하다. L을 크게 할 경우 $P(n)$의 퍼짐 정도를 조사해 보자. 그림 5.3(b)는 $L = 1000$인 경우이다. $P(n)$은 $n = qL = 300$에서 최대이고 오류의 대부분도 주변 ±50에 대부분 모여 있다. 이 범위를 넘어서는 오류 확률은 거의 0이다. L을 크게 할수록 이런 경향이 강해짐을 볼 수 있다. 즉 L 비트 중 거의 qL개의 오류까지 바르게 정정할 수 있다면 정확하게 정보를 전달 할 수 있다. 그러므로 L 비트의 부호 중 어느 하나를 잡더라도 qL 개의 비트 정정 시 도달하는 올바른 부호 개수가 1개 이내가 되도록 해 주어야 한다. 하나의 올바른 부호로부터 qL 이내에 도달하는 부호의 수는

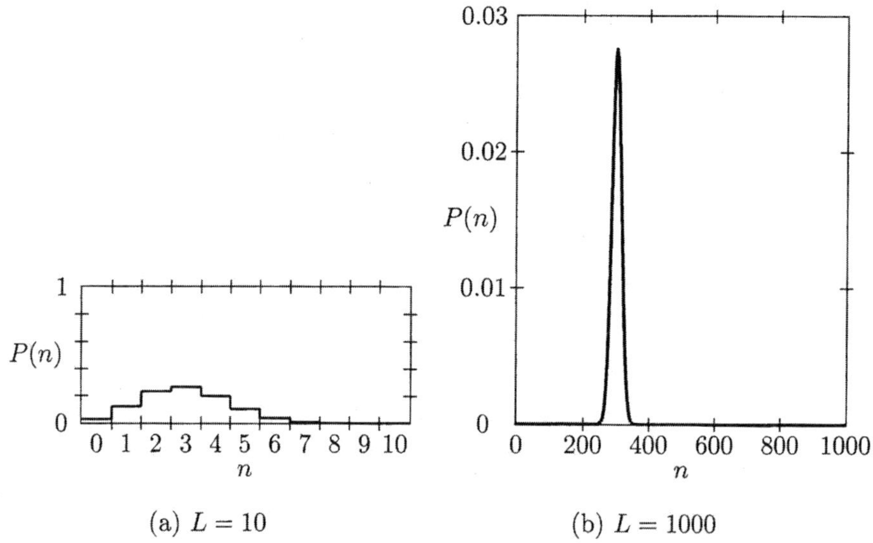

[그림 5.3] 오류의 확률분포(q=0.3). 두 그림은 면적(=1)이 동일하도록 그린 것이다.

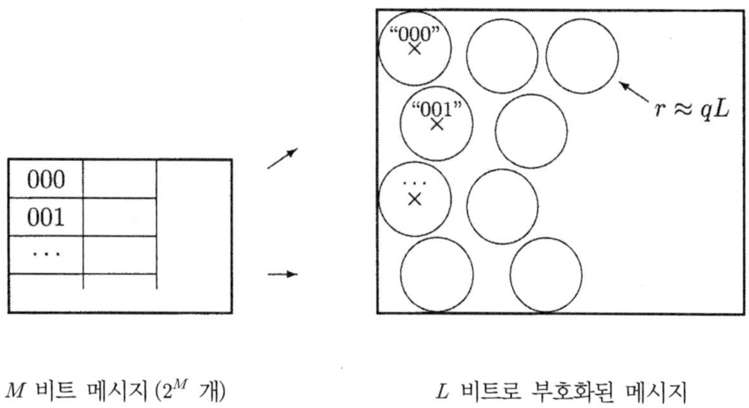

[그림 5.4] M 비트의 메시지(2^M가지)에서 L-비트의 코드로의 부호화.

$$V \approx \sum_{n=0}^{qL} \binom{L}{n} \tag{5.14}$$

이므로 L이 충분히 크다면 $\binom{L}{n}$은 $n < L/2$일 때 급격하게 증가하므로 거의 마지막 $\binom{L}{qL}$의 전후에서 정해져

$$\text{입력상태} \qquad V \approx \binom{L}{qL} \tag{5.15}$$

이다. 보내고자 한 원래의 정보가 다르다면 이것이 중복되지 않도록 부호를 정하면 된다. 그런 상황이 그림 5.4이다. 「다른 메시지의 수」=2^M임에 유념하여 이것이 「전체 부호의 조합 수」=2^L을 「한 메시지 당 잘못될 가능성이 있는 부호의 조합 수」=$\binom{L}{qL}$로 나눈 것보다도 작게 해 주어야 한다. 그렇지 않으면 중첩된 부분의 부호 중 어느 것이 원래의 것인지 알 수 없다. 따라서

$$2^M \le \frac{2^L}{\binom{L}{qL}} \tag{5.16}$$

이라야 한다.

이 식에 $L \gg 1$, $qL \gg 1$이라 하고 스털링의 공식인 (5.5)를 (5.16)에 적용하면

$$M \leq L\left[1 - q\log_2 q - (1-q)\log_2(1-q)\right] \tag{5.17}$$

을 얻는다. 따라서 통신 1 비트 당의 최대정보량의 상한은

$$I \leq M/L \leq 1 - q\log_2 \frac{1}{q} - (1-q)\log_2 \frac{1}{1-q} \tag{5.18}$$

로 제한된다. 역으로 우변 끝까지 이행하는 것도 증명되었다.[7] 단 이는 정리하여 보내는 부호의 길이 L이 충분하게 긴 경우이므로 정보를 길게 정리하여 처리하여야 하기 때문에 부호화나 복호화는 어렵다.

7) C. E. Shannon and W. Weaver, The Mathematical Theory of Communication(Univ. of Illinois Press, Chicago, 1949). 섀넌의 제 1, 제 2 정리도 자세하게 설명되어 있다. 또 R. P. Feynman, Feynmam Lectures on Computation(Addison-Wesley, Reading, 1996)에 직감적인 설명이 나와 있다.

연습문제

1 (5.2)식에서 정의된 양 I의 최대값과 최소값에 대해 조사하여라. 단 $0 \leq p_i \leq 1$ $(1 \leq i \leq N)$이다.

Chapter

06 양자계산

현재 컴퓨터(고전적 컴퓨터)의 수학모델은 1930년대에 알란 튜링(Alan Turing)에 의해 제안되어서 튜링기계(Turing machine)라 불린다. 즉 고전적 컴퓨터 문제의 해법은 튜링기계 상에서는 "지시사항(instruction)"이다. 이 지시사항의 조합이 바로 알고리즘이다. 가장 간단한 알고리즘의 예는 덧셈과 뺄셈 같은 사칙연산이다. 이런 알고리즘 중에서 곱셈은 빠른 알고리즘이고 나눗셈이나 체스 같은 게임은 느린 알고리즘이다. 인수분해도 느린 알고리즘의 대표적 예이다. 어떤 문제에 대해 효과적인 알고리즘을 확립하는 것은 컴퓨터 선택의 중요한 기준이 된다. 효과적인 알고리즘이란 계산의 지시사항들이 다항식 계산시간 내에 종료가능한 지 여부이다. 소인수분해 문제를 고전적 컴퓨터로 풀려면 계산시간이 지수함수적으로 증가하므로 자리수가 많아지게 되면 실제적인 해를 구하기가 불가능해 진다. 예컨대 RSA139라 불리는 139자리의 소인수분해에 10년이란 세월이 걸렸다. 현재 가장 진보된 암호 중 하나인 "공개열쇠암호"도 이 소인수분해의 난해함에 기초를 두고 있다.

한편 쇼어(P. W. Shor)가 1994년에 양자컴퓨터를 이용하여 큰 수의 소인수분해가 아주 빠른 속도(다항식 계산시간)로 가능하다는 것을 증명하였다. 그가 이 소인수분해 알고리즘을 발견한 후 양자컴퓨터의 연구는 새로운 시대를 맞이하였다. 그래서 양자컴퓨터의 이론적, 실험적인 연구가 세계적으로 큰 발전을 거두고 있는 중이다.

6.1 양자비트와 양자 레지스터

양자비트는 두 상태의 양자계인 스핀 $\frac{1}{2}$인 입자의 스핀업 $|\uparrow\rangle$ 과 스핀다운 $|\downarrow\rangle$ 을 $|0\rangle$ 과 $|1\rangle$ 에 대응시켜 만들 수 있다. 이 양자비트 집합이 양자레지스터 또는 그냥 레지스터라 불리는 것이다. 숫자 6을 이진법으로 나타내면 110이 되는데 이를 양자레지스터로 나타내면 3 상태의 직곱(direct product)으로

$$|6\rangle = |1\rangle \otimes |1\rangle \otimes |0\rangle \tag{6.1}$$

와 같이 표현된다. (6.1)식을 3 비트 레지스터라 한다. 일반적으로 n−비트 레지스터 상태를 $|a\rangle$ 라는 캐트벡터로 다음과 같이 표현한다;

$$\begin{aligned} |a\rangle &= |a_{n-1}\rangle \otimes |a_{n-2}\rangle \otimes \cdots \otimes |a_1\rangle \otimes |a_0\rangle \\ &\equiv |a_{n-1}a_{n-2}\cdots a_1 a_0\rangle。 \end{aligned} \tag{6.2}$$

여기서

$$a = 2^{n-1}a_{n-1} + 2^{n-2}a_{n-2} + \cdots + 2^0 a_0 \tag{6.3}$$

이다. n−비트 레지스터 표현의 가장 일반적인 상태는

$$|\psi\rangle = \sum_{a=0}^{2^n-1} C_a|a\rangle \tag{6.4}$$

와 $a=0$에서 $a=2^n-1$까지 수의 선형결합이다. n−비트 레지스터를 갖는 $|a\rangle$ 와 $|b\rangle$ 의 내적은

$$\begin{aligned} \langle a|b\rangle &= \langle a_0|b_0\rangle\langle a_1|b_1\rangle \cdots \langle a_{n-2}|b_{n-2}\rangle\langle a_{n-1}|b_{n-1}\rangle \\ &= \delta_{a,b} \end{aligned} \tag{6.5}$$

로 되어서 규격화 직교조건을 만족한다.

양자역학의 원리를 이용하여 고전게이트에는 없는 새로운 형태의 가역적(유니타리) 게이트를 만들 수 있다. 예컨대 아다마르 변환 H를 이용한 게이트는

$$H|0\rangle = \frac{1}{\sqrt{2}}(|0\rangle + |1\rangle) \tag{6.6}$$

$$H|1\rangle = \frac{1}{\sqrt{2}}(|0\rangle - |1\rangle) \tag{6.7}$$

의 연산을 수행해 보자. 이 게이트는 (1.110)식에 보인 스핀 회전연산자 $D_y^s(\frac{\pi}{2})$와 σ_z의 곱과 등가이며

$$H = D_y^s\left(\frac{\pi}{2}\right)\sigma_z = \left(\cos\left(\frac{\pi}{4}\right)\mathbf{1} - i\sin\left(\frac{\pi}{4}\right)\sigma_y\right)\sigma_z = \frac{1}{\sqrt{2}}\begin{pmatrix} 1 & 1 \\ 1 & -1 \end{pmatrix} \tag{6.8}$$

로 표현된다. 스핀의 회전은 자기장을 이용한 **슈테른-게를라흐**(Stern-Gerlach)의 실험장치로 만들 수 있다. 양자 알고리즘의 대부분은 **양자병렬화**라 불리는 알고리즘에 기반을 두고 있다. 양자병렬화를 이용하여 양자컴퓨터가 많은 변수 x의 함수 $f(x)$를 유효한 알고리즘으로 동시에 계산 가능함을 보이도록 하자.

함수 $f(x)$의 간단한 예로서

$$x \in \{0, 1\}, \quad f \in \{0, 1\} \tag{6.9}$$

와 x, 그리고 $f(x)$ 모두가 1-비트인 경우를 생각해 보자. 이 $f(x)$ 연산을 2-비트 레지스터 x, y를 갖는 상태 $|x, y\rangle$ 에 작용시켜 보자. 여기서 제 1 레지스터 x는 데이터 레지스터라 하고, 제 2 레지스터 y는 표적 레지스터라 부른다. 연산자 U_f는 상태 $|x, y\rangle$ 에 작용하여

$$U_f|x, y\rangle = |x, y \oplus f(x)\rangle \tag{6.10}$$

로 되는 연산자라 하자. 여기서 $y \oplus f(x)$는 mod 2 의 논리합이다. U_f는 **오라클 연산자** 또는 "블랙박스"라 부른다.

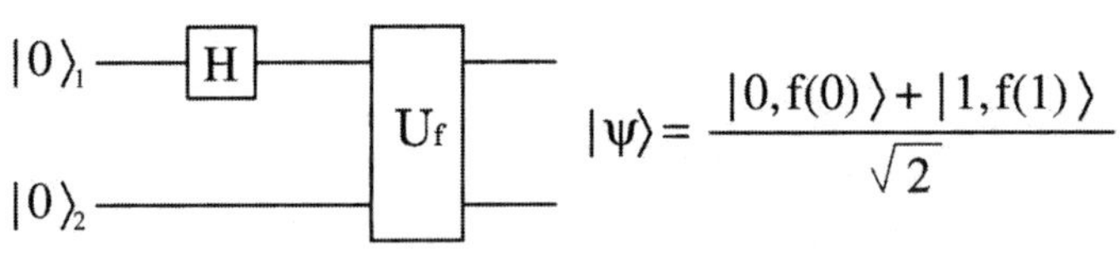

[그림 6.1] 양자병렬화

그림 6.1과 같이 우선 데이터 레지스터의 상태 $|0\rangle$ 에 아다마르 변환을 작용한 후 U_f를 작용시키면

$$\begin{aligned}|\psi\rangle = U_f H|0,0\rangle &= U_f \frac{1}{\sqrt{2}}\{|0,0\rangle + |1,0\rangle\} \\ &= \frac{1}{\sqrt{2}}\{|0,f(0)\rangle + |1,f(1)\rangle\}\end{aligned} \tag{6.11}$$

이 얻어진다. 이 식의 상태가 양자병렬화 알고리즘의 결과이며 상태 $|\psi\rangle$ 는 $f(0)$와 $f(1)$ 양쪽의 결과를 선형결합형태로 "동시에" 포함하고 있다. 이것이 고전적 병렬화 알고리즘과 근본적으로 다른 점이다. 즉 고전적 병렬화는 각각의 회로에서 개별 $f(x)$ 값이 계산되는 반면 양자병렬화는 하나의 회로에서 모든 $f(x)$ 값이 계산된다. 이 양자병렬화 방법은 데이터 비트를 1 비트에서 n 비트로 확장하여도 그대로 성립한다. 아다마르 변환으로 양자게이트를 n-비트 상태 $|0\rangle^{\otimes n} = |00\cdots\rangle$ 의 각 비트에 작용시킨 것을 $H^{\otimes n}$이라 표기한다. 이 아다마르 변환으로

$$\begin{aligned}|\psi\rangle = H^{\otimes n}|0\rangle &= H \otimes H \otimes \cdots \otimes H|00\cdots 0\rangle \\ &= \frac{1}{\sqrt{2}}(|0\rangle + |1\rangle) \otimes \frac{1}{\sqrt{2}}(|0\rangle + |1\rangle) \otimes \cdots \otimes \frac{1}{\sqrt{2}}(|0\rangle + |1\rangle) \\ &= \frac{1}{\sqrt{2^n}}(|00\cdots 0\rangle + |00\cdots 1\rangle + \cdots + |11\cdots 1\rangle) \\ &= \frac{1}{\sqrt{2^n}}\sum_{x=0}^{2^n-1}|x\rangle\end{aligned} \tag{6.12}$$

와 같이 2^n개 상태의 선형결합이 만들어진다. 이 식의 결과가 양자연산의 최대 특징 중 하나이다. 즉 H-게이트를 n회(다항식 연산) 작용시키면 지수함수 형의 2^n개 상태를 갖는 레지스터를 만들 수 있고 고전적 게이트에서는 얻을 수 없는 획기적인 알고리즘이다.

양자컴퓨터에서 함수 $f\ (f: x \rightarrow f(x))$의 연산을 U_f라 하여 (6.12)식의 상태 $|\psi\rangle$에 작용시키면

$$\begin{aligned}|\psi'\rangle &= U_f(|\psi\rangle|0\rangle) = U_f\left(\frac{1}{\sqrt{2^n}}\sum_{x=0}^{2^n-1}|x\rangle|0\rangle\right) \\ &= \frac{1}{\sqrt{2^n}}\sum_{x=0}^{2^n-1}|x\rangle|f(x)\rangle\end{aligned} \tag{6.13}$$

이 된다. 이 식의 결과는 U_f 연산을 한번 적용하여 "2^n 개"의 함수값 $f(x)$가 하나의 상태에 모두 들어가 있음을 나타낸다. 이 결과도 양자역학의 원리에 따른 결과이지만 현재 양자역학 관찰 상의 애로점을 생각한다면 고전병렬화에 비해 얼마나 효과적인지 그 정도는 분명하지 않다. 즉 입력 레지스터 하나의 값 x를 관측하면 출력 레지스터 $f(x)$가 결정된다는 결과만 본다면 고전적 알고리즘과 별반 다른 점이 없어 보이지만 이 양자계산의 알고리즘이 효과적으로 작용하는 예를 다음에 보일 것이다.

6.2 도이치 죠자의 알고리즘

양자병렬화 알고리즘의 유효성을 최초로 보인 사람이 도이치 죠자(Deutsch-Josza)이다. 다음에 나오는 특수문제가 양자역학의 알고리즘을 보이는 전형적인 예이다.

예제 6-1 (도이치 죠자의 양자 알고리즘): 2^n개의 정수 집합

$$Z_{2^n} = \{0, 1, \cdots, 2^n - 1\} \tag{6.14}$$

에서 2개의 정수 집합

$$Z_2 = \{0, 1\} \tag{6.15}$$

의 함수

$$f : Z_{2^n} \to Z_2 \tag{6.16}$$

이 주어졌을 때, 다음 명제 중 참인 것을 찾는 양자알고리즘을 제안 하여라.

(a) f는 정수함수가 아니다.

(b) $f(Z_i)$ $(i = 0, 1, \cdots, 2^n - 1)$에서 0의 개수는 $2^n - 1$이 아니다.

[해] 두 개의 명제 중 적어도 하나는 참이라는 사실은 쉽게 증명 가능하다. (a)가 참이 아니라면 $f(Z_i)$는 정수함수가 되며 항시 0 또는 1이 되어서 (b)가 참이 된다. 한편, (b)가 참이 아니라면 2^n개의 0과 2^{n-1}개의 1을 가지는 함수로서 정수함수가 아니므로 (a)가 참이 된다. 일반적으로 $f(Z_i)$가 n'개($n' \neq 2^{n-1}, n' \neq 2^n$)의 0을 가지고, $2^n - n'$개의 1을 갖는다면 (a)와 (b) 모두가 참이 된다.

이 문제를 고전적 튜링기계로 풀려면 $(2^{n-1}+1)$번 서브루틴을 불러내는 즉 $f(Z_i)$를 $(2^{n-1}+1)$번 계산해야 하지만 양자컴퓨터에서는 고작 2회만 서브루틴을 불러내어도 계산이 가능해짐을 보이자.
양자상태로 입력비트 Z_i와 출력비트 $f(Z_i)$를 병렬로 나타낸 상태

$$|Z_i, f(Z_i)\rangle \tag{6.17}$$

을 생각하자. 초기상태로 2^n개 상태의 선형결합

$$|\psi_i\rangle = \frac{1}{\sqrt{2^n}}\left(\sum_{i=0}^{2^n-1}|Z_i, 0\rangle\right) \tag{6.18}$$

을 잡는다. $f(Z_i)$ 함수를 계산하고 출력 비트를 제공하는 서브루틴을 U_f라 하자. 이 U_f를 상태를 (6.18)식에 작용시키면

$$|\psi_1\rangle = U_f|\psi_i\rangle = \frac{1}{\sqrt{2^n}}\left(\sum_{i=0}^{2^n-1}|Z_i, f(Z_i)\rangle\right) \tag{6.19}$$

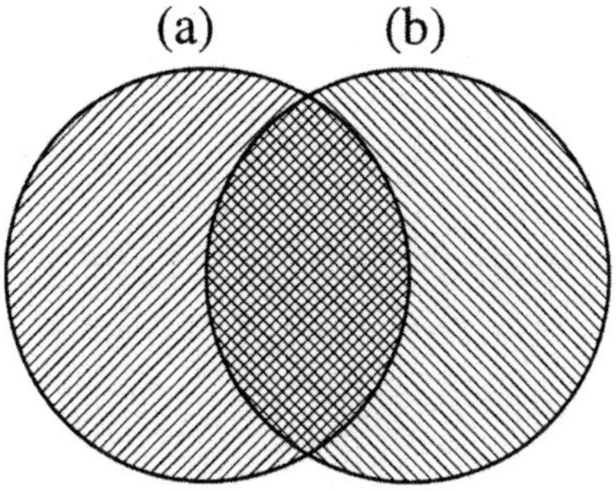

[그림 6.2] 명제 (a), (b)가 참인 영역

이 구해진다. 여기서 출력비트의 위상을 계산하는 서브루틴 $1\otimes\sigma_z$을 (6.19)식에 작용시키면

$$|\psi_2\rangle = \mathbf{1}\otimes\boldsymbol{\sigma}_z|\psi_1\rangle = \frac{1}{\sqrt{2^n}}\sum_{i=1}^{2^n-1}(-)^{f(Z_i)}|Z_i, f(Z_i)\rangle \tag{6.20}$$

이 구해진다. $|\psi_2\rangle$ 에 다시 U_f의 역연산자 U_f^{-1}을 작용시키면

$$|\psi_f\rangle = \frac{1}{\sqrt{2^n}}\left(\sum_{i=1}^{2^n-1}(-)^{f(Z_i)}|Z_i, 0\rangle\right) \tag{6.21}$$

이 된다. 이 식이 구하고자 하는 최종상태이다. 초기상태와 최종상태의 중첩시키면

$$P \equiv |\langle \psi_f | \psi_i \rangle|^2 = \left(\frac{1}{2^n}\right)^2 \left| \sum_{i=0}^{2^n-1} (-)^{f(Z_i)} \right|^2 \tag{6.22}$$

으로 된다. 관측으로 이 식의 값이 구해지면 명제의 진위는

$$P = \begin{cases} 1 & \text{(a)가 참이면 (b)가 거짓} \\ 0 & \text{(a)가 참이면 (b)가 거짓} \\ 0 < P < 1 & \text{(a)와 (b) 모두가 참} \end{cases} \tag{6.23}$$

로 판단할 수가 있다. 이렇게 고전적 알고리즘으로는 $2^{n-1}+1$ 번의 서브루틴을 호출해야 할 명제가 양자연산의 병렬알고리즘으로는 서브루틴 U_f 또는 U_f^{-1}을 2번만 불러내어도 위상 계산이 종료된다는 것이다.

도이치-죠자의 알고리즘은 양자컴퓨터의 유효성을 보인 점에서는 흥미가 있지만 구체적 문제의 응용성 등은 아직 없는 개념적인 문제이다. 중요한 응용으로의 가능성을 갖는 다음 6.3절의 양자알고리즘은 쇼아에 의해 제안된 것이다.

6.3 쇼아의 소인수분해 알고리즘

다음 20행 짜리 정수

$$N = 39772916239307209103 \tag{6.24}$$

를 인수분해 하라고 한다면 어떻게 하면 될까? 정수 N이 인수 p, q를 갖는다고 하면 $N = pq$라 할 수 있으며 이 중 p나 q 둘 중 하나는 $\sqrt{N}$보다 작게 된다. 가장 초보적인 소인수분해법은 N을 1부터 $\sqrt{N}$까지의 수로 나눗셈을 하는 것이다. (6.24)의 경우 $\sqrt{N}$이 10자리이므로 수십억번의 나눗셈이 필요하다. 이 알고리즘은

$$\sqrt{N} = 2^{\frac{1}{2}\log_2 N} \tag{6.25}$$

회수의 서브루틴 호출이 필요하며 그 계산량은 N행의 지수함수로 증가하므로 효과적인 알고리즘이 아니다. 한편 두 개의

$$p = 6257493337$$
$$q = 6356046119 \tag{6.26}$$

의 곱을 구하는 문제는 겨우 한 번의 서브루틴 호출로 계산이 가능하므로 효과적인 다항식문제용 알고리즘이다. 이렇게 큰 수의 인수분해를 효과적으로 할 수 있는 알고리즘의 개발은 암호이론과 관련하여 현재 가장 중요한 알고리즘 중의 하나로 각광을 받고 있는 실정이다.

1994년 쇼아는 양자병렬알고리즘을 이용하여 인수분해를 다항식시간 내에 풀 수 있음을 보였다. 쇼아의 큰 수 N의 인수분해 문제는 N을 **법**(法 ; modulus)으로 하는 **합동식**(合同式 ; congruence)의 주기성을 찾아내는 문제로 귀착된다는데 기반을 두고 있다. 즉 임의의 큰 수 N의 두 인수 p, q를 찾는 것은 정수론에 따르자면 어떤 x에 대해 N을 법으로 하는 다음과 같은 합동식

$$f(a) \equiv x^a \bmod N \tag{6.27}$$

에 의해 정의되는 함수 $f(x)$의 주기성을 찾는다는 말로 바꿀 수 있다. (6.27)식에서 x는 N과 서로 소수인 N보다 더 작은 수이며 mod는 modulus의 약칭이다. 그리고 합동식 $x^a \bmod N$은 N을 법으로 하는 나머지를 나타낸다. 여기서 합동이란 기하학의 합동과 같은 의미를 갖는데 $f(x)$와 x^a는 N의 정수배 차이를 무시한다면 같다고 하는 생각이 그 바탕이다. 기하학에서 합동인 두 도형은 위치 차이를 무시하면 일치한다는 것과 같이 생각할 수 있다. (6.27)식의 $f(a)$는 주기함수이며 특히 $f(a)=1$인 경우를

$$x^r \equiv 1 \bmod N \tag{6.28}$$

로 표시하고 r을 x의 N을 법으로 하는 합동식의 **위수**(位數 ; order)라 부른다. r이 x의 mod$N$의 위수이고 이 r이 홀수라면

$$x^r - 1 = (x^{\frac{r}{2}} - 1)(x^{\frac{r}{2}} + 1) = nN \quad (n: \text{정수}) \tag{6.29}$$

이다. $x^{r/2} \pm 1$과 N의 최대공약수(gcd)

$$\gcd(x^{\frac{r}{2}} + 1, N), \quad \gcd(x^{\frac{r}{2}} - 1, N) \tag{6.30}$$

이 N의 인수를 만들 확률은 높다. 위수 r은 $r=0$가 자명한 해이므로 $r \neq 0$인 값

이 구하는 값이 된다. $f(a)$가 주기함수라는 사실에 주목하면 위수 r은 $f(a)$의 주기와 일치한다. 즉 x의 mod$N$의 위수를 찾고자 하면 $f(a)$의 주기를 알면 된다. 이것이 쇼아의 양자계산에 의한 소인수분해의 기본이다. 쇼아 알고리즘의 구체적인 예를 살펴보자.

예제 6-2 양자컴퓨터를 이용하여 $N=15$의 소인수분해를 하여라.

[해] 양자 컴퓨터에 의한 소인수분해 수순은 다음과 같다.

- **단계 1** : N보다 작은 N과 서로 소수인 수 x를 찾는다. 여기서는 $x=7$이라 한다.
- **단계 2** : 합동식 x^r mod N의 위수일 조건인

$$x^r \equiv 1 \bmod N \tag{6.31}$$

을 만족하는 정수 r을 찾기 위해 초기상태 $|0\rangle^{\otimes n}|1\rangle$의 제 1 레지스터에 n번(6.8)식으로 주어지는 아다마르변환을 한다.

$$H^{\otimes n}|0\rangle^{\otimes n}|1\rangle = \frac{1}{\sqrt{2^n}}\sum_{a=0}^{2^n-1}|a\rangle|1\rangle \tag{6.32}$$

여기서 $n=11$이라 한다.

- **단계 3** : $f(a)\equiv x^a \bmod N$를 계산하여 그 결과를 제 2 레지스터에 기록한다.

$$\begin{aligned} &\frac{1}{\sqrt{2^n}}\sum_{a=0}^{2^n-1}|a\rangle|x^a \bmod N\rangle \\ =\ &\frac{1}{\sqrt{2^n}}[|0\rangle|1\rangle+|1\rangle|7\rangle+|2\rangle|4\rangle+|3\rangle|13\rangle+|4\rangle|1\rangle+|5\rangle|7\rangle+|6\rangle|4\rangle+\cdots] \end{aligned} \tag{6.33}$$

- **단계 4** : 제 2 레지스터를 관찰하여 $x^r\equiv 1$ mod N로 되는 계수 r을 찾으면 $r=0,4,8,\cdots$임을 알 수 있다.
- **단계 5** : $x^{r/2}\pm 1=7^2\pm 1$=48 혹은 50이므로 gcd(48,15)=3, gcd(50,15)=5가 되어서 3과 5가 $N=15$의 인수로 구해진다.[8)]

일반적으로 쇼아의 알고리즘을 다음과 같이 요약할 수 있다. 임의의 L-비트 정수인 N의 소인수분해를 하려면 양자컴퓨터는 다음과 같이 설계된다. 우선 비트수 $n=2L+1$인 제 1 레지스터와 L비트인 제 2 레지스터를 이용하여 $|0\rangle$과 $|1\rangle$이라 하자. N보자 작고 N과 서로 소수관계인 수 x (gcd$(N,x)=1$)을 선택한다.

8) gcd=g.c.d., greatest common divisor 최대 공약수

제 1 레지스터를 인수분해 하는 수 N의 비트 수 L로부터 $n=2L+1$을 선택하는 이유는 계수 r이 $q=2^n$과 서로 소수관계인 경우에 올바른 위수를 발견할 확률이 높기 때문이다.

- **단계 1** : $n=2L+1$ 비트의 제 1 레지스터와 L 비트인 제 2 레지스터를 갖는 $|\psi\rangle = |0\rangle|1\rangle$ 을 준비한다.
- **단계 2** : 제 1 레지스터에 n번 아다마르 변환을 해 준다.(단 $q=2^n$)

$$|\psi_2\rangle = \sum_{a=0}^{q-1} |a\rangle|1\rangle \tag{6.34}$$

- **단계 3** : (위수 검색 알고리즘) $x^a \bmod N$을 계산하여 제 2 레지스터에 보존한다.

$$|\psi_3\rangle = \sum_{a=0}^{q-1} |a\rangle|x^a \bmod N\rangle \tag{6.35}$$

- **단계 4** : 제 2 레지스터를 관측하여 주기함수 $x^k \bmod N=1$을 만족하는 k만을 제 1 레지스터에서 선택한다.
- **단계 5** : 역 푸리에 변환을 제 1 레지스터에 작용시켜 확률을 관측하고 그 주기성으로부터 위수 r을 구한다.

6.4 a, k 비트의 양자 푸리에 변환

문제 6.2에 보인 쇼아의 인수분해 알고리즘을 양자컴퓨터로 실행하는 회로에서는 위수 검색과 양자 푸리에변환(Quantum Fourier Transformation ; QFT)이 중요한 역할을 담당한다. 여기서는 n-비트 양자 푸리에변환을 실행한다고 하자. 위수 검색 알고리즘에 대해서는 6.5절 이후에 논의할 것이다. 푸리에변환은 유니타리변환으로서 $q=2^n$ 차원의 기저(基底 ; base)인

$$|a\rangle \qquad (a=0,\cdots,q-1) \tag{6.36}$$

에 대해

$$\mathrm{QFT}_q : |a\rangle \longrightarrow \frac{1}{\sqrt{q}} \sum_{c=0}^{q-1} \exp(2\pi iac/q)|c\rangle \tag{6.37}$$

의 변환을 만든다. 만약 기저가 $|0\rangle$ 인 경우 QTF는 같은 진폭을 갖는 q-차원공간의 모든 기저들의 선형결합으로 주어진다. $q=2^n$ 차원인 양자 푸리에변환은 두 개의 양자 게이트를 조합하여 만들 수 있다. 하나는 j-번째 블록 비트에 작용하는 2행 2열의 (6.8)식인 아다마르 변환 게이트인

$$H_j = \frac{1}{\sqrt{2}} \begin{pmatrix} 1 & 1 \\ 1 & -1 \end{pmatrix} \begin{matrix} |0\rangle \\ |1\rangle \end{matrix} \quad (\text{columns: } |0\rangle\ |1\rangle) \tag{6.38}$$

이고, 다른 하나는 k-번째 블록과 j-번째 블록 비트($k>j$)에 작용하는 2 양자비트 게이트의 하나 즉 제어위상변환 게이트인

$$U_{jk}(\theta_{jk}) = \begin{pmatrix} 1 & 0 & 0 & 0 \\ 0 & 1 & 0 & 0 \\ 0 & 0 & 1 & 0 \\ 0 & 0 & 0 & e^{i\theta_{jk}} \end{pmatrix} \begin{matrix} |00\rangle \\ |01\rangle \\ |10\rangle \\ |11\rangle \end{matrix} \quad (\text{columns: } |00\rangle\ |01\rangle\ |10\rangle\ |11\rangle) \tag{6.39}$$

이다. 여기서 $\theta_{jk} \equiv \frac{\pi}{2^{j-k}}$로 정의되어 있다. 유니타리변환 U_{jk}는 두 개의 비트에 걸쳐서 작용하지만 두 개 비트의 값 $|a_j, a_k\rangle$ 이 $a_j = a_k = 1$일 때에만 표적 비트 k의 위상을 $e^{i\theta_{jk}}$만큼 바꾸어 주는 제어 게이트이다. H_j와 U_{jk} 변환을 이용하여 $q=2^n$차원의 QFT 회로를 만들어 보자.

q-차원의 양자 푸리에변환

$$\mathrm{QFT}_q|a\rangle = \frac{1}{\sqrt{q}} \sum_{c=0}^{q-1} e^{2\pi iac/q}|c\rangle \tag{6.40}$$

에서 상태 $|a\rangle$ 와 $|c\rangle$ 는

$$|a\rangle = |a_{n-1}, a_{n-2}, a_{n-3}, \cdots, a_1, a_0\rangle \tag{6.41}$$

$$|c\rangle = |c_{n-1}, c_{n-2}, c_{n-3}, \cdots, c_1, c_0\rangle \tag{6.42}$$

이며, 이진법 표현에서 a, c는

$$a = 2^{n-1}a_{n-1} + 2^{n-2}a_{n-2} + \cdots + 2^2a_2 + 2^1a_1 + 2^0a_0 \tag{6.43}$$

$$c = 2^{n-1}c_{n-1} + 2^{n-2}c_{n-2} + \cdots + 2^2c_2 + 2^1c_1 + 2^0c_0 \tag{6.44}$$

와 같이 표현된다. 제 4.4절에서 $q=2^3$의 예를 보였는데 이를 $q=2^n$으로 일반화 시키면

$$\begin{aligned}
\mathrm{QFT}_q|a\rangle &= \mathrm{QFT}_q|a_{n-1},a_{n-2},\cdots,a_1,a_0\rangle \\
&= \frac{1}{\sqrt{2^n}}\sum_{c_{n-1}=0}^{1}\sum_{c_{n-2}=0}^{1}\cdots\sum_{c_1=0}^{1}\sum_{c_0=0}^{1} e^{2\pi i(a_0+2a_1+\cdots+2^{n-2}a_{n-2}+2^{n-1}a_{n-1})\times} \\
&\qquad {}^{\times(c_0+2c_1+\cdots+2^{n-2}c_{n-2}+2^{n-1}c_{n-1})/2^n}|c_{n-1},c_{n-2},\cdots,c_2,c_1,c_0\rangle \\
&= \left(\frac{1}{\sqrt{2}}\sum_{c_{n-1}=0}^{1} e^{2\pi i 2^{n-1}c_{n-1}(a_0+2a_1+\cdots+2^{n-2}a_{n-2}+2^{n-1}a_{n-1})/2^n}|c_{n-1}\rangle_{n-1}\right) \\
&\quad\otimes\left(\frac{1}{\sqrt{2}}\sum_{c_{n-2}=0}^{1} e^{2\pi i 2^{n-2}c_{n-2}(a_0+2a_1+\cdots+2^{n-2}a_{n-2}+2^{n-1}a_{n-1})/2^n}|c_{n-2}\rangle_{n-2}\right) \\
&\quad\otimes\cdots\cdots\cdots \\
&\quad\vdots \\
&\quad\otimes\left(\frac{1}{\sqrt{2}}\sum_{c_1=0}^{1} e^{2\pi i 2c_1(a_0+2a_1+\cdots+2^{n-2}a_{n-2}+2^{n-1}a_{n-1})/2^n}|c_1\rangle_1\right) \\
&\quad\otimes\left(\frac{1}{\sqrt{2}}\sum_{c_0=0}^{1} e^{2\pi i c_0(a_0+2a_1+\cdots+2^{n-2}a_{n-2}+2^{n-1}a_{n-1})/2^n}|c_0\rangle_0\right) \\
&= \frac{1}{\sqrt{2}}\left(|0\rangle_{n-1}+e^{2\pi i a_0/2}|1\rangle_{n-1}\right) \\
&\quad\otimes\frac{1}{\sqrt{2}}\left(|0\rangle_{n-2}+e^{2\pi i\left(a_1/2+a_0/2^2\right)}|1\rangle_{n-2}\right) \\
&\quad\otimes\cdots\cdots\cdots \\
&\quad\vdots \\
&\quad\otimes\frac{1}{\sqrt{2}}\left(|0\rangle_1+e^{2\pi i\left(a_{n-2}/2+a_{n-3}/2^2+\cdots+a_1/2^{n-2}+a_0/2^{n-1}\right)}|1\rangle_1\right) \\
&\quad\otimes\frac{1}{\sqrt{2}}\left(|0\rangle_0+e^{2\pi i\left(a_{n-1}/2+a_{n-2}/2^2+\cdots+a_1/2^{n-1}+a_0/2^n\right)}|1\rangle_0\right)
\end{aligned} \tag{6.45}$$

로 표현할 수 있다. 이 n-비트 QFT 게이트는 (6.10)식을 일반화한 형태이며 그림 6.3과 같이 표현 가능하다. 또 역 양자 이산변환(離散變換)도 그림 6.3의 시간발전을 역으로 하여 만들 수 있다.

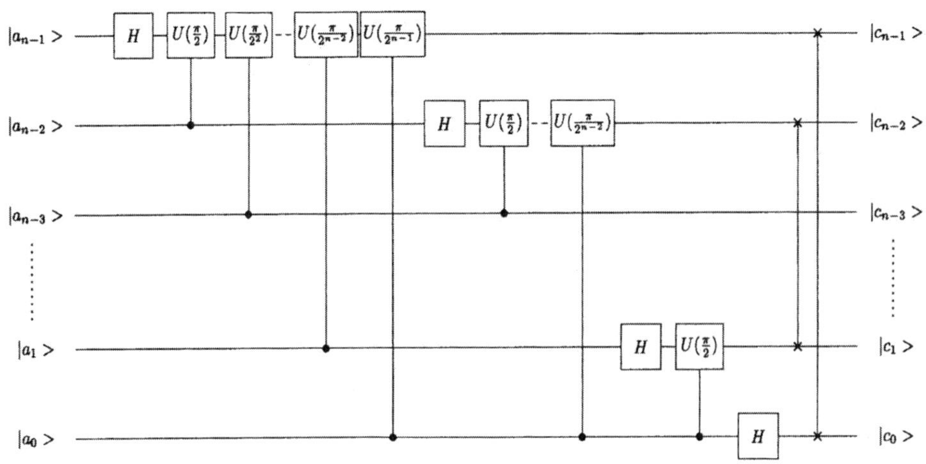

[그림 6.3] n-비트 QFT 게이트

6.5 양자위상계산과 위수(order) 계산 알고리즘

양자컴퓨터를 이용한 쇼아의 인수분해의 중요한 알고리즘 중 하나가 합동식의 위수를 검색하는 것이다. 고전적 컴퓨터에서는 현재까지 이런 검색에 관한 유용한 알고리즘이 알려져 있지 않다. 6.3절의 쇼아 알고리즘에서는 합동연산자를 제 2 레지스터에서 수행한 후 그 주기성을 관측하여 위수 검색을 했었다. 여기서는 위수 검색에 양자상태의 중첩원리를 적용하면 제 2 레지스터를 관측하지 않고서도 이룰 수 있는 가능성을 보인다. 이는 양자상태의 중첩원리가 깔끔한 형태로 유효한 알고리즘으로 포함되어 있는 전형적 예이다.

우선 위수 r을 알고 있는 어떤 양자상태

$$|\Phi_s\rangle = \frac{1}{\sqrt{r}} \sum_{k=0}^{r-1} \exp\left[\frac{-2\pi isk}{r}\right] |x^k \bmod N\rangle \tag{6.46}$$

을 생각해 보자. 여기서 s는 $0 \le s \le r-1$인 정수이다. $|\Phi_s\rangle$는 양자 푸리에변환을 한 상태 중 하나이므로 (6.46)식의 역 푸리에변환

$$\sum_{s=0}^{r-1} \frac{1}{\sqrt{r}} \exp\left[\frac{2\pi isk'}{r}\right] |\Phi_s\rangle \tag{6.47}$$

에 항등식

$$\sum_{s=0}^{r-1} \frac{1}{r} \exp\left[\frac{2\pi i s(k'-k)}{r}\right] = \delta_{k',k} \quad (ただし\ |k'-k| < r) \tag{6.48}$$

을 이용하면 (6.47)식은

$$\sum_{s=0}^{r-1} \frac{1}{\sqrt{r}} \exp\left[\frac{2\pi i s k'}{r}\right] |\Phi_s\rangle = |x^{k'} \bmod N\rangle \tag{6.49}$$

와 같이 된다. (6.49)식에서 $k'=0$라 하면

$$\sum_{s=0}^{r-1} \frac{1}{\sqrt{r}} |\Phi_s\rangle = |1\rangle \tag{6.50}$$

로 되고, (6.46)식의 양자상태 전체의 합은 n-비트 상태인 $|1\rangle = |0,0,0,\cdots,0,1\rangle$ 로 돌아간다. (6.46)식 자체는 위수 r이 알려진 상태라 가정하여 만들어진 상태로서 알고리즘으로는 무의미하지만 그 합이 (6.50)식의 우변처럼 $|1\rangle$ 이란 상태로 된다는 위수검색 알고리즘의 돌파구이다.

다음과 같은 유니타리 행렬을 생각해보자. n-비트 회로로 만들어진 정수 $y \in 2^n - 1$ 중에서 $0 \leq y \leq N-1 (N < 2^n)$을 만족하는 y와 N을 택하고 유니타리 연산자 U_x를

$$U_x|y\rangle \equiv |xy \bmod N\rangle \tag{6.51}$$

의 연산을 행하는 연산자라 정의한다.

단 x와 N은 서로 소수관계이므로 $\gcd(x,N)=1$이다. 이 연산자를 (6.46)식에 적용하면

$$U_x|\Phi_s\rangle = \frac{1}{\sqrt{r}} \sum_{k=0}^{r-1} \exp\left[-\frac{2\pi i s k}{r}\right] |x^{k+1} \bmod N\rangle \tag{6.52}$$

$$= \exp\left[\frac{2\pi i s}{r}\right] |\Phi_s\rangle \tag{6.53}$$

이 된다.

여기서 상태 $|\Phi_s\rangle$ 는 고유치 $\exp[2\pi s/r]$를 갖는 U_x의 고유상태임을 의미한다. 즉 U_x는 $|\Phi_s\rangle$ 에 작용하여 위상 $\exp[2\pi s/r]$를 주는 위상연산자 역할을 한다.

예제 6-3 식(6.53)을 구하여라

[해] 식(6.52)에서 $k'=k+1$ 이라 하면

$$U_x|\Phi_s\rangle = \frac{1}{\sqrt{r}}\exp\left[\frac{2\pi is}{r}\right]\sum_{k'=1}^{r}\exp\left[-\frac{2\pi isk'}{r}\right]|x^{k'} \bmod N\rangle \tag{6.54}$$

로 되므로 (6.53)식을 증명하려면 $k'=r$과 $k'=0$이 같다는 것을 보이면 된다. 즉

$$\exp\left[-\frac{2\pi isr}{r}\right]|x^r \bmod N\rangle = |x^r \bmod N\rangle = |1\rangle = |x^0 \bmod N\rangle \tag{6.55}$$

에 의해 (6.54)식의 $k'=r$과 $k'=0$가 같은 값을 가짐을 알 수 있다. 따라서(6.53)식이 성립해서 $|\Phi_s\rangle$가 연산자 U의 고유상태임을 볼 수 있다.

U_x를 a제곱 한 U_x^a는 $|y\rangle$ 를 $|x^a y\rangle$ 에 사상 (寫像 ; projection)하는 연산자이지만, U_x^a를 확장하여 두 개의 레지스터에 걸쳐 작용한 연산자 $U_{x,a}$를

$$U_{x,a}|a\rangle|y\rangle \equiv |a\rangle U_x^a|y\rangle = |a\rangle|x^a y \bmod N\rangle \tag{6.56}$$

이라 정의한다. 이 $U_{x,a}$를 이용하여 위수 검색 알고리즘을 생각해 보자. 초기상태 $|\psi_1\rangle = |0\rangle^{\otimes n}|1\rangle$ 을 이용한다. $L=[\log_2 N]$ ($[x]$는 실수 x보다 큰 최소의 정수를 나타냄) 이라 하면 제 1 레지스터는 $n=2L+1$ 비트, 제 2 레지스터는 L 비트인 상태이다. 제 1 레지스터의 비트 수는 효율적으로 위수 r을 검색하기 위해 필요한 비트 수이다. 우선 제 1 레지스터의 n-비트에 아다마르 변환을 적용한다. 여기서 제 2 레지스터 $|1\rangle$ 은 L-비트이다.

$$|\psi_2\rangle = H^{\otimes n}|\psi_1\rangle = \frac{1}{\sqrt{2^n}}\sum_{a=0}^{2^n-1}|a\rangle|1\rangle \tag{6.57}$$

다음에 (6.57)식의 양자상태에 유니타리 연산자 $U_{x,a}$를 작용시키면

$$|\psi_3\rangle = U_{x,a}|\psi_2\rangle = \frac{1}{\sqrt{2^n}}\sum_{a=0}^{2^n-1}|a\rangle U_x^a|1\rangle \tag{6.58}$$

$$= \frac{1}{\sqrt{2^n}}\sum_{a=0}^{2^n-1}|a\rangle|x^a \bmod N\rangle \tag{6.59}$$

로 되며, $U_{x,a}$는 제 2 레지스터에 x^a mod N의 결과를 준다는 사실에 주의하기 바란다. 또 (6.58)식은 (6.53)식을 이용하면

$$|\psi_3'\rangle = \frac{1}{\sqrt{2^n}}\sum_{a=0}^{2^n-1}|a\rangle\sum_{s=0}^{r-1}\frac{1}{\sqrt{r}}U_x^a|\Phi_s\rangle = \frac{1}{\sqrt{2^n\cdot r}}\sum_{a=0}^{2^n-1}\sum_{s=0}^{r-1}e^{2\pi isa/r}|a\rangle|\Phi_s\rangle \tag{6.60}$$

로 바꿀 수 있다. (6.59)식과 (6.60)식은 합동식 x^a mod N의 계산이 $|\Phi_s\rangle$의 고유치인 $e^{2\pi isa/r}$을 준다는 것을 보이고 있다. 그리고 (6.60)식에 나오는 $|\psi'_3\rangle$의 제 1 레지스터에 역 푸리에변환을 행한 후 a에 대한 합을 구하면

$$\begin{aligned}|\psi_4\rangle &= QFT^\dagger|\psi_3'\rangle \\ &= \frac{1}{2^n}\sum_{a,c=0}^{2^n-1}\frac{1}{\sqrt{r}}\sum_{s=0}^{r-1}e^{-2\pi ica/2^n}e^{2\pi isa/r}|c\rangle|\Phi_s\rangle \\ &= \frac{1}{2^n}\sum_{a,c=0}^{2^n-1}\frac{1}{\sqrt{r}}\sum_{s=0}^{r-1}e^{2\pi i(s/r-c/2^n)a}|c\rangle|\Phi_s\rangle\end{aligned} \tag{6.61}$$

로 된다. 여기서 2^n이 위수 r로 나눠진다고 하면 항등식(6.48)을 이용하여

$$\begin{aligned}|\psi_4\rangle &= \frac{1}{\sqrt{r}}\sum_{s=0}^{r-1}\sum_{c=0}^{2^n-1}\delta_{c,s\cdot 2^n/r}|c\rangle|\Phi_s\rangle \\ &= \frac{1}{\sqrt{r}}\sum_{s=0}^{r-1}\left|s\frac{2^n}{r}\right\rangle|\Phi_s\rangle\end{aligned} \tag{6.62}$$

이 되고, 제 1 레지스터를 관측한 값의 주기성에서 위수 r을 탐색할 수 있다. 이 알고리즘의 특징은 가상으로 도입한 Φ_s가 제 2 레지스터에 존재하더라도 위수검색은 그 상태를 관측하지 않아도 실행이 가능하다는 것이다.

다음에 2^n이 r로 나누어지지 않는 경우에 대해 살펴보자. 위수 r을 알고 $\phi(s) = s/r$라 하며 $\phi(s)$와 $c/2^n$의 차를 δ라 하여

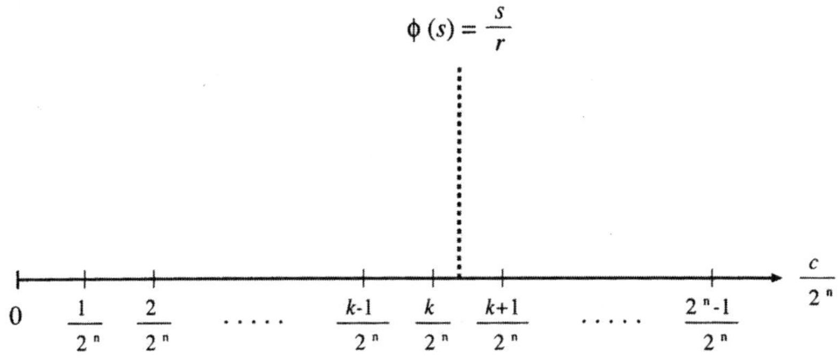

[그림 6.4] 2^n이 r로 나누어지지 않는 경우에 위수 r의 검색

$$\phi(s) = \frac{c}{2^n} + \delta \tag{6.63}$$

과 같이 두면 그림 6.4와 같이

$$|\delta| \leqq \frac{1}{2 \cdot 2^n} \tag{6.64}$$

를 만족하는 c가 $c \in (0, 1, \cdots, 2^n - 1)$ 속에 반드시 존재하게 된다. 그 값을 k라 하면

$$\left|\phi(s) - \frac{k}{2^n}\right| \leqq \frac{1}{2 \cdot 2^n} \tag{6.65}$$

로 되어서 연분수(連分數 ; continued fraction)의 정리에 의해 $\frac{k}{2^n}$은 $\phi(s)$의 연분수 근사가 된다. 또 (6.65)식이 만족될 때 $|k\rangle$ 상태의 확률은

$$P(k) = \frac{1}{r}\frac{1}{2^{2n}}\left|\sum_{a=0}^{2^n-1} e^{2\pi i a(\phi(s) - k/2^n)}\right|^2 \tag{6.66}$$

로 구해진다. (6.65)식에서 (6.66)식의 위상이 $0 \le \phi_s - \frac{k}{2^n} \le \frac{1}{2 \cdot 2^n}$일 때

$$0 \leqq 2\pi i a\left(\phi(s) - \frac{k}{2^n}\right) \leqq \pi i \frac{a}{2^n} < \pi i \tag{6.67}$$

$-\frac{1}{2\cdot 2^n} \leq \phi_s - \frac{k}{2^n} < 0$일 때

$$-\pi i < -\pi i \frac{a}{2^n} \leq 2\pi i a \left(\phi(s) - \frac{k}{2^n} \right) \leq 0 \tag{6.68}$$

로 되고 복소평면의 위쪽 면이 아래쪽 면으로 집중하여 a에 대한 합은 양의 간섭을 가진다. (6.67)이 만족되지 않을 때에는 a에 대한 합은 무시할 수 있을 정도로 작아진다. 이렇게 2^n이 r로 나뉘지 않을 경우에도 위수 r을 발견할 확률은 크다는 사실을 알았다.

요약하자면

핵심 Point 양자위수검색 알고리즘

- **단계 1** : 임의 정수 N과 x $(x < N)$의 합동식

$$x^r \equiv 1 \bmod N \tag{6.69}$$

를 만족하는 위수 r을 구한다. $L = [\log_2 N]$라 하고 $n = 2L + 1$ 비트인 제 1 레지스터 상태 $|0\rangle^{\otimes n}$과 L 비트인 제 2 레지스터 상태 $|1\rangle$

$$|\psi_1\rangle = |0\rangle^{\otimes n}|1\rangle \tag{6.70}$$

를 초기상태로 이용한다.

- **단계 2** : 아다마르변환 $H^{\otimes n}$를 이용하여 제 1 레지스터에 $|0\rangle$ 에서 $|q-1\rangle$ 까지 $q = 2^n$개의 상태를 중첩하여 만든다.

$$|\psi_2\rangle = \frac{1}{\sqrt{2^n}} \sum_{a=0}^{q-1} |a\rangle|1\rangle \tag{6.71}$$

- **단계 3** : $U_{x,a}$를 $|\psi_2\rangle$ 에 작용시킨다.

$$\begin{aligned} |\psi_3\rangle &= U_{x,a}|\psi_2\rangle = \frac{1}{\sqrt{2^n}} \sum_{a=0}^{q-1} |a\rangle U_x^a |1\rangle \\ &= \frac{1}{\sqrt{2^n}} \sum_{a=0}^{q-1} |a\rangle \frac{1}{\sqrt{r}} U_x^a |\Phi_s\rangle = \frac{1}{\sqrt{2^n r}} \sum_{a=0}^{q-1} \sum_{s=0}^{r-1} e^{2\pi i s a / r} |a\rangle |\Phi_s\rangle \end{aligned} \tag{6.72}$$

• **단계 4** : 제 1 레지스터에 역 푸리에변환을 실행한다.

$$
\begin{aligned}
|\psi_4\rangle = \mathrm{QFT}^{\dagger}|\psi_3\rangle &= \frac{1}{2^n}\sum_{a,c=0}^{q-1}\frac{1}{\sqrt{r}}\sum_{s=0}^{r-1} e^{-2\pi ica/q}e^{2\pi isa/r}|c\rangle|\Phi_s\rangle \\
&= \frac{1}{\sqrt{r}}\sum_{s=0}^{r-1}\frac{1}{2^n}\sum_{a,c=0}^{q-1} e^{2\pi i(s/r-c/q)a}|c\rangle|\Phi_s\rangle \qquad (6.73)\\
&= \frac{1}{\sqrt{r}}\sum_{s=0}^{r-1}\left|\widetilde{s\frac{2^n}{r}}\right\rangle|\Phi_s\rangle
\end{aligned}
$$

여기서 $|\widetilde{s\frac{2^n}{r}}\rangle$ 은 2^n 이 r로 나뉠 때와 나뉘지 않을 경우 양쪽을 다 포함하고 있다.

• **단계 5** : 제 1 레지스터를 관측하면 그 확률은 s/r의 주기성을 보이며 위수 r이 구해진다.

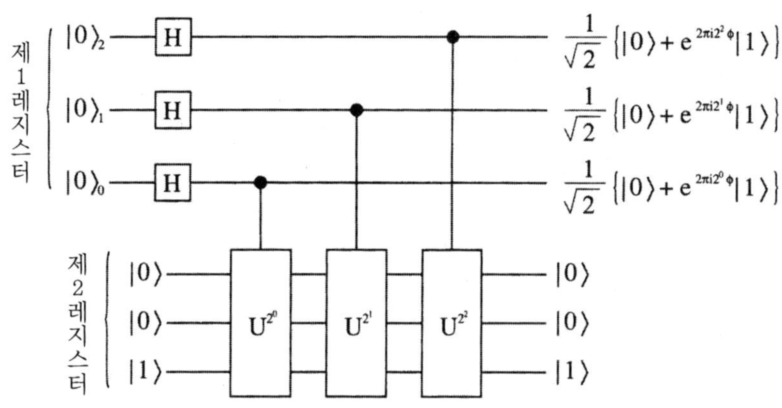

[그림 6.5] 3-비트 양자회로를 이용한 위수 계산.

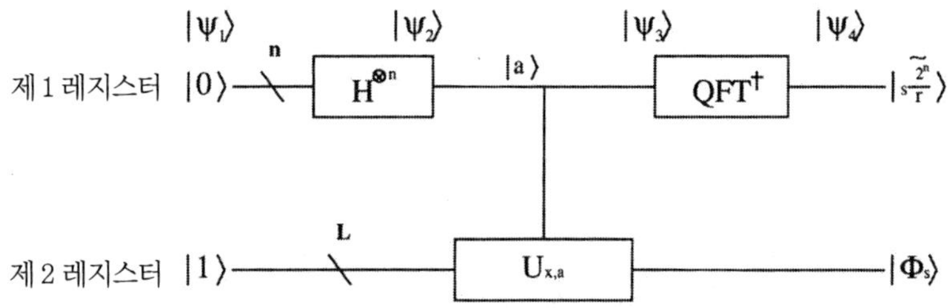

[그림 6.6] 위수검색용 양자회로. 제 1 레지스터은 $n=2L+1$ 비트의 상태이다. (그림에서는 ⟋란 기호로 표기 함) 제 2 레지스터는 L 비트인 상태이고 초기상태는 $|1\rangle$ 로 되어 있다. $H^{\otimes n}$은 n-회 아다마르변환 한 것을 나타낸다. $\mathrm{QTF}^{\dagger}$는 역 양자이산변환을 의미한다.

예제 6-4 양자알고리즘으로 $N=35$를 소인수분해 하여라.

[해] $L=\log_2 35\approx 5$이고 $n=2L+1=11$ 비트, $q=2^{11}=2048$이다. N과 서로 소수 관계인 x로 $x=3$을 선택해 보자. 우선 아다마르변환에 의해

$$\frac{1}{\sqrt{q}}\sum_{a=0}^{q-1}|a\rangle|1\rangle=\frac{1}{\sqrt{q}}[|0\rangle+|1\rangle+|2\rangle+\cdots+|q-1\rangle]|1\rangle \tag{6.74}$$

이 형성된다. 다음에 위수 검색 서브루틴 $U_{x,a}$를 이용하여 $x^a \bmod N$을 계산하고 그 결과를 제 2 레지스터에 넣으면

$$\begin{aligned}&\frac{1}{\sqrt{q}}\sum_{a=0}^{q-1}|a\rangle|x^a \bmod N\rangle\\&=\frac{1}{\sqrt{q}}[|0\rangle|1\rangle+|1\rangle|3\rangle+|2\rangle|9\rangle+|3\rangle|27\rangle+|4\rangle|11\rangle+|5\rangle|33\rangle\\&\quad+|6\rangle|29\rangle+|7\rangle|17\rangle+|8\rangle|16\rangle+|9\rangle|13\rangle+|10\rangle|4\rangle+|11\rangle|12\rangle\\&\quad+|12\rangle|1\rangle+|13\rangle|3\rangle+|14\rangle|9\rangle+\cdots]\end{aligned} \tag{6.75}$$

로 된다. 여기서 제 2 레지스터에는 1,3,9,27,11,33,29,17,16,13,4,12 등 12개의 정수가 무순으로 들어가게 된다. 이 중에서 하나를 선택하여 역 푸리에변환을 행한 후 제 1 레지스터를 관찰하면 그 결과가

$$P(c)=\frac{1}{r}\frac{1}{q^2}\left|\sum_{a=0}^{q-1}e^{2\pi i(\phi(s)-c/2^n)a}\right|^2 \tag{6.76}$$

의 확률로 주어진다. 여기서 s는 제 2 레지스터의 값에 대응하여 $s=0,1,\cdots,$ $r-1$의 값을 갖는다. 각각의 s에 대해 확률이 $P\sim\frac{1}{r}$에 가까운 값을 제공하는 k를 그림 6.7에서 $s=171,341,512,683,853,1024,1195,1365,1536,1707,1877$로 구한다. $k=853$을 이용하면 $k/r=853/2048$의 연분수 전개로부터

$$\frac{853}{2048}\cong\frac{1}{2+\frac{1}{2+\frac{1}{2}}}=\frac{5}{12}$$

이(6.55)를 만족하는 s/r값으로 구해진다. $k=1195$를 이용하면

$$\frac{1195}{2048}\cong\frac{1}{1+\frac{1}{1+\frac{1}{2+\frac{1}{2}}}}=\frac{7}{12}$$

이 구해지며 각각의 경우 위수 $r=12$가 검색되었다. 이 위수 r을 이용하면

$$x^{r/2} \pm 1 = 3^6 \pm 1 = 728, 730$$

이므로

로 되며 $35=7\times 5$의 소인수분해가 이루어졌다. $k=1024$를 이용하면 $\frac{k}{r}=\frac{1}{2}$로 되어서 인수분해가 불가능했다.

쇼아의 알고리즘을 이용한 인수분해는, 7개 스핀이 $\frac{1}{2}$인 원자핵으로 이루어진 분자를 양자비트로 이용한 NMR 양자컴퓨터를 사용하여 $N=15$인 조건에서 실험적으로 해결을 한 사실로 2001년 12월에 공개되었다(제 9.1.4절 참조). 양자컴퓨터의 합동식 계산에 이용된 오라클 U를 이용하여 고전적 컴퓨터로는 곤란한 이산대수 문제도 다항식시간에 풀 수 있음을 보여준다(연습문제 참조).

6.6 합동식 지수계산

위수검색용 알고리즘으로 이용되는 제어연산 $U_{x,a}$는 양자회로에서 몇 번이나 실행가능한지를 생각해 보자. (6.57)식의 우변 첫째 항에 $U_{x,a}$를 적용시켜

$$|a\rangle|1\rangle \xrightarrow{U_{x,a}} |a\rangle U_x^a|1\rangle = |a\rangle|x^a \bmod N\rangle \tag{6.77}$$

이 실행 가능하면 된다. 여기서 $a=a_{n-1}2^{n-1}+a_{n-2}2^{n-2}+\cdots+a_0 2^0$로 바꾸고

$$U_x^a = U_x^{a_{n-1}2^{n-1}+a_{n-2}2^{n-2}+\cdots+a_0 2^0} \tag{6.78}$$

로 치환해 주어서

$$U_x^a|1\rangle = |x^a \bmod N\rangle = |x^{a_{n-1}2^{n-1}+a_{n-2}2^{n-2}+\cdots+a_0 2^0} \bmod N\rangle \tag{6.79}$$

이 계산 가능해지면 된다. 여기서 합동식의 승법정리(제 10장(10.10)식 참조)를 이용하면 (6.79)식은

$$\begin{aligned} & x^{a_{n-1}2^{n-1}+a_{n-2}2^{n-2}+\cdots+a_0 2^0} \bmod N \\ & = (x^{a_{n-1}2^{n-1}} \bmod N) \times (x^{a_{n-2}2^{n-2}} \bmod N) \times \cdots \times (x^{a_0 2^0} \bmod N) \end{aligned} \tag{6.80}$$

과 같다. 여기서 (6.80)식의 우변은 각 합동식의 법의 곱에 대해서도 $\mathrm{mod}\, N$ 연산을 행한다는 의미를 담고 있다. 이 합동식의 성질을 이용하면 합동식지수계산의 알고리즘은 다음과 같이 요약 할 수 있다.

[표 6.1] 합동식 지수 $|a\rangle U_x^a|1\rangle = |a\rangle|x^a \bmod N\rangle$ 의 알고리즘

- 단계 1 : $x \bmod N$ 을 2승하여 $x^2 \bmod N$ 을 구한다.
- 단계 2 : 단계 1을 $(n-2)$회 반복하여

$$x^{2^2} \bmod N, \cdots, x^{2^{n-1}} \bmod N \tag{6.81}$$

을 구한다.
- 단계 3 : 단계 2에서 구한 각 합동식의 값 $x^{2n-1} \bmod N$ 으로 합동식 연산을 반복하고(6.80)식을 이용하여

$$(x^{a_{n-1}2^{n-1}} \bmod N)(x^{a_{n-2}2^{n-2}} \bmod N)\cdots(x^{a_0 2^0} \bmod N) = x^a \bmod N \tag{6.82}$$

를 구한다.

표 6.1의 합동식 지수계산의 알고리즘 효율성에 대해 생각해 보자. 단계 1은 두 수의 곱셈이므로 계산량은 $O(n^2)$이다. 단계 2는 이 곱셈을 n-번 반복하는 계산량 $O(n)$이며, 단계 1과 단계 2의 합한 것이 $O(n^3)$이다. $x^{2^k} \bmod N$ 의 연산은 단계 1에서 보이듯이 계산량 $O(n^2)$이며 이 합동식 연산을 n-번 이행하므로 단계 3은 $O(n^3)$이다. 단계 1~3을 합친 $O(n^3)$ 계산량은 합동식 지수계산은 다항식으로 증가하는 효율적인 알고리즘이다.

연습문제

1 합동식의 승법정리에서

$$x^a \bmod N = (x^{a_{n-1}2^{n-1}} \bmod N) \times (x^{a_{n-2}2^{n-2}} \bmod N) \times \cdots \times (x^{a_0 2^0} \bmod N) \quad (6.83)$$

을 증명하여라. 우변은 각 합동식의 법의 곱에 대해서도 mod N 연산을 행한다는 의미를 갖고 있다.

2 이산대수문제

> 소수 N에 대해 그보다 작은 양의 정수 a,b가 주어졌을 때
>
> $$a^s \equiv b \bmod N \quad (6.84)$$
>
> 를 만족하는 s를 찾아라.

다음의 오라클 연산자 U와 양자 푸리에변환을 이용하여 이산대수문제에 대한 효율적 알고리즘을 보여라. 오라클 연산자 U는

$$U|x_1\rangle|x_2\rangle|0\rangle = |x_1\rangle|x_2\rangle|f(x_1, x_2)\rangle \quad (6.85)$$

를 제공하며, f는 제 3 레지스터에 $f(x_1,x_2) = b^{x_1} a^{x_2} \bmod N$의 값을 주는 함수이다.

Chapter

07

양자암호

암호는 로마시대부터 군사적, 외교적, 상업적 목적으로 계속 사용되어 왔다. 암호코드의 제작 및 해독복호는 역사적으로도 여러 국가적인 사건이나 범죄와 깊게 연관되어 있다. 현재도 많은 나라의 정보기관에서도 주야로 새로운 암호코드의 제작이나 해독에 많은 인원을 배치하고 있는 중이다. 현재 가장 진보한 암호로 알려진 RSA 암호도 컴퓨터 연산속도가 비약적으로 진보하면 해독이 가능해진다는 단점을 갖고 있다. 현재 사용 중인 암호는 대개 고전적 암호라 부른다. 최근에 고전적 암호와 원리적으로 완전히 다른 양자암호라는 것이 만들어졌다. 양자암호코드는 양자역학의 관측이론에 기인하는 파속의 수축이라는 비가역적인 사실에 이론적 기반을 두기 때문에 도저히 도청이 불가능한 코드라 불린다. 양자암호코드가 실현되면 원리적으로 해독이 불가능한 암호가 완성되는 것이다.

7.1 비밀열쇠암호

오래 전부터 알려져 온 암호로 로마시대에 시저가 만든 시저암호라 불리는 것이다. 시저암호는 알파벳 26개 문자를 전부 규칙적으로 몇 개씩 옮겨 적어 둔 것이다.

관측자 A가 암호화하여 보낸 문장 (평문)을 암호화열쇠 f를 이용하여 암호문을 만든다. 그 암호문을 B에게 보내면 B는 f^{-1}이란 암호화열쇠를 이용하여 해독을 한다. 이 때 암호화열쇠 f를 A는 B 이외의 어떤 사람에게도 알려주지 않는다. 한편 이 암호화 열쇠가 다른 사람에게 알려져 버리면 쉽게 해독이 되어 버린다는 단점이 있다.

예를 들어 B가

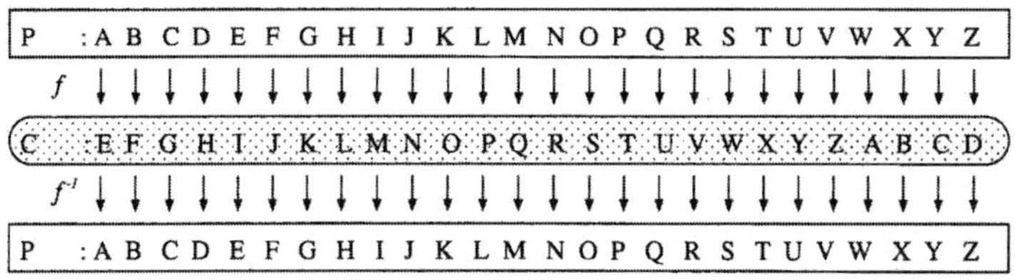

[그림 7.1] 시저암호의 암호화열쇠 f와 복호화열쇠 f^{-1}.

$$M \;\; PSZI \;\; CSY \tag{7.1}$$

로 암호화된 문장을 받았다고 하자. 이 문장을 해독하려면 복호화용 열쇠를 알 필요가 있다. A가 이용한 암호화열쇠가 4이므로 알파벳 4개가 뒤로 옮겨가 있다. 이 문장을 해독하기 위한 복호화열쇠는 −4이며 알파벳을 4개씩 앞으로 이동시키면 된다. 따라서 문장은

$$I \;\; LOVE \;\; YOU \tag{7.2}$$

로 해독이 된다. 시저의 암호는 암호열쇠가 알려지면 즉각 해독이 되므로 열쇠의 비밀유지가 가장 중요하였다.

알파벳 26 문자 $A, B, C, \cdots, Z$를 0에서 25까지의 숫자로 대응시키면 시저암호는 $x \in \{0, 1, \cdots, 25\}$에 대해 다음과 같은 함수 f

$$f(x) = \begin{cases} x + \alpha & (\text{if } \; x < 26 - \alpha) \\ x + \alpha - 26 & (\text{if } \; x \geqq 26 - \alpha) \end{cases} \tag{7.3}$$

으로 나타난다. 여기서 α가 암호화열쇠이며 1에서 25까지의 숫자 중 하나이다. (7.1)식에서는 α=4이다. (7.3)식의 함수를 합동식으로 나타내면 26을 법(modulus)으로 하는

$$f(x) \equiv x + \alpha \bmod 26 \tag{7.4}$$

로 표현 가능하다. 이 함수 f는 일가함수이다. 암호문에서 원문으로 돌아가는 복호화 f^{-1}은

$$f^{-1}(y) \equiv y - \alpha \bmod 26 \tag{7.5}$$

로 주어진다.

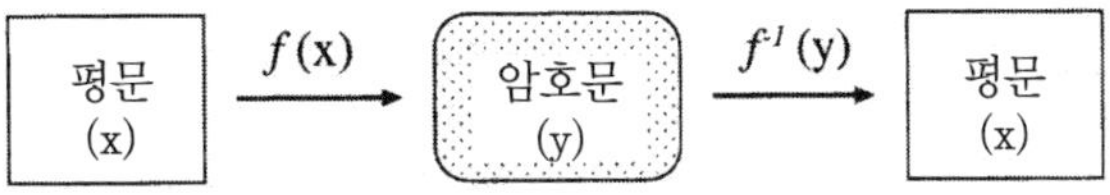

[그림 7.2] 시저 암호에 사용된 암호화와 복호화

7.2 "원타임 패드" 암호

비밀열쇠암호의 하나로 제 1차 세계대전 말경에 만들어진 "원타임 패드"란 암호가 있다. 원타임 패드란 일회 한도의 메모장이란 의미로서 암호화열쇠로 무작위 문자열 즉 난수를 이용하는 것이다. 그러므로 이 암호는 두 번 사용할 수 없다. 여기서 영희가 n개 길이의 평문

$$(a_1, a_2, \cdots, a_n) \tag{7.6}$$

을 원타임 패드 암호화를 하여 철수에게 보낸다고 하자. 우선 무작위로 배열된 같은 길이의 문자열

$$(b_1, b_2, \cdots, b_n) \tag{7.7}$$

을 비밀열쇠로 사용하여 공유한다. 암호문 c_i는 임의 정수 N을 법으로 하는 합동식

$$c_i \equiv a_i + b_i \bmod N \tag{7.8}$$

로 만들어진다. 철수는 비밀열쇠 b_i를 공유하므로 c_i로부터 합동식

$$a_i \equiv c_i - b_i \bmod N \tag{7.9}$$

에 의해 평문을 복호화한다. 시저암호에서 N은 26이며 암호화열쇠 b_i는 하나의 정수 α였다. 문자열을 비트로 나타내면 $N=2$이며 (7.8), (7.9)식은 배타적 논리합

$$c_i \equiv a_i \oplus b_i \tag{7.10}$$

$$a_i \equiv c_i \oplus b_i \tag{7.11}$$

로 된다.

핵심 Point 원타임 패드 프로토콜

- **단계 1** : (영희): 평문 $\{a_i\}$ $(i=1,2,\cdots,n)$와 동일 길이의 한번밖에 사용하지 못하는 암호화열쇠 $\{b_i\}$ $(i=1,2,\cdots,n)$를 이용하고 비밀열쇠로 철수와 공유한다.
- **단계 2** : (영희): 평문을 암호화열쇠를 이용하여 암호화하고 철수에게 보낸다.

$$c_i \equiv a_i + b_i (\mathrm{mod} N) \tag{7.12}$$

- **단계 3** : (철수): 암호문을 암호화열쇠를 이용하여 복호화한다.

$$a_i \equiv c_i - b_i (\mathrm{mod} N) \tag{7.13}$$

"원타임 패드" 암호는

1. 암호열쇠가 무작위 문자열 또는 난수이다.
2. 동일 암호열쇠는 한 번만 사용하며 매번 다른 암호열쇠를 이용한다.

라는 두 가지 특징으로 이전의 비밀열쇠가 갖던 약점을 보완하여 헤독불가능한 암호체계를 이루었다. 논리적으로는 안전한 "원타임 패드"암호가 실제로는 거의 사용이 되지 않았는데 그 이유는 실용상 큰 두 가지 결점

1. 비밀열쇠로서 무작위 문자열을 대량으로 만들어야 한다.
2. 대량의 비밀열쇠를 도청자에게 들키지 않고 배포하여야 한다.

등 때문이다. 첫 번째 문제인 무작위 문자열이나 난수를 대량으로 발생시키는 것은 현재의 기술로도 아주 힘든 일이다. 또 두 번째 문제인 비밀열쇠의 배포도 매번 다른 열쇠를 사용하려면 막대한 량이 되어서 실용성이 없다. 그러나 이 두 가지 문제가 양자암호법을 이용하면 해결이 된다는 사실 때문에 "원타임 패드" 암호가 다시 각광을 받고 있는 중이다.

7.3 공개열쇠암호

제 7.1절에서 서술한 암호와 같이 현재까지 널리 사용되어 온 암호는 **비밀열쇠 암호**라 불리는 것이다. 암호화열쇠 (f)와 복호화열쇠 (f^{-1})은 송신자(영희)와 수신자(철수)만 알고 있는 비밀이며 엄격하게 관리되어야 하는 정보이다. 역으로 말하자면 일단 이 암호화열쇠의 정보가 타인에게 누설되면 암호문은 간단하게 해독되어 버린다.

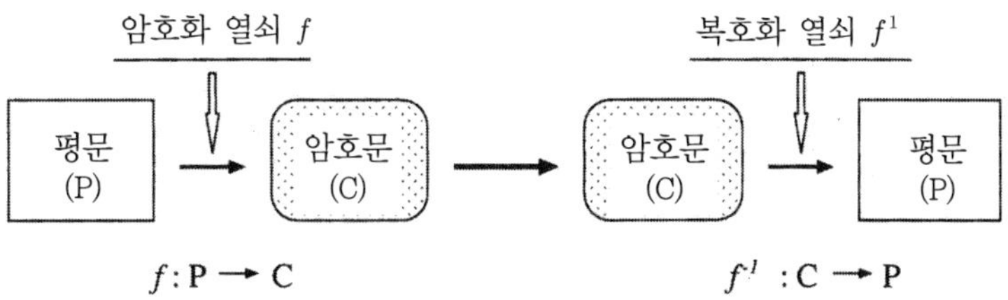

[그림 7.3] 암호화와 복호화.

시저 암호 같은 비밀열쇠암호는 현재까지 다양한 변화를 거친 형태로 널리 사용되어 왔지만 모든 암호문은 전문가들에 의해 다 해독이 되어 버렸다. 보다 진보된 암호로 등장한 것이 **공개열쇠암호**라 불리는 암호이다.

1976년에 디피(W. Diffie)와 헬먼(M. Hellman)이 지금까지와는 완전히 다른 암호이론을 만들었다. 그것이 공개열쇠라 불리는 암호이다. 이 공개열쇠암호는 암호화열쇠가 공개되므로 누구나 알 수 있다. 그러나 복호화열쇠는 암호화열쇠를 알고 있어도 쉽게 구할 수 없는 구조를 이루고 있다. 이 공개열쇠암호 중에서도 현재 가장 많이 이용되는 것이 **RSA 암호**라 불리는 것이다.

공개열쇠암호의 착상은 일방통행함수 착상과 유사하다. 일방통행함수는 어느 수 x에 대한 함수 $f(x)$를 계산하는 것은 간단하지만 $f(x)$로부터 x를 구하는 것은 "불가능"이다. 공개열쇠암호는 다음에 보이듯이 암호화열쇠가 알려지더라도 복호화열쇠를 알아내는 것은 "현실적으로 불가능한" 암호로 되어 있다는 것이다. 이 "현실적으로 불가능"하다는 의미는 최신 컴퓨터를 이용하더라도 계산량이 막대하여 우주 연령 정도(수십억 년)의 계산시간이 필요하다는 것이다.

RSA란 이름은 이 암호를 고안한 리베스트(R. Rivest), 샤미르(A. Shamir)와 아델만(L. Adleman)의 이름 첫 자를 딴 것이다. 이 RSA 암호의 기본은 두 개의 큰 소수의 곱은 쉽게 구해지지만 큰 정수의 인수분해에는 효과적인 알고리즘이 존재하지 않는다는 사실이다. 아래에서 RSA 암호를 만드는 방법을 설명한다. RSA 공개열쇠암호는 정수론의 훌륭한 예이다.

핵심 Point RSA 암호의 프로토콜

암호문을 m (구체적으로 예컨대 300행 이상의 큰 수)이라 하자. 이 문장을 RSA 암호화에 의해 공개열쇠와 비공개열쇠를 만든다.

- **단계 1** : (철수) 각각 두 개의 자연수로 이루어진 공개암호화열쇠 (e,n)와 비밀복호화열쇠 (d,n)을 만드는 방법.

a) 그 곱이 m보다 큰 두 개의 큰 소수 p와 q를 선택하고, 그 곱 $n=pq$와 오일러전개[9] $\varphi(n)=(p-1)(q-1)$를 구한다. ($n>m$이라야 하지만 그 조건은 철수가 공개열쇠 (e,n)를 영희에게 보낼 때 영희에 의해 확인된다.

b) n보다 작고 또 $\gcd(\varphi(n),e)=1$인 수 e를 선택한다.

c) $1 \le d \le \varphi(n)$이고 $\varphi(n)$을 법으로 하는 합동식

$$e\,d \equiv 1 \bmod \varphi(n) \qquad (d \equiv e^{-1} \bmod \varphi(n)) \tag{7.14}$$

를 만족하는 수 d를 찾는다.

- **단계 2** : (철수) 이렇게 만들어진 공개열쇠 (e,n)을 철수는 영희에게 인터넷 등 공개된 방법으로 보낸다.
- **단계 3** : (영희) $n>m$이라면 공개열쇠 (e,n)을 이용하여 보내고자 하는 문장 (평문) md로부터

$$m^e \equiv y \bmod n \tag{7.15}$$

를 계산하고 암호문 y를 철수에게 보낸다.

- **단계 4** : (철수) 철수는 영희에게서 받은 암호문 y로부터 비밀열쇠 (d,n)을 이용하여

$$y^d \bmod n \tag{7.16}$$

을 계산한다. 이 합동식이 영희가 보낸 평문 m을 제공한다는 것은 오일러의 정리 (부록참조)를 이용하여 증명 가능하다.

이 RSA 암호의 특징은 공개열쇠 (e,n)를 알아도 복호화열쇠 d를 쉽게 알기 어렵다는 점이다. 즉 복호화열쇠 d를 알려면 오일러 함수 $\varphi(n)$이 필요하고 $\varphi(n)$을 구하려면 법 n을 두 개의 소수로 소인수분해 해야 한다. 법 n의 행수가 크면 클수록 소인수분해가 어렵고 안정성이 높기 때문에 보통 $n \ge 10^{300}$ $(\log_2 n \ge 1000)$ 정도의 큰 수가 이용된다. 300행인 수의 인수분해는 $\sqrt{N}$ 회의 연산, 10^{150}회의 연산이 필요하다. 이 연산은 최신 컴퓨터로도 우주의 나이 (수십억 년 정도) 만큼의 계산 시간이 필요하다.

예제 7-1 (7.16)식의 합동식 $y^d \equiv m(\mathrm{mod}\,n)$을 증명하여라.

[해] (7.14)식에서 적당한 정수 k를 사용하면 ed는

$$e\,d = 1 + k\varphi(n) \tag{7.17}$$

9) 오일러 (Euler) 함수 $\varphi(n)$은 n과 서로 소수관계인 n보다 작은 자연수 개수이다. n이 소수이면 $\varphi(n)=n-1$로 된다.

로 표현할 수 있다. $y^d(\mathrm{mod}n)$는 (7.15)식과 (7.17)식을 이용하여

$$y^d \equiv m^{d\ e} \equiv m \cdot m^{k\varphi(n)}(\mathrm{mod}\ n) \tag{7.18}$$

로 고쳐쓸 수 있다. 여기서 오일러의 정리 $m^{\varphi(n)} \equiv 1(\mathrm{mod}n)$ (부록 참조)를 이용하면 $m^{k\varphi(n)} \equiv 1(\mathrm{mod}n)$이며

$$y^d \equiv m(\mathrm{mod}\ n) \tag{7.19}$$

가 구해진다.

예제 7-2 $m=77$을 RSA 암호화하고 또 복호화 하여라.

[해] 단계 1

a) (철수) : 큰 두 개의 소수 p, q를 정하고 그 곱 n을 구한다. 두 소수를 $p=5,\ q=17$이라 하면

$$n = 5 \times 17 = 85 > m \tag{7.20}$$

로서 m보다 크다는 조건이 만족된다. 오일러 함수는

$$\varphi(n) = \varphi(85) = \varphi(5)\varphi(17) = 4 \times 16 = 64 = 2^6 \tag{7.21}$$

로 된다.

b) $\gcd(\varphi(n),e)=1$인 e로서 $e=3$을 선택한다.

c) $1 \le d \le \varphi(n)$이며

$$e\ d = 3d = 1 \bmod (\varphi(n)) \tag{7.22}$$

를 만족하는 d를 찾아낸다.

$\varphi(n)=\varphi(85)=64$이므로 (7.22)식은

$$3d - 1 = 64k \quad (k\ \text{はある整数}) \tag{7.23}$$

로 나타낸다. 이 식을

$$3d - 64k = 1 \tag{7.24}$$

로 바꾸어 쓰면 디오판토스의 부정방정식(Diophantine equation)[10]의 하나인 일차부정방정식으로 된다. 디오판토스 방정식의 일반해는 유클리드 호제

---

10) 디오판토스의 부정방정식(不定方程式) 또는 간단히 부정방정식이라고도 한다. 그 해로서는 정수해 또는 유리수해(분수)를 구한다. 이를테면 $a_1x_1+a_2x_2+\cdots+a_nx_n= b(a_1,a_2,\cdots,a_n, b$는 정수), $x_2+y_2=z_2$따위는 대표적인 디오판토스의 방정식이다. 이와 같은 방정식에는 해가 없거나, 있어도 유한개(有限個)이거나 무한개이거나 또는 부정(不定)이다.

법 (互除法) (부록 참조)을 이용한 관계

$$-3 \times 21 + 64 = 1 \tag{7.25}$$

로부터 하나의 해는 $d_0 = -21, k_0 = -1$로 구해진다. 따라서 일반해는

$$\begin{aligned} d &= -21 + 64t \\ k &= -1 + 3t \end{aligned} \quad (t\text{는 임의의 정수}) \tag{7.26}$$

로 구할 수 있다. $t=1$이라 하면 $d=43$로 된다. 철수는 이렇게 공개암호화열쇠 (e,n)와 비밀복호화열쇠 (d,n)을 만들었다.

단계 2 : 철수는 영희에게 공개열쇠 $(e,n)=(3,85)$를 보낸다.

단계 3 : 영희는 공개열쇠를 이용하여 보내고자 하는 문장 (평문) m을 암호화한다.

$$77^3 \equiv 83 \bmod 85 \tag{7.27}$$

로부터 암호문 $y=83$을 구하였다. 이 암호문 $y=83$을 영희는 철수에게 보낸다.

단계 4 : 철수는 암호문 $y=83$으로부터 비밀열쇠 $(d,n)=(43,85)$를 이용하여 복호화하는데에는

$$y^{43} = 83^{43} \tag{7.28}$$

을, 그리고 85의 수를 법으로 하는 합동식을 계산한다.

이

합동식 계산은 83^n의 합동식을 $n=1,2,3,\cdots$ 순으로 계산하고 위수 r이 발견될 때까지 n을 크게 하면서 실행해 나간다.

$$83^r \equiv 1 \bmod 85 \tag{7.29}$$

와 위수 r이 찾아지면 α를 양의 정수라 하여

$$83^{\alpha r} \equiv 1 \bmod 85 \tag{7.30}$$

의 정리를 이용할 수 있으며, d가 커도 복호화가 쉽게 된다.

$$\begin{aligned} 83^2 &\equiv 4 \bmod 85 \\ 83^4 &\equiv 16 \bmod 85 \\ 83^8 &\equiv 256 \equiv 1 \bmod 85 \end{aligned} \tag{7.31}$$

에 의해 위수 $r=8$이 발견되었다. $\alpha=5$라 하면

$$\begin{aligned} 83^{5\times 8} &\equiv 83^{40} \equiv 1 \bmod 85 \\ 83^{43} &\equiv 83^{40}83^3 \equiv 83^3 \equiv 77 \bmod 85 \end{aligned} \tag{7.32}$$

로부터 $m=77$이 구해져 복호화가 완료된다.

RSA 암호의 요점은 공개열쇠 (e,n) 및 암호문 y를 입수하여도 오일러함수 $\varphi(n)$을 모르면 복호화가 불가능하다는 것이다. 오일러함수를 구하려면 n을 인수분해하여 두 개의 소수 p, q를 구해야만 한다. 예제 7.2에서는 $n = 85$로 작기 때문에 인수분해가 쉬웠지만 p와 q가 100행 이상씩이고 서로 소수 관계 즉 n이 200행인 수라면 어떻게 될까? 이 인수분해는 현재 고전적 컴퓨터로는 다항식시간 내에 종료할 효과적인 알고리즘이 발견되지 못했으므로 우주 연령에 필적할 천문학적 시간이 필요해지므로 사실상 불가능하다. 그러나 제 6장에서 서술하였듯이 양자컴퓨터를 이용한 쇼아의 알고리즘에 의하자면 이런 인수분해도 다항식계산시간 내에 종료할 수 있고 RSA 암호도 안전한 암호화 방법이 된다. 그래서 쇼아의 양자계산 알고리즘이 RSA 암호의 해법을 쉽게 만드는 한 방법으로서 양자역학의 원리에 기반을 둔 해법이 없는 암호법으로 알려지고 있다. 그것이 양자암호인 것이다.

7.4 양자열쇠분배

현재 암호용 열쇠의 분배는 주로 두 가지 방법으로 이루어지고 있다. 첫 번째는 신뢰할만한 방법 예를 들어 비밀열쇠를 담당자에게만 배포하여 비밀을 보존하는 방법이며 두 번째는 공개열쇠배포법이다. 그러나 이 두 가지 중 어느 것도 절대적으로 안전하다고는 할 수 없다. 첫 번째 방법은 신뢰해야할 밀사 등에게 배반을 당할 가능성이 항시 있고, 두 번째 방법은 소인수분해를 잘 할 수 있는 알고리즘이 개발되어 버리면 안전성이 보장되지 않는다. 양자컴퓨터를 이용한 쇼아의 소인수분해 알고리즘이 실용화되면 RSA 암호도 그다지 안전하다고 말할 수 없다. 한편 양자역학의 불확정성 관계 때문에 열쇠배포 시 도청자의 유무를 검출할 수 있게 되어 새로운 암호이론의 미래를 열게 되었다. 다음에 서술하는 BB84 프로토콜, B92 프로토콜이나 E91 프로토콜 등은 양자암호이론들이다.

7.4.1 비 크로닝 정리

양자적인 방법으로 암호열쇠를 배분할 경우 그 기밀성을 보증하는 것은 양자역학의 관측이론 때문이다. 즉 양자비트는 절대로 도청자에게 도청당할 수 없게 되어 있다. 이를 **비 크로닝 정리** (non-cloning theorem)이라 한다. 양과 같은 동물은 복제가 되지만 양자비트는 절대 복제 (cloning) 되지 않는다.

예제 7-3 양자비트 $|\psi\rangle$는 복제되지 않음을 보여라.

[해] 양자비트 $|\psi\rangle$를 표적비트 $|s\rangle$에 복사한다고 해보자. 초기상태는

$$|\psi\rangle \otimes |s\rangle \tag{7.33}$$

로 주어진다. 이 상태에 임의의 유니타리 연산자 U를 작용시켜 $|\psi\rangle$를 표적비트 $|s\rangle$에 복사했다면

$$U(|\psi\rangle \otimes |s\rangle) = |\psi\rangle \otimes |\psi\rangle \tag{7.34}$$

로 될 것이다. 이 U를 이용한 복사를 다른 양자비트 $|\phi\rangle$에 대해서도 적용하면

$$U(|\phi\rangle \otimes |s\rangle) = |\phi\rangle \otimes |\phi\rangle \tag{7.35}$$

로 된다. (7.34)식과 (7.35)식의 내적을 해주면 U는 유니타리 연산자이므로 좌변은

$$\langle s| \otimes \langle \phi|U^{-1}U|\psi\rangle \otimes |s\rangle = \langle \phi|\psi\rangle \tag{7.36}$$

으로 되고 우변은

$$\langle \phi| \otimes \langle \phi|\psi\rangle \otimes |\psi\rangle = \langle \phi|\psi\rangle^2 \tag{7.37}$$

로 되므로 (7.36)식과 (7.37)식으로부터

$$\langle \phi|\psi\rangle = \langle \phi|\psi\rangle^2 \tag{7.38}$$

이 되어서 ϕ와 ψ의 내적이

$$\langle \phi|\psi\rangle = 1 \ \text{ 또는 } 0 \tag{7.39}$$

일 때에만 복제가 가능하다. 이는 $|\phi\rangle = |\psi\rangle$이든지 아니면 $|\phi\rangle$와 $|\psi\rangle$이 직교상태일 때에만 복제가 가능함을 보인다. 일반적으로 두 개의 서로 다른 양자비트 $|\psi\rangle = a|0\rangle + b|1\rangle$와 $|\phi\rangle = c|0\rangle + d|1\rangle$는 서로 직교하지 않고

$$0 < |\langle \phi|\psi\rangle| = |c^*a + d^*b| < 1 \tag{7.40}$$

이므로 복제는 불가능하다.

7.4.2 BB84 프로토콜

편광된 광자를 이용하는 양자열쇠분배법은 베넷(C. H. Bennett)과 브라사드(G. Brassard)에 의해 1984년 처음으로 제안된 이후 두사람의 이니셜과 연도를 기념하여 이 암호법을 BB84 프로토콜이라 부르고 있다.[11] BB84 프로토콜은 양자역학의 관측이론과 원타임 패드 암호 착상을 결합하여 해독이 불가능하게 만든 암호이다.

우선 레이저로 편광된 광을 발생한다. 이 때 가로와 세로로 직선편광된 $|\leftrightarrow\rangle$ 와 $|\updownarrow\rangle$ 상태, 대각방향 +45°와 −45°로 편광된 $|\nearrow\rangle$ 와 $|\searrow\rangle$ 상태 등 총 네 종류의 광을 사용한다. 이진법인 0과 1 비트는 두 종류의 편광된 광자로 표 7.1과 같이 나타낸다.

[표 7.1] 이진법 0과 1의 두 종류로 편광된 광자의 대응표

비트값	$\oplus$	$\otimes$
0	$\|\updownarrow\rangle$	$\|\nearrow\rangle$
1	$\|\leftrightarrow\rangle$	$\|\searrow\rangle$

예컨대 22는 이진법에서는 10110으로 표현되며 종횡으로 직선편광된 상태에서는

$$|\leftrightarrow\rangle|\updownarrow\rangle|\leftrightarrow\rangle|\leftrightarrow\rangle|\updownarrow\rangle \tag{7.41}$$

과 같고 대각선방향으로 편광한 상태에서는

$$|\searrow\rangle|\nearrow\rangle|\searrow\rangle|\searrow\rangle|\nearrow\rangle \tag{7.42}$$

같이 표현된다.

영희와 철수가 가로·세로로 직선편광된 광자만을 이용하여 통신을 한다고 하자. 이 경우 도청자가 철수와 동일한 검출기를 사용하면 영희가 보낸 정보를 정확하게 측정가능하며 영희와 같은 레이저와 $\oplus$의 편광필터를 이용하여 철수에게 편광된 광을 보내면 도청한 사실도 영희와 철수에게 들키지 않고 마무리할 수 있다. 즉 한가지로 편광한 광 $|\leftrightarrow\rangle$ 와 $|\updownarrow\rangle$ 를 이용한 통신은 도청자에게서 안전성이 전혀 보장되지 않는다. 두 개의 직교하는 상태는 복제가 가능하기 때문이다.

11) C. H. Bennett and G. Brassard, Proc. of IEEE Int. Conference on Computers, Systems and Signal Processing, p. 175 (IEEE, New York, 1984)

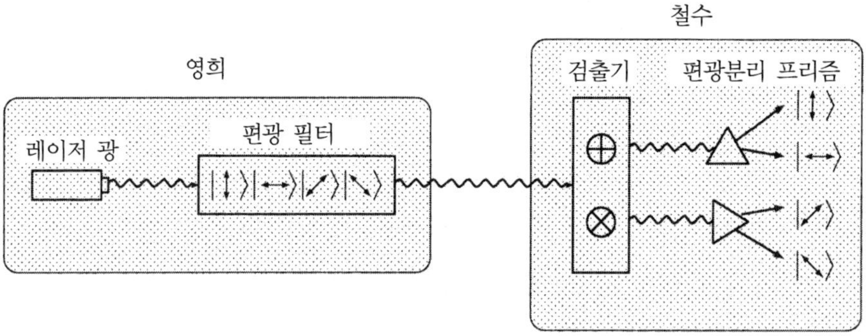

[그림 7.4] BB84 프로토콜에 의한 통신
광자는 레이저광과 편광필터를 조작하여 가로 · 세로방향의 직선편광이나 대각선방향편광을 무작위로 택하여 0과 1의 비트를 송신한다. 철수도 가로 · 세로직선방향 ⊕ 또는 대각선방향 편광 ⊗ 검출기 및 편광분리기 프리즘으로 광자의 편광방향을 관측한다.

BB84 프로토콜의 특징은 가로 · 세로의 직선편광과 대각선방향의 편광 두 가지 종류의 광자를 이용한다는 점이다. 즉 영희는 ⊕와 ⊗ 두 종류의 편광필터를 무작위로 사용하여 비트를 송신하고 철수도 두 종류의 검출기 ⊕와 ⊗를 무작위로 이용하여 광을 검출한다.

BB84 프로토콜을 순서에 따라 살펴보자.

핵심 Point BB84 프로토콜

- **단계 1** : 영희는 ⊕와 ⊗ 편광필터를 무작위로 선택하여 0과 1이 무작위로 배열된 $4n$ 비트 데이터를 송신한다.
- **단계 2** : 철수는 ⊕와 ⊗ 편광검출기를 무작위로 택하여 편광방향을 관측한다. 영희는 철수에게 고전적 통신수단 (전화나 인터넷)을 이용하여 자신이 선택한 편광필터의 배열순서만을 알린다. 단 0과 1의 무작위 데이터는 생각하지 않는다.
- **단계 3** : 두 사람은 검출기의 ⊕와 ⊗ 종류와 영희의 편광필터 ⊕와 ⊗ 가 일치하는 경우의 관측값만 선택한다. 편광필터와 편광검출기가 일치할 확률은 1/2이므로 $2n$ 비트의 동일한 데이터를 철수와 영희가 공유하게 된다. 그 $2n$ 비트의 데이터 중 n 비트의 데이터를 두 사람이 조합하여 완전하게 일치할 경우 나머지 n 비트의 데이터로부터 원타임 패드를 만든다. 완전히 일치하지 않을 경우에는 도청되었을 가능성이 높으므로 단계 1로부터 다시 시작한다.
- **단계 4** : 영희는 평문을 단계 3에서 만든 원타임 패드를 이용하여 암호화하고 이를 철수에게 보낸다.
- **단계 5** : 철수는 영희로부터 받은 암호문을 영희와 공유하는 원타임 패드로 해독한다.

이 두 종류의 편광 중 가로·세로 직선편광상태는

$$|0\rangle_{\oplus} = |\updownarrow\rangle \tag{7.43}$$

$$|1\rangle_{\oplus} = |\leftrightarrow\rangle \tag{7.44}$$

로 표현이 되며 대각선편광상태는

$$|0\rangle_{\otimes} = \frac{1}{\sqrt{2}}\{|\updownarrow\rangle + |\leftrightarrow\rangle\} \tag{7.45}$$

$$|1\rangle_{\otimes} = \frac{1}{\sqrt{2}}\{|\updownarrow\rangle - |\leftrightarrow\rangle\} \tag{7.46}$$

으로 가로·세로 직선편광상태의 중첩으로 바꿔 쓸 수가 있다. (7.45), (7.46)식은 대각선편광상태를 가로·세로직선편광 검출기를 이용하여 측정하면 $|\leftrightarrow\rangle$ 와 $|\updownarrow\rangle$ 상태가 1/2씩의 확률로 관측됨을 보여준다. 즉 영희가 $|0\rangle_{\otimes}$의 정보를 보내더라도 철수가 영희와 다른 편광검출기 $\oplus$를 이용한다면 $|0\rangle_{\oplus}$와 $|1\rangle_{\oplus}$을 1/2씩의 확률로 관측하게 된다. 철수는 이 경우 50%의 확률로 영희가 보낸 정보를 틀리게 수신하게 된다.

표 7.2와 같이 영희가 BB84 프로토콜을 이용하여 무작위 편광필터로 무작위한 비트 값 010110011101의 신호를 송출할 때 철수도 또 무작위 편광검출기를 선택하여 011010001101이란 신호를 관측한다. 표 7.2로부터 알 수 있듯이 철수는 영희와 다른 종류의 편광기를 이용하는 경우에도 50% 확률로 올바른 비트 값을 검출한다.

[표 7.2] BB84 프로토콜.
영희는 무작위로 송신하는 비트 값과 편광필터의 종류를 택한다. 철수도 무작위로 편광검출기의 종류를 선택한다. 영희와 철수는 전화 등으로 편광기 종류의 정보만 교환하고 동일한 경우의 비트 값만을 원타임 패드로 사용한다.

		1	2	3	4	5	6	7	8	9	10	11	12
영희	송신비트값	0	1	0	1	1	0	0	1	1	1	0	1
	편광필터	⊗	⊕	⊕	⊗	⊗	⊕	⊗	⊕	⊕	⊗	⊗	⊗
	편광상태	↗	↔	↕	↘	↘	↕	↗	↔	↔	↘	↗	↘
철수	편광검출기	⊗	⊕	⊗	⊕	⊕	⊕	⊗	⊗	⊕	⊕	⊕	⊗
	관측값	↗	↔	↘	↕	↔	↕	↗	↕	↔	↔	↕	↘
	관측비트값	0	1	1	0	1	0	0	0	1	1	0	1
필터와 검출기 일치 여부		참	참	거짓	거짓	거짓	참	참	거짓	참	거짓	거짓	참
원타임 패드		0	1				1	1		1			1

단계 3에서 영희와 철수는 인터넷이나 전화로 편광기의 종류 정보만을 교환한다. 이 정보가 도청이 되더라도 송신된 비트 값의 비밀은 온전하게 보존된다. 단계 4에서 영희와 철수의 편광기 종류가 일치하는 경우에만 1,2,6,7,9,12번째 비트 값에서 010011이란 원타임 패드 암호를 만들 수 있다. 이 비트 값을 원타임 패드로 이용하여 영희는 철수에게 암호문을 보낸다. 이런 무작위 수자의 배열을 이용하여 암호를 만들면 해독이 불가능한 암호를 만들 수 있다. 예전 원타임 패드 암호의 최대 과제는 무작위 숫자를 어떻게 도청자에게 들키지 않고 안전하게 송신하느냐 하는 것이었다. 그런데 BB84 프로토콜을 이용하면 양자역학의 원리 때문에 원타임 패드를 아는 것이 불가능해 진다.

여기서 도청자가 있을 경우 BB84 프로토콜을 이용하여 이를 어떻게 발견하는지 살펴보자. 도청자가 영희가 보낸 비트 값을 훔칠 경우에도 도청자나 철수나 모두 무작위로 검출기를 선택할 수밖에 없다. 도청자는 영희가 보낸 비트 값을 도청하고자 하지만 편광검출기를 무작위로 선택함으로써 표 7.3의 예의 경우 1,4,12의 비트 값을 틀리게 관측해버리게 된다. 양자역학의 관측이론 확률해석에 의하자면 이런 오류는 영희가 보낸 각 비트에 대한 편광필터의 종류를 알지 않는 한 반드시 발생한다. 도청자가 자기가 관측한 편광상태를 그대로 철수에게 보내고 철수는 그 편광상태를 관측했다면 예컨대 표 7.3과 같은 결과가 생긴다. 도청자가 영희가 보낸 데이터를 관측할 때 양자상태가 교란되어 원타임 패드의 암호열쇠로 선택된 010011의 비트 값이 110001로 변한다.

[표 7.3] 도청자에 의해 교란된 데이터로부터 철수가 관측한 비트 값

		1	2	3	4	5	6	7	8	9	10	11	12
영희	송신비트값	0	1	0	1	1	0	0	1	1	1	0	1
	편광필터	⊗	⊕	⊕	⊗	⊗	⊕	⊗	⊕	⊕	⊗	⊗	⊗
	편광상태	↗	↔	↕	↘	↘	↕	↗	↔	↔	↘	↗	↘
철수	편광검출기	⊕	⊗	⊗	⊕	⊕	⊕	⊗	⊕	⊗	⊗	⊗	⊕
	관측값	↔	↘	↗	↕	↔	↕	↗	↔	↘	↘	↗	↕
	관측비트값	1	1	0	0	1	0	0	1	1	1	0	0
철수	편광검출기	⊗	⊕	⊗	⊕	⊕	⊕	⊗	⊗	⊕	⊕	⊕	⊗
	관측값	↘	↔	↗	↕	↔	↕	↗	↘	↕	↕	↕	↘
	관측비트값	1	1	0	0	1	0	0	1	0	0	0	1
원타임 패드		1	1				0	0		0			1

이렇게 송신자와 수신자의 편광필터와 편광검출기가 동일하여도 도청자가 양자상태를 교란시키면 송신비트와 관측비트가 변화하므로 도청자의 존재 유무를 알 수 있게 된다.

원타임 패드에 이용되는 n개 비트 값을 영희와 철수가 관찰함으로써 도청자를 발견할 확률을 구해보자. 영희의 편광필터와 철수의 편광검출기가 동일한데도 비트 값이 변화하는 이유는 도청자의 편광검출기가 철수 것과 달라서 도청자가 발신한 양자상태를 철수가 영희로부터 송신한 비트 값과 다르게 관측되기 때문이다. 도청자의 편광검출기가 철수 것과 다를 확률은 $\frac{1}{2}$이며 철수가 다른 비트 값을 관찰할 확률도 $\frac{1}{2}$이므로 한 비트의 값을 영희와 철수가 관찰하여 도청자를 발견할 확률은 $\frac{1}{2}\times\frac{1}{2}=\frac{1}{4}$이다. n개 비트 값을 관찰하여 도청자를 발견할 확률은

$$P(n) = 1 - \left(\frac{3}{4}\right)^n \tag{7.47}$$

이다. 10개의 비트 값을 이용하면 $P(10)=0.939$이고 20개 비트 값을 이용하면 $P(20)=0.996$로 되어 매우 높은 확률로 도청자를 발견할 수 있음을 알 수 있다.

예제 7-4 BB84 프로토콜에 의해 n개 비트 값을 관찰하여 도청자를 발견할 확률은 (7.47) 식

$$P(n) = 1 - \left(\frac{3}{4}\right)^n \tag{7.48}$$

로 주어짐을 보여라.

[해] $n=1$일 때 $P(1)=1-\frac{3}{4}=\frac{1}{4}$는 무작위로 선택한 검출기가 일치하지 않을 확률을 양자상태를 관측한 확률로 나타낸 것이다.

$n=2$인 경우에는 두 비트 값이 다를 확률이 $\frac{1}{4}\times\frac{1}{4}$이며 한 비트가 같고 한 비트가 다를 확률이 $2\times\frac{3}{4}\times\frac{1}{4}$이므로

$$P(2) = \frac{1}{4}\times\frac{1}{4} + 2\times\frac{3}{4}\times\frac{1}{4} = \frac{7}{16} = 1 - \left(\frac{3}{4}\right)^2 \tag{7.49}$$

이다.

n개 비트 값을 관측하여 n개가 다를 확률은 $(\frac{1}{4})^n$이고 $(n-1)$개가 다를 확률은 $\frac{3}{4}(\frac{1}{4})^{n-1}n, \cdots$, 그리고 1개가 다를 확률은 $(\frac{3}{4})^{n-1}\frac{1}{4}n$로 되어 합을 구하면

$$P(n) = \left(\frac{1}{4}\right)^n + \frac{3}{4}\left(\frac{1}{4}\right)^{n-1} n + \cdot + \left(\frac{3}{4}\right)^{n-1}\frac{1}{4}n$$
$$= \sum_{k=0}^{n-1} {}_nC_k \left(\frac{1}{4}\right)^{n-k}\left(\frac{3}{4}\right)^k = \sum_{k=0}^{n} {}_nC_k \left(\frac{1}{4}\right)^{n-k}\left(\frac{3}{4}\right)^k - \left(\frac{3}{4}\right)^n \tag{7.50}$$
$$= \left(\frac{1}{4}+\frac{3}{4}\right)^n - \left(\frac{3}{4}\right)^n = 1 - \left(\frac{3}{4}\right)^n$$

으로 된다.

7.4.3 B92 프로토콜

BB84 프로토콜에서는 네 종류의 편광상태 즉 두 개의 가로·세로직선편광상태인 $|\updownarrow\rangle$, $|\leftrightarrow\rangle$ 와 두 개의 대각선편광상태인 $|\searrow\rangle$, $|\nearrow\rangle$ 및 두 종류의 편광검출기를 사용하였다. B92 프로토콜의 특징은 두 개의 비 직교상태를 이용하여 비밀열쇠를 배분하는 방법이다. 이 방법은 베넷(C. H. Bennett)에 의해 1992년에 제안되었기 때문에 B92 프로토콜이라 부른다.[12] B92 프로토콜은 두 개의 비 직교상태를 이진법 0과 1에 대응시킨다. 편광된 광자를 이용한 경우에는 가로·세로향상태 $|\updownarrow\rangle$ 를 0에 대응시키고 $-45°$ 방향의 편향상태 $|\searrow\rangle$ 를 1에 대응시킨다.

[표 7.4] B92 프로토콜에 의한 편광상태와 비트 값을 사영 (射影)한 측정기

영희		철수
비트값	편광상태	측정기
0	↕	$P_0 = 1 - \|\searrow\rangle\langle\searrow\|$
1	↘	$P_1 = 1 - \|\updownarrow\rangle\langle\updownarrow\|$

(7.43)식과 (7.46)식으로부터 이 두 상태의 내적은

$$\langle\searrow|\updownarrow\rangle = \frac{1}{\sqrt{2}} \tag{7.51}$$

이 된다. 수신자는 비트 값을 사영 (射影)하는 P_0와 P_1의 두 가지 측정기를 가지는데 측정기 P_0는 $|\searrow\rangle$ 상태를 관측하지 못한 경우에 비트 값 0을 가지고, 측정기

12) C. H. Bennett, Phys. Rev. Lett. 68 3121 (1992)

P_1은 $|\updownarrow\rangle$ 상태를 측정하지 못한 경우 비트 값 1을 갖는다. 영희가 비트 값 $|0\rangle = |\updownarrow\rangle$ 을 발신하면

$$\langle \nwarrow\!\!\searrow | P_1 | \updownarrow \rangle = \langle \nwarrow\!\!\searrow | (|\updownarrow\rangle - |\updownarrow\rangle) = 0 \tag{7.52}$$

이고 철수의 측정결과 P_1의 확률은 영이다. 한편

$$\langle \updownarrow | P_0 | \updownarrow \rangle = 1 - |\langle \nwarrow\!\!\searrow | \updownarrow \rangle|^2 = 1 - \frac{1}{2} = \frac{1}{2} \tag{7.53}$$

으로 되어서 $\frac{1}{2}$의 확률로 비트 값 0을 측정한다. 비트 값 1에 대응하는 대각편광상태 $|\searrow\rangle$ 에 대해서도 동일하게

$$\langle \updownarrow | P_0 | \nwarrow\!\!\searrow \rangle = 0 \tag{7.54}$$

$$\langle \nwarrow\!\!\searrow | P_1 | \nwarrow\!\!\searrow \rangle = \frac{1}{2} \tag{7.55}$$

로 되어서 비트 값 1이 $\frac{1}{2}$의 확률로 주어진다. B92 프로토콜의 특징은 두 종류의 광자를 사용하더라도 50%의 확률로 바른 값을 전달 가능하다.

표 7.5에 B92 프로토콜의 구체적인 예를 보인다. 영희는 무작위의 비트 값을 두 종류의 비직교편광상태를 이용하여 철수에게 송신한다. 철수는 두 개의 측정기 P_0와 P_1을 이용하여 무작위로 배열된 신호를 수신한다. 신호가 수신된 것만의 비트 값은 0010인데 이는 이 경우 원타임 패드는 비밀열쇠가 된다. 철수는 이 때 영희에게 측정기의 종류는 말하지 않고 몇 번째 신호를 수신하였는가만 전달한다.

[표 7.5] B92 프로토콜에 의한 비트 값의 송신과 수신
영희는 비 직교상태인 두 종류의 편광상태를 이용한다. 철수는 무작위 비트 사영측정기 P_0와 P_1을 병용하여 신호가 수신될 때의 비트 값을 원타임 패드로 채용한다.

		1	2	3	4	5	6	7	8	9	10	11	12
영희	송신비트값	0	1	0	1	1	0	0	1	1	1	0	1
	편광상태	↕	⤡	↕	⤡	⤡	↕	⤡	⤡	⤡	⤡	⤡	⤡
철수	비트사영측정기	P_0	P_1	P_1	P_0	P_1	P_0	P_1	P_1	P_0	P_1	P_0	P_0
	신호수신	y	n	n	n	n	y	n	y	n	n	y	n
원타임 패드		0					0		1			0	

이 경우에는 1,6,8,11번째이다. 1,6,8,11번째의 신호를 수신하는 것은 고전적인 수단으로 가능하며 도청자가 도청하더라도 철수의 측정기 종류를 알 수 없으므로 원타임 패드의 비밀열쇠는 100% 안전한 분포를 보인다. 표 7.5로부터 분명하게 알 수 있듯이 송신 비트 값과 측정기의 종류가 다른 경우에는 측정기가 신호를 수신하지 않으며 같을 경우에만 $\frac{1}{2}$의 확률로 수신한다. 표 7.5에서 2,5,10번째 비트 값과 측정기도 동일하지만 신호는 수신되지 않는다. 철수가 무작위로 측정기를 선택할 때 영희의 신호가 전달될 확률은

$$\frac{1}{2}(1-\langle\updownarrow|\searrow\rangle^2) \doteqdot \frac{1}{4} \tag{7.56}$$

이다. 그러나 영희의 비트 값이 잘못 전달될 확률은 0이라는 사실이 B92 프로토콜의 중요한 부분이다. 도청자가 영희가 발신한 비트 값을 도청하고자 할 경우 편광상태가 비직교계이므로 예제 7.3에서 보인 양자상태의 비 복제정리에 의해 도청자는 영희의 상태를 복사할 수 없다. 즉 도청자는 영희가 발신한 비트 값을 관측하여 그 관측상태를 재발신하게 된다. 이것이 도청자를 발견하게 되는 요인이다. 일반적으로 BB84나 B92 프로토콜 통신에는 평문을 보내는 비트와 도청자를 검출하는 비트의 두 종류를 사용할 필요가 있다.

7.4.4. E91 프로토콜

BB84 프로토콜이나 B92 프로토콜은 서로 직교하지 않는 양자상태는 복제불능이라는 이론에 의해 안전성이 보증된 비밀열쇠 분배법이다. 이들 두 프로토콜에는 양자역학의 불확정성 관계가 본질적 역할을 하고 있다. 제 2장에서 서술한 두 입자가 "상관된 (entangled)" 양자상태 즉 EPR 쌍을 이용하여 암호열쇠를 안전하게 분배할 수 있었다. 이 양자열쇠분배법은 에커트(A. K. Ekert)가 1991년에 제안한 것으로 E91프로토콜이라 불린다.[13)]

E91 프로토콜의 경우 송신자 영희와 수신자 철수는 스핀 0으로 결합한 두 입자계, EPR 쌍을 관측한다. EPR 쌍은 스핀 $\frac{1}{2}$인 입자를 이용하면 (2.37)식

$$|\Psi\rangle_{12} = \frac{1}{\sqrt{2}}\{|\uparrow\rangle_1|\downarrow\rangle_2 - |\downarrow\rangle_1|\uparrow\rangle_2\} \tag{7.57}$$

13) A. K. Ekert, Phys. Rev. Lett. 67, 661 (1991)

과 같이 된다. EPR 쌍은 두 개의 광자로도 만들어질 수 있으므로 그 상태는 (2.63)식과 같다. EPR 쌍은 z축 반대방향으로 발사되며 영희와 철수는 서로 떨어진 장소에서 각각의 편광검출기로 한 개의 입자의 스핀 방향을 관측한다. 단위벡터 $\mathbf{a}_i$와 $\mathbf{b}_j$ $(i=1,2,3)$로 검출기의 방향을 표시하며 이 두 단위벡터가 z축에 수직한 xy 평면에 위치하게 한다. 영희가 $\mathbf{a}_i$의 검출기를 이용하고 철수가 $\mathbf{b}_j$ 검출기를 이용하여 스핀의 방향을 측정하면 상향인 +방향과 하향인 −방향의 상관은 (2.43)식의 상관함수를 이용하여

$$\begin{aligned} E(\mathbf{a_i},\mathbf{b_j}) &= E_{++}(\mathbf{a_i},\mathbf{b_j}) + E_{--}(\mathbf{a_i},\mathbf{b_j}) - E_{+-}(\mathbf{a_i},\mathbf{b_j}) - E_{-+}(\mathbf{a_i},\mathbf{b_j}) \\ &= -(\mathbf{a_i},\mathbf{b_j}) \end{aligned} \tag{7.58}$$

과 같이 $\mathbf{a}_i$와 $\mathbf{b}_j$의 내적으로 주어진다. (2.43)식의 QM 부호는 여기서 생략하였다. (7.58)식에서 예를 들어 $E^{++}(\mathbf{a}_i,\mathbf{b}_i)$는 $\mathbf{a}_i$에서의 스핀 방향 측정결과가 +이고 $\mathbf{b}_j$에서의 측정결과도 +일 확률을 표시한다. 그림 7.5와 같이 영희와 철수의 검출기는 각각 x축으로부터 각도 $(\mathbf{a}_1, \mathbf{a}_2, \mathbf{a}_3)$=($\phi_1=0$, $\phi_2=\frac{\pi}{4}$, $\phi_3=\frac{\pi}{2}$)와 $(\mathbf{b}_1, \mathbf{b}_2, \mathbf{b}_3)$=($\theta_1=\frac{\pi}{4}$, $\theta_2=\frac{\pi}{2}$, $\theta_3=\frac{3}{4}\pi$)인 위치에 배치해 있다.

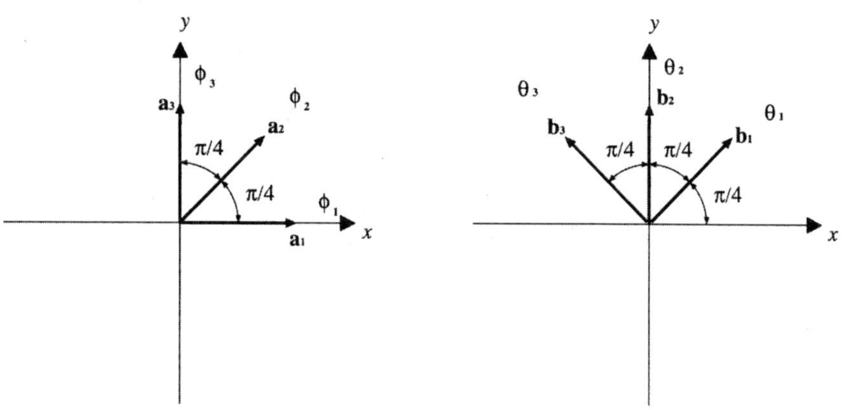

[그림 7.5] 영희와 철수의 편광검출기 방향
영희와 철수는 각각 3개의 검출기를 갖고 있다. E91 프로토콜의 경우 $\mathbf{a}_1$, $\mathbf{a}_2$, 그리고 $\mathbf{a}_3$는 x축으로부터 $\phi_1=0$, $\phi_2=\frac{\pi}{4}$, $\phi_3=\frac{\pi}{2}$의 각도로 배치되어 있다. 한편 $\mathbf{b}_1$, $\mathbf{b}_2$, 그리고 $\mathbf{b}_3$는 x축으로부터 $\theta_1=\frac{\pi}{4}$, $\theta_2=\frac{\pi}{2}$, $\theta_3=\frac{3}{4}\pi$의 각도로 배치되어 있다.

여기서 a_2와 b_1 및 a_3와 b_2 검출기가 같은 방향을 향하고 있다는 점에 유의하기 바란다. 이 두 검출기가 EPR 쌍을 관측한 경우 각각은 E_{+-} 또는 E_{-+}의 확률만 있고 상관함수 P는 완전한 반상관함수 상태이므로

$$E(\mathbf{a_2}, \mathbf{b_1}) = -\cos(\phi_2 - \theta_1) = -\cos\left(\frac{\pi}{4} - \frac{\pi}{4}\right) = -1 \tag{7.59}$$

$$E(\mathbf{a_3}, \mathbf{b_2}) = -\cos(\phi_3 - \theta_2) = -\cos\left(\frac{\pi}{2} - \frac{\pi}{2}\right) = -1 \tag{7.60}$$

이다. 여기서 벨의 부등식의 한 종류인 CHSH **부등식**(Clauser, Horne, Shimony, Holt 부등식)을 유도하기 위해 상관함수

$$S = E(\mathbf{a_1}, \mathbf{b_1}) - E(\mathbf{a_1}, \mathbf{b_3}) + E(\mathbf{a_3}, \mathbf{b_1}) + E(\mathbf{a_3}, \mathbf{b_3}) \tag{7.61}$$

을 생각하자. 위식을 구하려면 영희와 철수가 다른 방향에서 EPR 쌍을 지정된 방향으로 4회 측정해야 된다. 제 2장의 (2.43)식의 결과를 (7.61)식에 대입하면 양자역학적 관측결과는

$$S_{\mathrm{QM}} = -\cos(\phi_1 - \theta_1) + \cos(\phi_1 - \theta_3) - \cos(\phi_3 - \theta_1) - \cos(\phi_3 - \theta_3) \tag{7.62}$$

로 주어진다. 여기서 그림 7.5와 같이 영희와 철수의 검출기를 배치하면

$$S_{\mathrm{QM}} = -\cos\left(-\frac{\pi}{4}\right) + \cos\left(-\frac{3}{4}\pi\right) - \cos\left(\frac{\pi}{4}\right) - \cos\left(-\frac{\pi}{4}\right) = -2\sqrt{2} \tag{7.63}$$

으로 된다. 위식의 결과는 4개의 서로 다른 방향에서 관측한 결과들 간의 상관 중 최대의 반상관을 표시한다. (연습문제 [2] 참조)

핵심 Point E91 프로토콜

- **단계 1** : 영희와 철수는 EPR 쌍을 그림 7.5와 같이 배치한 각자의 측정기를 이용하여 관측한다.
- **단계 2** : 영희와 철수는 검출기 방향을 공개하고 측정결과를
  (a) 다른 방향의 검출기를 이용한 결과
  (b) 같은 방향의 검출기를 이용한 결과
  의 두 종류로 분류한다.
- **단계 3** : 영희와 철수는 (a) 그룹에 속하는 결과만 공개하고 CHSH 부등식 S가 만족되는지를 확인한다.

• **단계 4** : CHSH 부등식 $S=-2\sqrt{2}$ 가 만족되는 경우에만 (b) 그룹의 결과를 원타임 패드용 비밀열쇠로 사용한다.

EPR 쌍의 관측결과로부터 영희와 철수는 E91 프로토콜에 의해 비밀열쇠를 분배했다고 하자. 도청자가 E91 프로토콜을 부수고 비밀열쇠를 훔치고자 할 때 CHSH 부등식은 어떻게 변화하는가가 문제이다. 도청자가 EPR 쌍으로부터 정보를 훔치려고 할 경우의 CHSH 부등식을 유도해 보자. E91 프로토콜의 제 1 특징은 도청자가 가령 영의와 철수가 관측하고자 하는 모든 EPR 쌍을 관측하였다 하더라도 어떤 정보도 얻을 수 없다는 것이다. 즉 비밀열쇠는 EPR 쌍 자체가 아니라 영희와 철수가 관측을 한 후 단계 2의 (b) 데이터만을 선택하여 만들어지기 때문이다. 도청자가 암호열쇠의 정보를 얻으려면 EPR 쌍을 관측한 후 다시 EPR 쌍을 영희와 철수에게 발신하여 두 사람의 검출기 종류를 알아야 한다. 그래서 도청자는 두 대의 검출기 A, B를 이용하여 ϕ_A와 θ_B 방향에서 EPR 쌍의 스핀을 관측하고 그 관측한 스핀과 같은 방향으로 다시 두 개의 입자를 발신한다고 생각해 보자. 도청자가 ϕ_A와 ϕ_B 방향을 임의 확률 $p(\phi_A, \theta_B)=|a(\phi_A, \theta_B)|^2$로 택했다고 할 때 발신된 두 입자의 상태는 진폭 $a(\phi_A, \theta_B)$를 이용하여

$$|\Psi(A,B)\rangle = \int_0^{2\pi} d\phi_A \int_0^{2\pi} d\theta_B \; a(\phi_A, \theta_B)|\phi_A\rangle_1|\theta_B\rangle_2 \tag{7.64}$$

로 표현된다. 여기서 상태 $|\phi_A\rangle, |\theta_B\rangle$는 $\langle\phi_A|\phi_A'\rangle=\delta(\phi_A-\phi_A')$, $\langle\theta_B|\theta_B'\rangle=\delta(\theta_B-\theta_B')$로 직교규격화 되어있으므로 $|\Psi(A,B)\rangle$ 도

$$\begin{aligned}\langle\Psi(A,B)|\Psi(A,B)\rangle &= \int_0^{2\pi}\int_0^{2\pi} |a(\phi_A,\theta_B)|^2 d\phi_A d\theta_B \\ &= \int_0^{2\pi}\int_0^{2\pi} p(\phi_A,\theta_B) d\phi_A d\theta_B = 1\end{aligned} \tag{7.65}$$

로 규격화된다. 도청자가 발신한 $|\phi_A\rangle, |\theta_B\rangle$ 상태를 영희와 철수가 검출기 a와 b를 이용하여 그 스핀방향을 관측한다면 도청자가 존재하는 경우에는 측정결과 E'이 (2.38)식을 이용하면

$$\begin{aligned} E'(\mathbf{a},\mathbf{b}) &= \int\int p(\phi_A,\theta_B)_1\langle\phi_A|_2\langle\theta_B|(\boldsymbol{\sigma}_1\cdot\mathbf{a})(\boldsymbol{\sigma}_2\cdot\mathbf{b})|\phi_A\rangle_1|\theta_B\rangle_2 d\phi_A d\theta_B \\ &= \int\int p(\phi_A,\theta_B)(\mathbf{n_A}\cdot\mathbf{a})(\mathbf{n_B}\cdot\mathbf{b})d\phi_A d\theta_B \end{aligned} \tag{7.66}$$

으로 된다. 여기서 $\mathrm{n_A}$와 $\mathrm{n_B}$는 상태 $|\phi_A\rangle, |\theta_B\rangle$ 의 스핀 방향과 같은 방향의 단위벡터이며 x축과 이루는 각이 각각 ϕ_A와 θ_B이다. E'는 벡터 a와 b가 x축과 이루는 각을 ϕ와 θ라 할 때

$$E'(\mathbf{a},\mathbf{b}) = \int\int p(\phi_A,\theta_B)\cos(\phi-\phi_A)\cos(\theta-\theta_B)d\phi_A d\theta_B \tag{7.67}$$

로 표현된다. 그림 7.5와 같이 영희와 철수가 6개의 측정기 $\mathrm{a_i}, \mathrm{b_i}$ $(i=1,2,3)$을 배치하면 상관함수 S'은

$$\begin{aligned} S' &= E'(\mathbf{a_1},\mathbf{b_1}) - E'(\mathbf{a_1},\mathbf{b_3}) + E'(\mathbf{a_3},\mathbf{b_1}) + E'(\mathbf{a_3},\mathbf{b_3}) \\ &= \int\int p(\phi_A,\theta_B)\Bigg[\cos(-\phi_A)\cos\left(\frac{\pi}{4}-\theta_B\right) - \cos(-\phi_A)\cos\left(\frac{3}{4}\pi-\theta_B\right) \\ &\quad + \cos\left(\frac{\pi}{2}-\phi_A\right)\cos\left(\frac{\pi}{4}-\theta_B\right) + \cos\left(\frac{\pi}{2}-\phi_A\right)\cos\left(\frac{3}{4}\pi-\theta_B\right)\Bigg]d\phi_A d\theta_B \\ &= \int\int p(\phi_A,\theta_B)\sqrt{2}\cos(\phi_A-\theta_B)d\phi_A d\theta_B \end{aligned} \tag{7.68}$$

로 된다. 규격화조건 (7.65)식을 이용하면 (7.68)식의 S'의 절대값으로

$$\begin{aligned} |S'| &= \int\int p(\phi_A,\theta_B)\sqrt{2}\,|\cos(\phi_A-\theta_B)|\,d\phi_A d\theta_B \\ &\leqq \int\int p(\phi_A,\theta_B)d\phi_A d\theta_B\sqrt{2} = \sqrt{2} \end{aligned} \tag{7.69}$$

이 유도된다. 도청자가 도청한 결과 상관함수는

$$-\sqrt{2} \leqq S' \leqq \sqrt{2} \tag{7.70}$$

으로 되며 양자역학의 원리로부터 유도된 (7.63)식의 결과인 $S_{QM}=-2\sqrt{2}$와 모순되어 버린다. 이렇게 일반화된 벨의 정리, CHSH 부등식을 이용하여 영희와 철수는 도청자의 존재 여부를 알 수 있게 된다.

도청자가 EPR 쌍을 관측하는 것은 스핀의 방향을 확인하려는 것이다. 즉 관측에 따라 양자역학적인 2체계 상태가 수축하여 어떤 특정 스핀방향이 정해지게 되기 때문이다. 이 물리적 상태는 제 2장에서 언급한 아인슈타인의 숨겨진 변수이론 상태인 (2.10)식에 해당한다. 즉 도청자가 존재하면 EPR 쌍이 교란을 받아 고전적 벨의 부등식이 성립하게 된다는 의미이다. 몇 가지 다른 방향에 있는 검출기 측정결과로부터 도청자의 존재를 알 수 있는 이유는 "서로 얽힌"상태를 설명해주는 양자역학의 원리를 잘 이용하기 때문이다.

연습문제

1 (7.68)식 중에서

$$\cos(-\phi_A)\cos\left(\frac{\pi}{4}-\theta_B\right)-\cos(-\phi_A)\cos\left(\frac{3}{4}\pi-\theta_B\right)$$
$$+\cos\left(\frac{\pi}{2}-\phi_A\right)\cos\left(\frac{\pi}{4}-\theta_B\right)+\cos\left(\frac{\pi}{2}-\phi_A\right)\cos\left(\frac{3}{4}\pi-\theta_B\right) \quad (7.71)$$
$$=\sqrt{2}\cos(\phi_A-\theta_B)$$

이 됨을 보여라.

2 ⟨(7.63)식이 EPR 쌍을 관측할 때 반상관의 최대값이 됨을 증명⟩
좌표축을 적당히 회전하여 그림 7.6과 같이 x축을 b와 b′을 각도 β로 이등분하는 위치로 잡는다 ($0 \leq \beta \leq \pi/2$).

(a) β를 고정하고 **a**와 x축이 이루는 각 α ($-\pi < \alpha \leq \pi$)를 회전하여

$$|P(\mathbf{a},\mathbf{b})-P(\mathbf{a},\mathbf{b}')|$$

의 최대값과 최소값을 β의 함수로 구하여라.

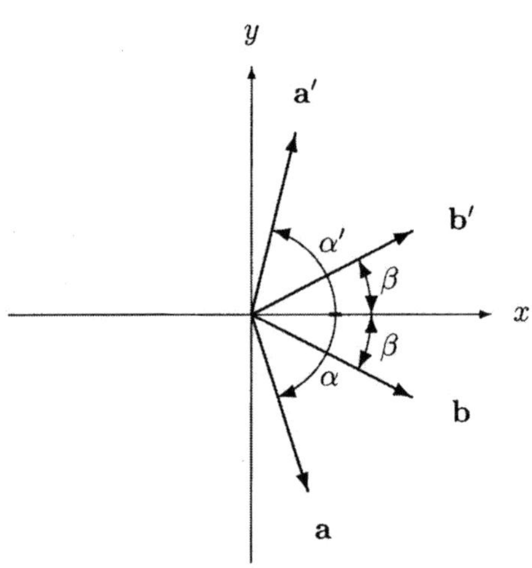

[그림 7.6] EPR 쌍의 관측

(b) β를 고정하고 $\mathbf{a}'$과 x축이 이루는 각 α' $(-\pi < \alpha' \le \pi)$를 회전하여

$$|P(\mathbf{a}, \mathbf{b}) + P(\mathbf{a}, \mathbf{b}')|$$

의 최대값과 최소값을 β의 함수로 구하여라.

(c) α와 α' 그리고 β를 자유롭게 바꾸어 $|S_{QM}|$의 최대값과 최소값을 구하여라.

Chapter

08

양자검색 알고리즘

양자검색 알고리즘은 1997년 그로버(L. K. Grover)에 의해 제안되었으므로 그로버 알고리즘이라고도 부른다.[14] N개의 데이터로 이루어진 데이터베이스에서 임의의 조합 하나를 택한다고 하자. 예를 들어 전화번호부에서 특정 이름을 가진 사람들을 찾는 문제 같은 경우이다. 이 탐색은 이름으로부터 전화번호를 찾는 것보다는 약간 시간이 더 걸린다. 왜냐하면 전화번호부는 이름이 가나다 순 혹은 abc 순으로 배열되어 있는 데이터베이스이지 전화번호 순으로 되어 있는 데이터베이스가 아니기 때문이다. 고전컴퓨터로 N개의 데이터베이스로부터 특정한 한 개의 데이터를 찾기 위해서는 평균적으로 $N/2$번의 시도가 필요하다. 그로버는 양자검색 알고리즘을 이용하여 N개의 데이터베이스로부터 검색에서 평균하여 $\sqrt{N}$번의 시도로 검색 가능함을 보였다. 쇼아의 양자계산 알고리즘은 고전 컴퓨터에서는 지수함수적으로 증가하는 인수분해 계산시간을 다항식계산시간에 실행 가능하다는 획기적인 알고리즘이다. 이에 비해 그로버의 알고리즘은 고전컴퓨터에서 $O(N)$만큼 계산시간이 필요한 것을 양자컴퓨터를 이용하여 $O(\sqrt{N})$ 시간 내에 실행 가능함을 보인 알고리즘이다. 컴퓨터의 실행시간을 단축한다는 점에서 보면 그로버의 알고리즘이 열세이지만 NP-완전문제나 구조를 갖는 데이터베이스 응용 등 광범위한 분야로의 확장 가능성을 갖고 있다.

14) L. K. Grover, Phys. Rev. Lett. **79**, 325(1997)

8.1 오라클 함수

그로버의 알고리즘에는 "오라클(oracle)" 또는 "블랙박스(black box)"라는 개념을 도입한다. $N=2^n$개 데이터베이스에서 1 개의 z_0라는 데이터를 검색한다고 하자. 이제 오라클이라 불리는 2^n개의 정수 집합 $x \in \{0,1,2,\cdots,2^n-1\}$로부터 두 개의 정수 $f(x) \in \{0,1\}$인 n-비트 이진법 사상함수

$$f: \ \{0,1\}^n \longrightarrow \{0,1\} \tag{8.1}$$

을 생각하자. 여기서 $f(x)$는

$$f(x) = \begin{cases} 1 & \text{if } x = x_0 \\ 0 & \text{otherwise} \end{cases} \tag{8.2}$$

로 정의된다. 동일한 사상함수가 6.2절의 도이치 죠자의 알고리즘에서도 사용되었다. 오라클 함수는 몇 번이라도 호출이 가능하며 호출한 횟수만큼 계산시간이 길어진다. 고전컴퓨터에서 오라클 함수를 불러내어 해 z_0를 찾아내기 위해서는 평균하여 $N/2$번 호출을 해야 한다. 즉 $O(N)=O(2^n)$의 계산시간이 필요하다.

8.2 양자오라클

오라클 함수 f는 같은 동작을 하는 양자 오라클이나 양자 블랙박스를 만들 수 있다고 가정하자. 이 양자 오라클은 제 6장의 도이치 죠자 양자계산의 양자 오라클로서도 이용되었다. 양자 오라클은 유니타리 연산자 U_f를 이용하여

$$U_f|x\rangle|q\rangle = |x\rangle|q \oplus f(x)\rangle \tag{8.3}$$

으로 정의된다. 제 1 레지스터 $|x\rangle$는 n-비트 지표 레지스터이며 제 2 레지스터는 오라클 양자비트라 불리고 $\oplus$ 기호는 배타적논리합의 논리연산을 의미한다. 즉 이진법으로 q와 $f(x)$의 합에 관한 합동식으로서

$$0 \oplus 0 = 0, \ \ 1 \oplus 0 = 1, \ \ 0 \oplus 1 = 1, \ \ 1 \oplus 1 = 0 \tag{8.4}$$

의 연산을 제공한다.(8.3)식을 이용하여 x가 구하고자 하는 해인지 여부는 제 2 레지스터의 초기값 q를 0으로 두고 오라클 연산 U_f를 작용시킨 후에 제 2 레지스터의 값으로 판단 가능하다. 즉 제 2 레지스터가 0이면 그 때의 x는 해가 되지 않고 제 2 레지스터가 변화하여 1이 되었을 때의 제 1 레지스터의 값이 구하고자 하는 z_0가 된다.(8.3)식의 양자오라클은 고전적인 오라클과 동등한 역할을 한다.

양자검색 알고리즘의 특징은 오라클 양자비트로 $|0\rangle$ 이 아니라 선형결합 상태인 $\frac{1}{\sqrt{2}}(|0\rangle - |1\rangle)$을 갖는다는 것이다. 그러면

$$\begin{aligned} U_f|x\rangle\frac{1}{\sqrt{2}}(|0\rangle - |1\rangle) &= \begin{cases} |x\rangle\frac{1}{\sqrt{2}}(|1\rangle - |0\rangle) & x = z_0 \\ |x\rangle\frac{1}{\sqrt{2}}(|0\rangle - |1\rangle) & x \neq z_0 \end{cases} \\ &= (-)^{f(x)}|x\rangle\frac{1}{\sqrt{2}}(|0\rangle - |1\rangle) \end{aligned} \tag{8.5}$$

로 되어서 양자 오라클의 연산자가 $(-)^{f(x)}$의 위상을 제공하게 된다. 즉 제 2 레지스터를 무시하면

$$U_f|x\rangle = \begin{cases} -|x\rangle & x = z_0 \\ |x\rangle & x \neq z_0 \end{cases} \tag{8.6}$$

과 양자오라클에 의해 해에서 상태 $|x\rangle$ 의 위상변화가 생기는지 아닌지 여부를 판정하게 된다. 지표 비트만을 생각한다면 U_f와 등가인 연산자는

$$U(z_0) = \mathrm{I} - 2|z_0\rangle\langle z_0| \tag{8.7}$$

로 쓸 수 있다. 여기서 I는 항등변환의 단위행렬을 나타낸다. $U(z_0)|x\rangle$ 가(8.6)식이 되는 이유는 $\langle x|z_0\rangle = \delta_{x,z_0}$ 때문이다.

그로버의 알고리즘은(8.7)식 외 또 다른 유니타리 연산자

$$U(0) = \mathrm{I} - 2|0\rangle\langle 0| \tag{8.8}$$

이 필요하다. (8.8)식의 유니타리 연산자 $U(0)$는

$$U(0)|x\rangle = (-)^{\delta_{x,0}}|x\rangle \tag{8.9}$$

와 $|0\rangle$ 상태일 때에만(−) 위상을 만드는 연산자이다. 연산자(8.8)에 아다마르변환 $H^{\otimes n}$을 양쪽에 적용해 주면

$$U(\psi) = H^{\otimes n}(\mathrm{I} - 2|0\rangle\langle 0|)H^{\otimes n} = \mathrm{I} - 2|\psi\rangle\langle\psi| \tag{8.10}$$

이 만들어진다. (8.10)식을 유도하기 위해 아다마르변환을 n 번 작용시킨

$$|\psi\rangle = H^{\otimes n}|0\rangle = \frac{1}{\sqrt{2^n}}\sum_{x=0}^{N-1}|x\rangle \tag{8.11}$$

의 상태와 $H^{\otimes n}\mathrm{I}H^{\otimes n} = H^{2\otimes n} = \mathrm{I}$ 를 이용하였다. $U(z_0)$와 $U(\psi)$를 이용하여 그로버 검색연산자는

$$U(G) = -U(\psi)U(z_0) \tag{8.12}$$

와 같이 구해진다. 이 식은 그로버의 반복연산자라 하며 지표 레지스터에 해가 구해질 때까지 반복하여 작용한다. 위 식의 연산자가 상태벡터 $|\psi\rangle$ 의 해인 상태벡터와 해가 아닌 상태벡터로 만들어지는 이차원 공간의 연산자임을 보여준다. $|\psi\rangle$ 의 속에 검색의 해가 M개 있다고 하자. 그 해의 충첩상태를

$$|\beta\rangle = \frac{1}{\sqrt{M}}\sum_{z_i=0}^{M-1}|z_i\rangle \tag{8.13}$$

이라 하고, $(N-M)$개의 해가 아닌 상태 $|y_i\rangle$ 의 충첩을

$$|\alpha\rangle = \frac{1}{\sqrt{N-M}}\sum_{y_i=0}^{N-1}|y_i\rangle \tag{8.14}$$

라 하면 초기상태 $|\psi\rangle$ 는

$$|\psi\rangle = \sqrt{\frac{N-M}{N}}|\alpha\rangle + \sqrt{\frac{M}{N}}|\beta\rangle \tag{8.15}$$

로 바꾸어 쓸 수 있다. 그림 8.1과 같이 $|\alpha\rangle$ 를 횡축, $|\beta\rangle$ 를 종축으로 하는 이차원공간 (α, β)를 생각하면 상태 $|\psi\rangle$ 는 α축과 각도 $\theta/2$를 이루는 단위벡터라 할 수 있다.

여기서 각도 $\theta/2$는

$$\cos\frac{\theta}{2}=\sqrt{\frac{N-M}{N}},\qquad \sin\frac{\theta}{2}=\sqrt{\frac{M}{N}} \tag{8.16}$$

로 주어진다. (8.15)식의 상태 ψ는 $\theta/2$를 이용하여

$$|\psi\rangle=\cos\frac{\theta}{2}|\alpha\rangle+\sin\frac{\theta}{2}|\beta\rangle \tag{8.17}$$

로 표현된다. (8.7)식의 $U(z_0)$에 M개의 해가 존재할 경우(8.13)식을 이용하여

$$U(\beta)=\mathrm{I}-2|\beta\rangle\langle\beta| \tag{8.18}$$

로 확장할 수 있다. $U(\beta)$는 (α,β)의 이차원공간에서는

$$U(\beta)=\begin{array}{c} \quad|\alpha\rangle \quad |\beta\rangle \\ \begin{pmatrix}1 & 0\\ 0 & -1\end{pmatrix}\begin{array}{c}|\alpha\rangle\\ |\beta\rangle\end{array}\end{array} \tag{8.19}$$

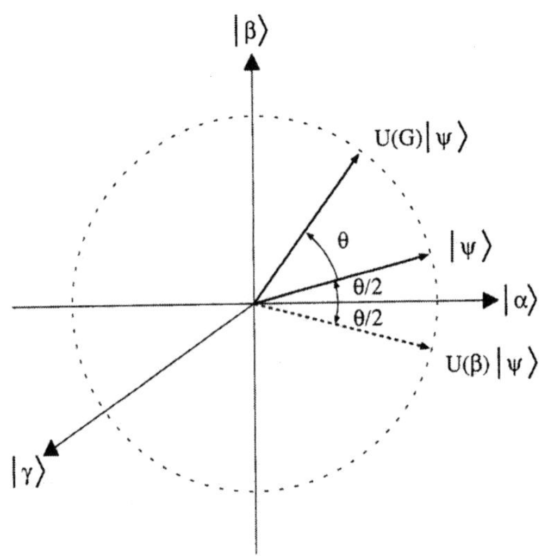

[그림 8.1] $U(\beta)$(해가 하나일 때에는 $U(z_0)$가 됨)와 $U(G)$를 $|\psi\rangle$에 적용
α축, β축, γ축은 3차원직교좌표계를 만든다. $U(\beta)$는 (α,γ) 평면에 대한 벡터 $|\psi\rangle$의 반사연사자 역할을 하고, $U(G)$는 각도 θ만큼 벡터 $|\psi\rangle$를 γ축 주위로 회전시키는 회전연산자 역할을 한다.

와 같이 2열2행의 행렬로 표현할 수 있다. 이 연산자는 그림 8.1과 같이 벡터 $|\psi\rangle$ 에 관한 (α,γ) 평면으로의 반사연산자 역할을 한다. 한편 $-U(\psi)$는

$$\begin{aligned} -U(\psi) = 2|\psi\rangle\langle\psi| - \mathrm{I} &= 2\begin{pmatrix} \cos^2\frac{\theta}{2} & \cos\frac{\theta}{2}\sin\frac{\theta}{2} \\ \cos\frac{\theta}{2}\sin\frac{\theta}{2} & \sin^2\frac{\theta}{2} \end{pmatrix} - \begin{pmatrix} 1 & 0 \\ 0 & 1 \end{pmatrix} \\ &= \begin{pmatrix} \cos\theta & \sin\theta \\ \sin\theta & -\cos\theta \end{pmatrix} \end{aligned} \tag{8.20}$$

로 표현이 된다. (8.19)식과 (8.20)식으로부터 $U(G)$는

$$U(G) = -U(\psi)U(\beta) = \begin{pmatrix} \cos\theta & \sin\theta \\ \sin\theta & -\cos\theta \end{pmatrix}\begin{pmatrix} 1 & 0 \\ 0 & -1 \end{pmatrix} = \begin{pmatrix} \cos\theta & -\sin\theta \\ \sin\theta & \cos\theta \end{pmatrix} \tag{8.21}$$

로 되고, 연산자 $U(G)$의 행렬표현인 (8.21)식은 (α,β) 평면에 수직인 γ 를 축으로 하여 벡터 $|\psi\rangle$ 를 θ만큼 회전시킨 연사자이다. 즉 $U(\beta)$는 (α,γ) 평면에 대한 반사연산자 역할을 하고 $U(G)$는 γ 를 축으로 하여 각도 θ만큼 회전시킨 연산자 역할을 한다. 이렇게 $U(G)$는 명백한 기하학적인 의미를 가지며 상태벡터 $|\psi\rangle$ 를 (α,β) 평면내에서

$$\begin{aligned} |\psi\rangle_1 &= U(G)|\psi\rangle = \begin{pmatrix} \cos\theta & -\sin\theta \\ \sin\theta & \cos\theta \end{pmatrix}\begin{pmatrix} \cos\frac{\theta}{2} \\ \sin\frac{\theta}{2} \end{pmatrix} = \begin{pmatrix} \cos\frac{3}{2}\theta \\ \sin\frac{3}{2}\theta \end{pmatrix} \\ &= \cos\frac{3}{2}\theta|\alpha\rangle + \sin\frac{3}{2}\theta|\beta\rangle \end{aligned} \tag{8.22}$$

로 θ만큼 회전시킨다. 연속하여 k번 $U(G)$를 $|\psi\rangle$ 에 작용하면

$$|\psi\rangle_k = U(G)^k|\psi\rangle = \cos\left(\frac{2k+1}{2}\theta\right)|\alpha\rangle + \sin\left(\frac{2k+1}{2}\theta\right)|\beta\rangle \tag{8.23}$$

로 $|\alpha\rangle$ 와 $|\beta\rangle$ 의 진폭이 연속적으로 변한다. 초기상태 $|\beta\rangle$ 의 진폭은 검색하고자 하는 데이터의 수에 비례한다. 일반적으로 $M \ll N$ 이라 생각되므로

$$\sin\frac{\theta}{2} \approx \frac{\theta}{2} = \sqrt{\frac{M}{N}} \tag{8.24}$$

로 근사할 수 있다.

그로버 연산자 $U(G)$를 반복하여 작용시키면 검색하고자 하는 상태 $|\beta\rangle$ 의 진폭이 아주 커져 $\pi/2$에 근접하면 해가 구해질 확률이 높아진다. 즉

$$k\theta \approx 2k\sqrt{\frac{M}{N}} \approx \frac{\pi}{2} \tag{8.25}$$

의 조건이 만족되면 해가 구해지며 그 해를 구하기 위한 $U(G)$의 연산 횟수는

$$k \approx \frac{\pi}{4}\sqrt{\frac{N}{M}} \approx O(\sqrt{N}) \tag{8.26}$$

로서 데이터베이스의 수 N의 제곱근에 비례한다. 이렇게 고전 컴퓨터에서는 $O(N)$의 연산이 필요한 검색이지만 (8.26)식에서 보이듯이 $O(\sqrt{N})$의 연산횟수로 검색이 가능해지는 것이 그로버 알고리즘의 획기적인 점이다.

양자검색 알고리즘을 요약하면 다음과 같다.

핵심 Point 양자검색 알고리즘(그로버의 검색 알고리즘)

$N=2^n$개 데이터베이스 중에서 지표가 z_0인 데이터를 찾는다.

- **단계 1** : n-비트 검색된 상태와 1-비트의 오라클 비트를 이용한다.

$$|\psi_1\rangle = |0\rangle^{\otimes n}|0\rangle \tag{8.27}$$

- **단계 2** : n-비트에 아다마르변환 $H^{\otimes n}$을 적용하고 최종 $(n+1)$번째 비트에 HX를 적용한다. X는 부정 게이트이다.

$$|\psi_2\rangle = H^{\otimes n}HX|\psi_1\rangle = \frac{1}{\sqrt{2^n}}\sum_{x=0}^{N-1}|x\rangle\left[\frac{|0\rangle-|1\rangle}{\sqrt{2}}\right] \tag{8.28}$$

- **단계 3** : 그로버 연산자 $U(G)=-U(\psi)\,U(\beta)$를 $k\approx\frac{\pi}{4}\sqrt{N}$회 적용시킨다.

$$|\psi_3\rangle = U(G)^k|\psi_2\rangle \approx |z_0\rangle\left[\frac{|0\rangle-|1\rangle}{\sqrt{2}}\right] \tag{8.29}$$

- **단계 4** : 최초의 n-비트 상태를 관측하면 해 $|z_0\rangle$가 구해진다.

(주) 오라클 연산자 $U(\beta)$(해가 하나일 때는 $U(z_0)$)는

$$U(\beta)|x\rangle|q\rangle = |x\rangle|q \oplus f(x)\rangle \tag{8.30}$$

로 정의되며, $f(x)$는

$$f(x) = \begin{cases} 0 & x \neq z_0 \\ 1 & x = z_0 \end{cases} \tag{8.31}$$

이다. $\oplus$는 이진법의 논리합이다. 또 $U(\psi)$는

$$U(\psi) = H^{\otimes n}\{I - 2|0\rangle\langle 0|\}H^{\otimes n} \tag{8.32}$$

로 정의된다.

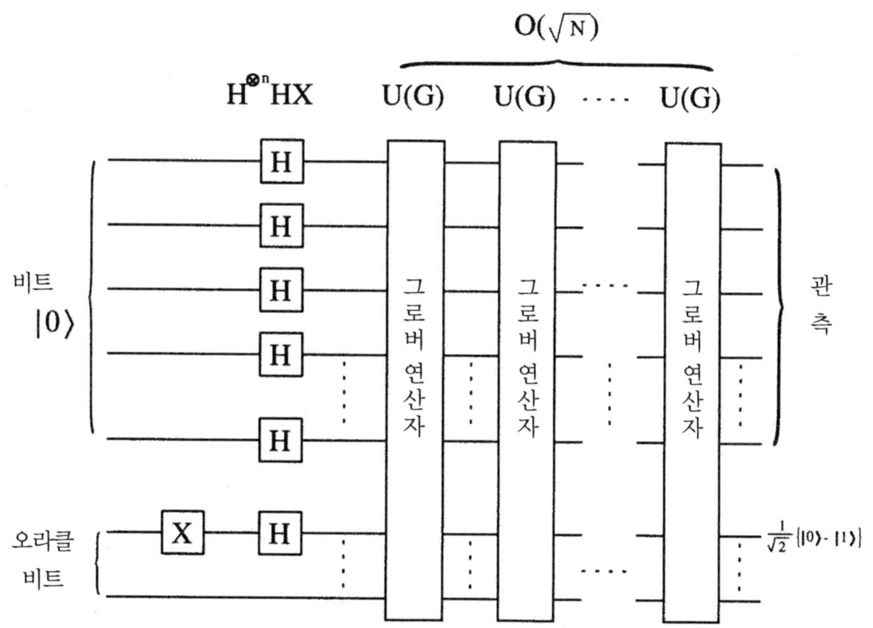

[그림 8.2] 양자검색 알고리즘의 회로도
H는 아다마르변환, X는 부정게이트, $U(G)$는 그로버연산자이다. $U(G)$는 $\sqrt{N}$번 반복 적용한다. 데이터베이스의 크기는 $N=2^n$이다.

예제 8-1 $N=2^3$인 데이터베이스에서 z_0=2인 라벨을 갖는 미지의 데이터를 양자검색 알고리즘으로 검색하여라.

[해] 그로버연산자를 8×8의 행렬로 표시해 보면

$$
\begin{aligned}
U(z_0) &= \mathrm{I} - 2|z_0=2\rangle\langle z_0=2| \\
&= \begin{pmatrix} 1&0&0&0&0&0&0&0 \\ 0&1&0&0&0&0&0&0 \\ 0&0&1&0&0&0&0&0 \\ 0&0&0&1&0&0&0&0 \\ 0&0&0&0&1&0&0&0 \\ 0&0&0&0&0&1&0&0 \\ 0&0&0&0&0&0&1&0 \\ 0&0&0&0&0&0&0&1 \end{pmatrix} - 2 \begin{pmatrix} 0&0&0&0&0&0&0&0 \\ 0&0&0&0&0&0&0&0 \\ 0&0&1&0&0&0&0&0 \\ 0&0&0&0&0&0&0&0 \\ 0&0&0&0&0&0&0&0 \\ 0&0&0&0&0&0&0&0 \\ 0&0&0&0&0&0&0&0 \\ 0&0&0&0&0&0&0&0 \end{pmatrix} \\
&= \begin{pmatrix} 1&0&0&0&0&0&0&0 \\ 0&1&0&0&0&0&0&0 \\ 0&0&-1&0&0&0&0&0 \\ 0&0&0&1&0&0&0&0 \\ 0&0&0&0&1&0&0&0 \\ 0&0&0&0&0&1&0&0 \\ 0&0&0&0&0&0&1&0 \\ 0&0&0&0&0&0&0&1 \end{pmatrix}
\end{aligned}
\tag{8.33}
$$

이며, $U(\psi)$는(8.10)과(8.11)식을 이용하면

$$
\begin{aligned}
U(\psi) &= \mathrm{I} - 2|\psi\rangle\langle\psi| \\
&= \begin{pmatrix} 1&0&0&0&0&0&0&0 \\ 0&1&0&0&0&0&0&0 \\ 0&0&1&0&0&0&0&0 \\ 0&0&0&1&0&0&0&0 \\ 0&0&0&0&1&0&0&0 \\ 0&0&0&0&0&1&0&0 \\ 0&0&0&0&0&0&1&0 \\ 0&0&0&0&0&0&0&1 \end{pmatrix} - 2\frac{1}{8} \begin{pmatrix} 1&1&1&1&1&1&1&1 \\ 1&1&1&1&1&1&1&1 \\ 1&1&1&1&1&1&1&1 \\ 1&1&1&1&1&1&1&1 \\ 1&1&1&1&1&1&1&1 \\ 1&1&1&1&1&1&1&1 \\ 1&1&1&1&1&1&1&1 \\ 1&1&1&1&1&1&1&1 \end{pmatrix} \\
&= \frac{1}{4} \begin{pmatrix} 3&-1&-1&-1&-1&-1&-1&-1 \\ -1&3&-1&-1&-1&-1&-1&-1 \\ -1&-1&3&-1&-1&-1&-1&-1 \\ -1&-1&-1&3&-1&-1&-1&-1 \\ -1&-1&-1&-1&3&-1&-1&-1 \\ -1&-1&-1&-1&-1&3&-1&-1 \\ -1&-1&-1&-1&-1&-1&3&-1 \\ -1&-1&-1&-1&-1&-1&-1&3 \end{pmatrix}
\end{aligned}
\tag{8.34}
$$

로 된다. 그로버연산자는

$$
= -\frac{1}{4}\begin{pmatrix} 3 & -1 & -1 & -1 & -1 & -1 & -1 & -1 \\ -1 & 3 & -1 & -1 & -1 & -1 & -1 & -1 \\ -1 & -1 & 3 & -1 & -1 & -1 & -1 & -1 \\ -1 & -1 & -1 & 3 & -1 & -1 & -1 & -1 \\ -1 & -1 & -1 & -1 & 3 & -1 & -1 & -1 \\ -1 & -1 & -1 & -1 & -1 & 3 & -1 & -1 \\ -1 & -1 & -1 & -1 & -1 & -1 & 3 & -1 \\ -1 & -1 & -1 & -1 & -1 & -1 & -1 & 3 \end{pmatrix}\begin{pmatrix} 1 & 0 & 0 & 0 & 0 & 0 & 0 & 0 \\ 0 & 1 & 0 & 0 & 0 & 0 & 0 & 0 \\ 0 & 0 & -1 & 0 & 0 & 0 & 0 & 0 \\ 0 & 0 & 0 & 1 & 0 & 0 & 0 & 0 \\ 0 & 0 & 0 & 0 & 1 & 0 & 0 & 0 \\ 0 & 0 & 0 & 0 & 0 & 1 & 0 & 0 \\ 0 & 0 & 0 & 0 & 0 & 0 & 1 & 0 \\ 0 & 0 & 0 & 0 & 0 & 0 & 0 & 1 \end{pmatrix}
$$

$$
= \frac{1}{4}\begin{pmatrix} -3 & 1 & -1 & 1 & 1 & 1 & 1 & 1 \\ 1 & -3 & -1 & 1 & 1 & 1 & 1 & 1 \\ 1 & 1 & 3 & 1 & 1 & 1 & 1 & 1 \\ 1 & 1 & -1 & -3 & 1 & 1 & 1 & 1 \\ 1 & 1 & -1 & 1 & -3 & 1 & 1 & 1 \\ 1 & 1 & -1 & 1 & 1 & -3 & 1 & 1 \\ 1 & 1 & -1 & 1 & 1 & 1 & -3 & 1 \\ 1 & 1 & -1 & 1 & 1 & 1 & 1 & -3 \end{pmatrix} \tag{8.35}
$$

로 된다. 세 번째 열만 다른 열과 다름에 주의하자. 이 위상이 그로버연산자의 데이터 검색기능을 갖는다는 사실을(8.35)식의 3번째 줄로부터 알 수 있다.

- 단계 1 : 3-비트 데이터베이스와 1-비트 오라클비트의 초기상태

$$
|\psi_1\rangle = |0\rangle^{\otimes 3}|0\rangle \tag{8.36}
$$

  을 이용한다.

- 단계 2 : 아다마르변환 $H^{\otimes 3}$을 최초 3 비트에, HX를 오라클비트에 작용시킨다.

$$
|\psi_2\rangle = \frac{1}{\sqrt{8}}\sum_{x=0}^{7}|x\rangle\left[\frac{|0\rangle - |1\rangle}{\sqrt{2}}\right] \tag{8.37}
$$

- 단계 3 : 그로버연산자 $U(G)$를 $k = \frac{\pi}{4}\sqrt{8} \approx 2$번 작용시킨다. 단계 3에서 오라클비트를 생략하면

$$
U(G)|\psi_2\rangle = \frac{1}{4}\begin{pmatrix} -3 & 1 & -1 & 1 & 1 & 1 & 1 & 1 \\ 1 & -3 & -1 & 1 & 1 & 1 & 1 & 1 \\ 1 & 1 & 3 & 1 & 1 & 1 & 1 & 1 \\ 1 & 1 & -1 & -3 & 1 & 1 & 1 & 1 \\ 1 & 1 & -1 & 1 & -3 & 1 & 1 & 1 \\ 1 & 1 & -1 & 1 & 1 & -3 & 1 & 1 \\ 1 & 1 & -1 & 1 & 1 & 1 & -3 & 1 \\ 1 & 1 & -1 & 1 & 1 & 1 & 1 & -3 \end{pmatrix}\frac{1}{\sqrt{8}}\begin{pmatrix} 1 \\ 1 \\ 1 \\ 1 \\ 1 \\ 1 \\ 1 \\ 1 \end{pmatrix}
$$

$$
\begin{aligned}
&= \frac{1}{4\sqrt{2}}\begin{pmatrix} 1 \\ 1 \\ 5 \\ 1 \\ 1 \\ 1 \\ 1 \\ 1 \end{pmatrix} \\
|\psi_3\rangle &= U(G)^2|\psi_2\rangle = \frac{1}{8\sqrt{2}}\begin{pmatrix} -1 \\ -1 \\ 11 \\ -1 \\ -1 \\ -1 \\ -1 \\ -1 \end{pmatrix}
\end{aligned} \tag{8.38}
$$

• 단계 4 : 지표 비트를 관측하면

$$
\begin{aligned}
P(x=3) &= \frac{121}{128} = 0.95 \quad (k=2) \\
P(x \neq 3) &= \frac{7}{128} = 0.05
\end{aligned} \tag{8.39}
$$

로 되어서 95%의 확률로 올바른 해 $z_0 = 2$가 구해진다. 그로버연산자를 $k=1$ 회 작용시킬 경우에도

$$
P(x=2) = \frac{25}{32} = 0.78 \quad (k=1) \tag{8.40}
$$

이며 아주 높은 확률로 바른 해가 구해진다.(8.39)식과(8.40)식의 관측결과가 (8.23)식으로부터 유도되는

$$
P(z_0) = \sin^2\left(\frac{2k+1}{2}\theta\right) \tag{8.41}
$$

과 일치한다는 것은 $\sin(\frac{\theta}{2}) = \frac{1}{\sqrt{8}}$, $\cos(\frac{\theta}{2}) = \sqrt{\frac{7}{8}}$ 로부터 유도 가능하다.

연습문제

1 $\sin(\frac{\theta}{2}) = \frac{1}{\sqrt{8}}$ 일 때 $P(z)_k = \sin^2(\frac{2k+1}{2}\theta)$ 로부터

$$P(z_0)_{k=1} = \sin^2\left(\frac{3}{2}\theta\right) = \frac{25}{32} \tag{8.42}$$

$$P(z_0)_{k=2} = \sin^2\left(\frac{5}{2}\theta\right) = \frac{121}{128} \tag{8.43}$$

로 됨을 보여라.

Chapter

09

양자컴퓨터의 설계

양자컴퓨터를 구현하려면 양자비트 상에서 아다마르변환 등의 유니타리변환을 실행할 수 있는 물리 시스템이 필요하다. 양자역학의 세계이므로 원자, 분자나 원자핵 또는 광자 등을 이용한 컴퓨터가 연구 중이다. 양자컴퓨터는 양자역학의 방정식에 의하여 동작한다.

[표 9.1] 양자회로의 구체적인 예

사용하는 계	논리값 표시법	연산방법
스핀 1/2인 원자 · 분자 또는 원자핵	스핀의 방향 ($s_z = \pm \frac{1}{2}$)	자기장 (핵자기공명)
이온 트랩	전자와 분자진동의 바닥상태 와 들뜸상태	레이저 광선
양자도트	전자의 바닥상태와 들뜸상태	전파 (마이크로파)
광자	통과슬릿 (상하)	빔분리기 등

현재 여러 가지로 제안되고 있는 설계법에서는 원자나 원자핵을 사용하여 전파나 레이저광을 제어하고 측정결과를 해석한다(그림 9.1). 고전적으로는 양자계에 마이크로파나 레이저광선을 비추어 양자상태를 제어한다. 이것이 입력과 계산에 해당한다. 그 후 양자계에 의해 흡수되거나 방출되는 전파나 광을 검출하여 출력을 읽는다.

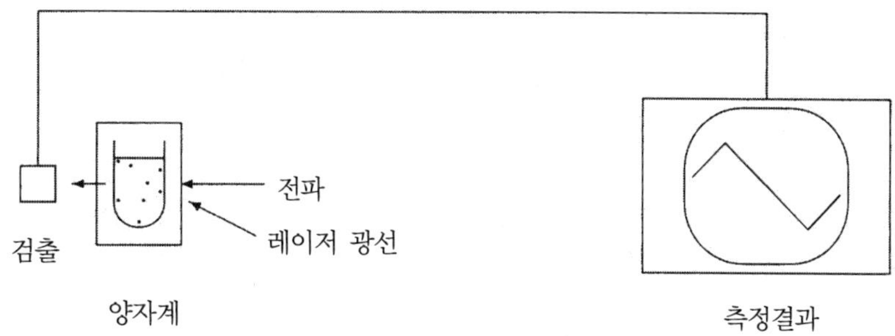

[그림 9.1] 양자컴퓨터의 실험

현재 표 9.1과 같은 연구들이 이루어지고 있다. 이하에서

- 입력방법
- 읽어내는 방법
- 소자 간의 논리전달방법
- 연산속도

등에 주의하면서 개별 양자컴퓨터에 대해 수행해 나갈 것이다. 계산결과를 읽어내는 과정은 관측에 해당하므로 양자역학적인 불연속 과정이며 계를 산란시킨다. 양자컴퓨터가 관측 등의 영향에 의해 산란되는 것을 **디-코히어런스**라 한다. 디-코히어런스 시간(물리계가 슈뢰딩거 방정식을 만족하는 시간전개를 하지 못할 때까지의 시간)의 길이가 양자회로 설계의 중요한 관점이 된다.

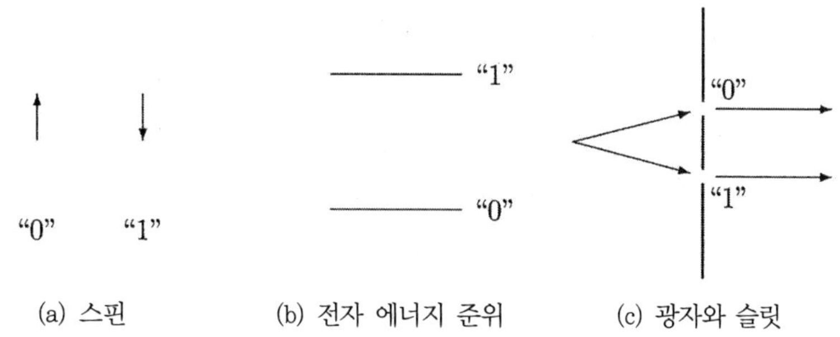

[그림 9.2] 다양한 논리값 실현방법

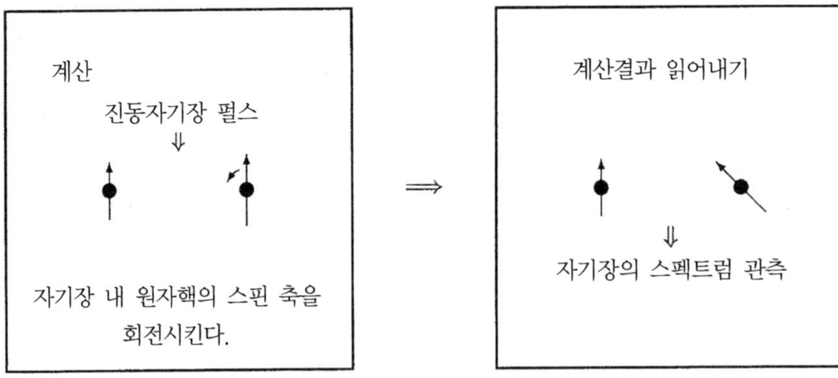

[그림 9.3] NMR 컴퓨터

원자핵의 스핀에 진동자기장을 걸어주고 「계산」을 한다. 계산이 종료된 후 핵에 흡수되거나 방출되는 전파를 조사하여 「결과」를 읽어낸다.

9.1 핵자기공명 컴퓨터

9.1.1 핵자기공명컴퓨터 원리

분자 내 원자핵의 스핀을 양자비트로 사용하여 외부에서 자기장을 걸어줄 때 형성되는 핵자기공명 (Nuclear Magnetic Resonance ; NMR)을 이용하여 제어 및 관측을 하는 컴퓨터를 **핵자기공명컴퓨터** 혹은 NMR **컴퓨터**라 부른다. 그림 9.3과 같이 원자핵을 강한 정자기장 속에 두면 스핀의 방향이 정해지고 그 방향에 따라 에너지준위가 분리된다. 이것을 **지만효과**(Zeeman effect)라 한다. 그기에 외부에서 다시 정자기장과 수직 방향으로 진동하는 비교적 약한 자기장을 걸어주면 공명진동수와 일치하는 스핀축이 회전하게 된다.

진동하는 자기장을 와 같이 펄스형으로 단속해주면 진동수가 일치하는 스핀을 90° 회전한 혼합상태가 만들어지거나 180° 회전된 부정논리회로를 만들 수 있다. 자기장의 진동주기는 10 ns 정도이므로 회전용 자기장을 걸어주는 시간은 100μ초 정도임을 실험을 통해 알 수 있다. 디-코히어런스 시간은 조건에 따라 다르긴 하지만 수초 정도라 생각이 되므로 그 동안에 많은 연산을 할 수 있다. 예컨대 그림 9.4와 같은 클로로포름의 경우 스핀 $\frac{1}{2}$을 갖는 수소 ^{1}H와 탄소 ^{13}C의 원자핵 스핀이 각각 양자비트이다.

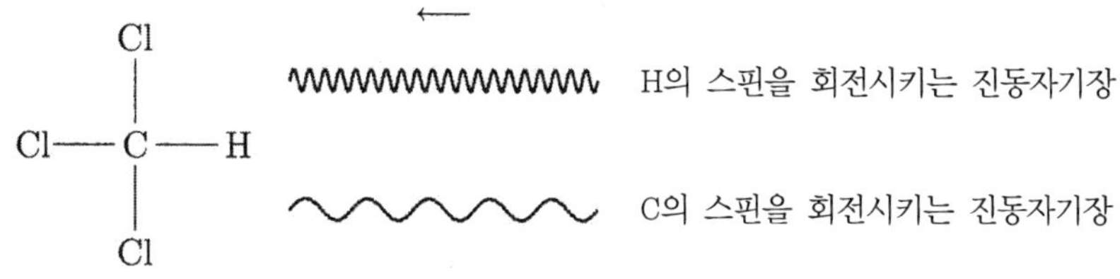

[그림 9.4] 클로로포름을 이용한 NMR 컴퓨터의 구성
수소 ^{1}H와 탄소 ^{13}C의 원자핵이 스핀 $\frac{1}{2}$을 가지므로 양자비트로 사용할 수 있다. 각각의 스핀에 적당한 진동수를 갖는 자기장을 걸어줌으로써 외부에서 조절이 가능하다.

양자비트 $|0\rangle$ 와 $|1\rangle$ 은 각각 핵스핀의 위와 아래 방향을 나타내며 따라서 핵스핀의 크기가 $\frac{1}{2}$인 원자핵을 사용하는 것이 편리하다. 즉 ^{1}H, ^{13}C, ^{14}N, ^{19}F, ^{31}P 등이 사용된다. 한 분자 내에서 스핀 $\frac{1}{2}$인 원자핵이 두 개 있으면 2-비트, 4개 있으면 4-비트의 컴퓨터가 가능하다. 실제로는 개개 분자나 원자핵이 아니라 액체의 분자 집단을 이용한다. 그러므로 상온에서의 아보가드로수만큼의 분자를 다루는 통계역학적 방법이 필요하며 9.2절에서 다루는 이온트랩 컴퓨터와 많이 다르다.

9.1.2 핵자기공명과 스핀회전

스핀의 크기가 I이고 z 방향의 성분이 I_z인 원자핵이 z-축 방향으로 걸린 B_0의 자기장 속에 있으면 그 에너지 E가 $E=-gB_0I_z$로 되어서 Zeeman 준위로 분리된다는 것을 실험적으로 보였다. 이렇게 원자핵의 스핀 방행에 따르는 에너지 준위를 **초미세구조**라 부른다. 여기서 g는 핵의 **자기회전비**(gyromagnetic ratio) 혹은 그냥 g-인자라 부르는데 이는 핵의 자기쌍극자 모멘트 μ와 스핀의 비에 의해 결정되는 상수이다. 분자내에서는 전자의 차폐효과 때문에 실제 g 값은 원자핵이 단독으로 존재할 때와 다른 값이 된다.

z축 방향으로 자기장이 걸려있을 때 분자 내에 있는 N개의 원자핵의 해밀토니안은

$$H = H_0 + H_1 \tag{9.1}$$

이다. 여기서 H_0는 각 원자핵에 미치는 외부 자기장에 의한 에너지이므로

$$H_0 = -\sum_{i=1}^{N} \hbar\omega_i I_{zi} \tag{9.2}$$

이다. 단 $\hbar\omega_i \equiv \gamma_i B_0$는 스핀업과 다운 사이의 에너지 차이이다. γ_i는 각 원자핵의 실효치 g값으로서 주변 원자의 상황에 따라 각 원자핵에 따라 다르므로 i 번째 원자핵의 값을 γ_i라 한다. 또 H_1은 핵 스핀간의 상호작용으로서

$$H_1 = 2\pi\hbar \sum_{i<j} J_{ij} I_{zi} I_{zj} \tag{9.3}$$

과 같이 근사할 수 있다. 여기서 J_{ij}는 원자핵 i와 j 사이의 스핀상호작용의 강도를 나타낸다. 초미세구조의 에너지는 진동수로 나타내면 수 100Hz에 해당하고, 이는 전파의 영역이므로 제어가 손쉽다.

스핀방향을 제어하여 양자비트를 조작하는 구체적인 방법에 대해 살펴보자. 원자핵의 스핀방향을 제어하려면 xy 방향으로 수백Hz 정도인 교류자기장을 걸어준다. 이는 해밀토니안 (9.1)식에 진동자기장이란 항을 하나 더 주가하는 것이다. 이 진동자기장의 역할을 알아보기 위해 핵스핀이 $I=1/2$인 원자핵 하나를 생각해 보자. 이 경우에 H_1은 생각하지 않는 것이 좋다. 진동자기장이 xy 평면 상에서 회전하는 경우의 해밀토니안은

$$H = -\gamma\left(B_0 s_z + B_1((\cos\omega t)s_x - (\sin\omega t)s_y)\right) \tag{9.4}$$

로 쓸 수 있다. $I=1/2$이므로 I_x, I_y, I_z 대신에 s_x, s_y, s_z로 나타내었다. 슈뢰딩거 방정식은

$$i\hbar\frac{d}{dt}|\psi(t)\rangle = H|\psi(t)\rangle \tag{9.5}$$

로 된다. s_x, s_y, s_z는 2×2의 스핀행렬이므로 $|\psi(t)\rangle$는 2원소벡터가 된다. (9.5)식을 풀기 위해

$$|\psi(t)\rangle \equiv e^{i\omega t s_z}|\phi(t)\rangle \tag{9.6}$$

와 같이 $|\phi(t)\rangle$에 관한 방정식으로 고쳐 쓰면 좌변은

$$i\hbar e^{i\omega t s_z}\left(i\omega s_z|\phi(t)\rangle + \frac{d}{dt}|\phi(t)\rangle\right), \tag{9.7}$$

로 되고 우변은

$$\left(-\gamma B_0 e^{i\omega t s_z} s_z - \gamma B_1 \cos(\omega t) s_x e^{i\omega t s_z} + \gamma B_1 \sin(\omega t) s_y e^{i\omega t s_z}\right) |\phi(t)\rangle \qquad (9.8)$$

로 된다. 여기에 왼쪽으로부터 $e^{-i\omega t s_z}$를 걸어주고 공식 (부록참조)

$$e^{-i\omega t s_z} s_x e^{i\omega t s_z} = \cos(\omega t) s_x + \sin(\omega t) s_y \qquad (9.9)$$

$$e^{-i\omega t s_z} s_y e^{i\omega t s_z} = \cos(\omega t) s_y - \sin(\omega t) s_x \qquad (9.10)$$

을 사용한다면

$$i\hbar \frac{d}{dt} |\phi(t)\rangle = -\left[(\gamma B_0 - \hbar\omega) s_z + \gamma B_1 s_x\right] |\phi(t)\rangle \qquad (9.11)$$

이 구해지며, 우변 행렬의 시간의존성을 제외해 버리면 해가

$$|\phi(t)\rangle = \exp\left\{\frac{it}{\hbar}\left[(\gamma B_0 - \hbar\omega) s_z + \gamma B_1 s_x\right]\right\} |\phi(0)\rangle \qquad (9.12)$$

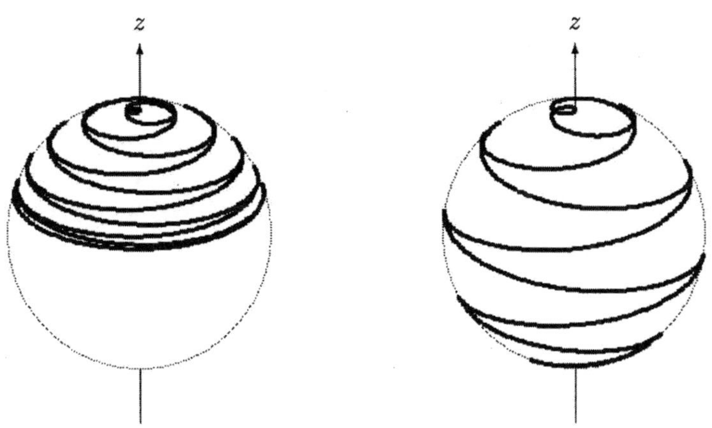

(a) 비 공명 $(\hbar\omega \neq \gamma B_0)$ (b) 공명 $(\hbar\omega = \gamma B_0)$

[그림 9.5] 진동자기장에 의한 스핀방향의 변화
스핀은 처음에 양의 z축 방향을 향하고 있다가 스핀의 정점이 시간에 따라 변화하는 모습을 보이고 있다. 일반적으로 B_0는 수백 MHz, B_1은 수십 kHz에서 공명을 일으키도록 택하며 일반적으로 $B_0 \gg B_1$이므로 극각이 변화하는 속도보다도 z축 방향의 회전이 더 빠르다. (b)와 같은 공명의 경우에는 스핀방향이 자유롭게 변하게 된다.

로 된다. 특히 진동자기장의 ω와 정자기장 (자기선속) B_0 사이에는

$$H = H_0 + H_1 \tag{9.13}$$

과 같은 관계가 성립한다고 하면 벡터 $|\phi(t)\rangle$는

$$|\phi(t)\rangle = \exp\left(\frac{i\gamma B_1 t}{\hbar}s_x\right)|\phi(0)\rangle \tag{9.14}$$

와 같이 x축 주위를 핵진동수 $\gamma B_1/\hbar$로 회전한다. (9.14)식을 이용하여 나타낸 (9.6)식의 핵스핀 파동함수

$$|\psi(t)\rangle = \exp\left(\frac{i\gamma B_0 t}{\hbar}s_z\right)\exp\left(\frac{i\gamma B_1 t}{\hbar}s_x\right)|\psi(0)\rangle \tag{9.15}$$

는 식 (9.14)를 다시 z축 주변으로 회전운동 시킨다. 스핀 (자전)하는 물체의 축도 회전을 하므로 이는 팽이의 세차운동에 해당한다. 즉 식 (9.13)은 진동자기장과 자기장 속 핵스핀간의 공명에 해당하며 이 때 진동자기장으로부터 에너지 흡수가 최대로 된다. 그림 9.5(b)는 진동자기장이 공명할 때 스핀방향이 자유롭게 변화함을 보여준다.

예제 9-1 스핀 1/2인 연산자에 대해 식 (9.9)와 (9.10)을 유도하여라. 단 λ는 임의의 수이다.

$$e^{-i\omega t s_z}s_x e^{i\omega t s_z} = \cos(\omega t)s_x + \sin(\omega t)s_y \tag{9.9}$$

$$e^{-i\omega t s_z}s_y e^{i\omega t s_z} = \cos(\omega t)s_y - \sin(\omega t)s_x \tag{9.10}$$

[해] 식 (1.55)의 정리를 이용하면 (1.113)식이 구해지고 $\alpha=-\lambda$라 하면 (9.9)식이 구해진다. (9.10)식도 (1.55)의 정리를 이용하여 동일하게 구할 수 있다. 특별히 좌변을 λ의 함수로 2계미분하는 방법을 생각해 보자. 식 (9.9)의 좌변을 변수 λ의 함수로 생각하고 이를 $F(\lambda)$라 하여 미분하면

$$\begin{aligned} F'(\lambda) &= -e^{-i\lambda s_z}\, is_z s_x\, e^{i\lambda s_z} + e^{-i\lambda s_z}\, s_x is_z\, e^{i\lambda s_z} \\ &= -ie^{i\lambda s_z}\,\overbrace{[s_z, s_x]}^{is_y}\, e^{-i\lambda s_z} \\ &= e^{i\lambda s_z}\, s_y\, e^{-i\lambda s_z} \end{aligned} \tag{9.16}$$

이 된다.

한번 더 미분하면

$$\begin{aligned} F''(\lambda) &= -e^{-i\lambda s_z} is_z s_y e^{i\lambda s_z} + e^{-i\lambda s_z} s_x i s_z e^{i\lambda s_z} \\ &= -ie^{-i\lambda s_z} \overbrace{[s_z, s_y]}^{-is_x} e^{i\lambda s_z} \\ &= -e^{-i\lambda s_z} s_x e^{i\lambda s_z} = -F(\lambda) \end{aligned} \tag{9.17}$$

이 된다. (9.17)식은 단진동하는 미분방정식이므로 그 일반해는

$$F(\lambda) = (\cos\lambda)A + (\sin\lambda)B \tag{9.18}$$

로 쓸 수 있다. 단 A와 B는 λ에 의존하지 않는 정수로 만들어지는 2×2 행렬이다. 식 (9.9)의 좌변과 식 (9.18)에 $\lambda=0$를 대입하면 $A=s_x$가 구해진다. 또 B는 식 (9.16)의 양변에 $\lambda=0$을 대입하면 $B=s_y$가 구해진다. 다음 공식 (9.10)도 같은 식으로 구해진다.

예제 9-2 수소원자핵에 10 T (테슬라)의 정자기장을 걸어준다. 바닥상대에서 분리되어 생기는 2 준위와 공명하려면 전자기파의 주파수는 수Hz 정도이면 된다. 단 수소원자핵의 g 인자는 $g=\mu/s=5.6\mu_N$이다. 여기서 단위로 사용되는 μ_N은 $e\hbar/(2m_p)$ (단 m_p는 양성자의 질량)로 핵자기자라 부른다. 그 값은 $5.05\times10^{-27}\mathrm{JT}^{-1}$이며, 플랑크상수 h는 $h=6.63\times10^{-34}\mathrm{Js}$이다. $^{13}\mathrm{C}$의 경우 ($g=1.4\mu_N$)에는 얼마일까?

[해] $h\nu=gB_0$식에 의해 진동수는

$$\nu = \frac{gB_0}{h} \tag{9.19}$$

이다. $^{1}\mathrm{H}$의 경우에는

$$\nu = \frac{5.6\times5.05\times10^{-27}\mathrm{JT}^{-1}\times10\mathrm{T}}{6.63\times10^{-34}\mathrm{Js}} = 427\times10^{6}\mathrm{s}^{-1} \tag{9.20}$$

즉 약 430MHz이다. $^{13}\mathrm{C}$의 경우에는

$$\nu = \frac{1.4\times5.05\times10^{-27}\mathrm{JT}^{-1}\times10\mathrm{T}}{6.63\times10^{-34}\mathrm{Js}} = 107\times10^{6}\mathrm{s}^{-1} \tag{9.21}$$

즉 약 110MHz가 된다.

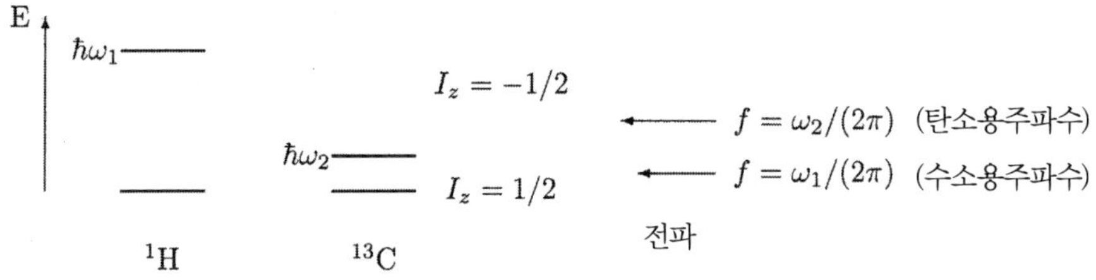

[그림 9.6] 수소원자핵과 탄소원자핵의 초미세구조 에너지
H_0와 그들의 공명 전파. 수소 ^{1}H와 탄소 ^{13}C의 자기쌍극자 모멘트는 각각 $\mu(^1\mathrm{H}) \approx 2.8\,\mu_N$, $\mu(^{13}\mathrm{C}) \approx 0.7\,\mu_N$이다. μ_N은 양성자의 자기쌍극자 모멘트 (핵자기자)로서 $\mu_N = e\hbar/(2m_p)$로 주어진다. (단 m_p는 양성자의 질량이다)

스핀업 다운의 에너지 차에 해당하는 진동수의 교류 자기장을 걸어주면 걸어주는 시간에 따라 스핀의 방향이 바뀐다. 자기장에 의해 스핀의 업과 다운 에너지 준위는 그림 9.6과 같이 된다. 각각 $\hbar\omega_i$의 ω_i와 일치하는 주파수의 전자기파를 외부에서 걸어주면 개별적으로 스핀의 방향을 제어할 수 있다. 계산이 종료된 후 그림 9.7과 같이 스펙트럼으로부터 흡수 혹은 방출의 논리값 0 또는 1을 관측할 수 있다.

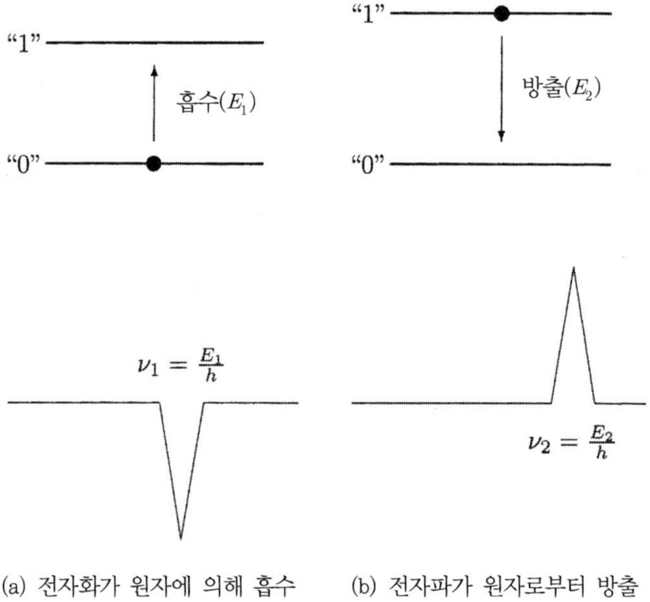

(a) 전자화가 원자에 의해 흡수 (b) 전자파가 원자로부터 방출

[그림 9-7]

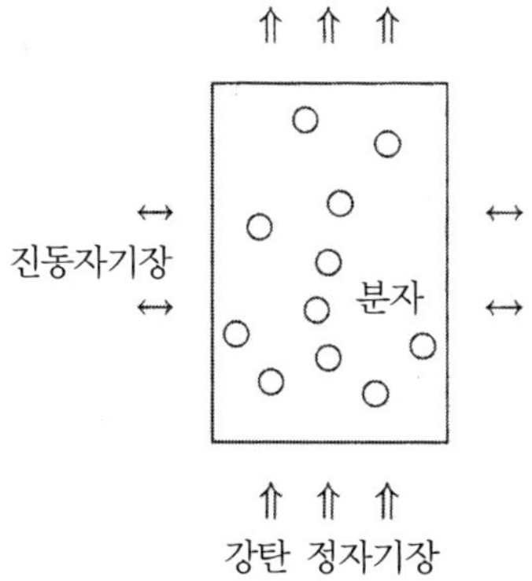

[그림 9.8] 자기공명(NMR) 컴퓨터.

9.1.3 통계적 취급

실제 NMR 컴퓨터는 그림 9.8과 같이 크롤로 포름 용액 등에 자기장을 걸어주어 제어한다. 아보카드로 수 정도의 많은 분자가 관여하는 문제라든지 실온에서 실험이 이루어지므로 열이 발생한다든지 하는 문제를 고려하여야 한다. 통계역학에 의하자면 절대온도 T에서 열평형이 도달해 있는 계는 에너지 E_i를 갖는 상태에 있을 확률이 $\exp(-E_i/(k_BT))$에 비례한다. 단 k_B는 볼츠만상수로 $k_B = 1.381 \times 10^{-23}\,\mathrm{JK}^{-1}$이다. 따라서 물리량 O의 기댓값은

$$\langle O \rangle = \frac{\sum_i O_i \exp(-E_i/(k_\mathrm{B}T))}{\sum_i \exp(-E_i/(k_\mathrm{B}T))} \tag{9.22}$$

이다.

예제 9-3 ^{1}H와 ^{13}C를 자기선속밀도 $B_0 = 10\,\mathrm{T}$인 정자기장 속에 둔다. 온도가 20 °C 일 때 스핀이 자기장과 평행인 상태와 반평행인 상태의 확률비를 구하여라.

[해] ^{1}H의 경우 스핀이 자기장에 평행한 상태와 반평행한 상태의 에너지 차 ΔE와 k_BT의 비는

$$\frac{\Delta E}{k_\mathrm{B}T} = \frac{gB_0}{k_\mathrm{B}T} = \frac{5.6 \times 5.05 \times 10^{-27}\mathrm{JT}^{-1} \times 10\mathrm{T}}{1.38 \times 10^{-23}\mathrm{JK}^{-1} \times (273+20)\mathrm{K}} \approx 7.0 \times 10^{-5}$$

이다. 따라서 열평형 계의 상태확률의 비는

자기장의 방향 : 자기장의 역방향 = 1 : $\exp(-\Delta E/(k_BT)) = 1 : e^{-7.0\times 10^{-5}}$

$$\approx 1:(1-7.0\times 10^{-5})$$
$$= 100:\ 99.993$$

이 된다. ^{13}C의 경우는

$$\frac{\Delta E}{k_{\rm B}T} = \frac{gB_0}{k_{\rm B}T} = \frac{1.4\times 5.05\times 10^{-27}{\rm JT}^{-1}\times 10{\rm T}}{1.38\times 10^{-23}{\rm JK}^{-1}\times(273+20){\rm K}} \approx 1.7\times 10^{-5}$$

로 되어서 상태확률의 비는

자기장의 방향 : 자기장의 역방향 $= 1: e^{-1.7\times 10^{-5}}$

$$\approx 1:(1-1.7\times 10^{-5})$$
$$= 100:\ 99.998$$

로 된다. 어느 경우나 자기자의 방향과 자기장 역방향의 상태확률은 거의 동일함을 보여준다.

밀도행렬을

$$\rho = \exp\left(-\frac{H}{k_{\rm B}T}\right) \tag{9.23}$$

로 정의한다면 물리량 O 의 기댓값은

$$\langle O\rangle = \frac{{\rm tr}(O\rho)}{{\rm tr}(\rho)} \tag{9.24}$$

로 쓸 수 있다. 실온에서는 $\langle H\rangle/k_BT \sim 10^{-4}$ 정도이므로 n 스핀계의 밀도행렬은

$$\rho \approx 2^{-n}[1 - H/k_{\rm B}T] \tag{9.25}$$

로 근사 할 수 있다. 1-스핀인 계의 바닥상태와 들뜬상태의 에너지 차를 $\hbar\omega_1$라 하면

$$\rho = \frac{1}{2} + \frac{\hbar\omega_1}{4k_{\rm B}T}\begin{bmatrix} 1 & 0 \\ 0 & -1 \end{bmatrix} \tag{9.26}$$

이다. 그리고 2-스핀 계에서 그림 9.6과 같이 각각의 에너지 차가 $\hbar\omega_1$과 $\hbar\omega_2$인 경우에는

$$\rho = \frac{1}{4} + \frac{1}{8k_{\mathrm{B}}T} \begin{bmatrix} \hbar\omega_1 + \hbar\omega_2 & 0 & 0 & 0 \\ 0 & -\hbar\omega_1 + \hbar\omega_2 & 0 & 0 \\ 0 & 0 & +\hbar\omega_1 - \hbar\omega_2 & 0 \\ 0 & 0 & 0 & -\hbar\omega_1 - \hbar\omega_2 \end{bmatrix} \quad (9.27)$$

로 된다.

계산 초기에 계의 초기상태를 정해두어야 한다. 바닥상태에서 출발하는 것이 자연스럽지만 실온에서는 계의 전형적인 에너지 차 ΔE 에 대해 $k_B T \gg \Delta E$ 의 관계에 있고 다양한 들뜬상태의 스핀이 무작위로 섞여 있으므로 전체 스핀을 동시에 바닥상태로 유지한 채 조작하는 것은 불가능하다. 그래서 다양한 상태가 혼재해 있더라도 바닥상태로부터의 결과만을 끄집어낼 수 있는 방법을 고안하게 된 것이다. 그림 9.10에 보인 시간평균법은 들뜬상태의 분포를 변화시켜 그 실험결과의 시간평균을 취함으로써 들뜬상태로부터의 효과가 나오지 않도록 하였다.

9.1.4 실제 계산 예 – 인수분해의 양자계산실험

2001년 12월에 그림 9.9의 분자를 사용한 7-비트 NMR 컴퓨터를 이용한 정수 15의 인수분해 실험에 성공하였다.[15] 이 실험은 제 6장의 예제 6.2에서 서술한 방법에 의해 이루어졌으며 5개의 ^{19}F와 2개의 ^{13}C가 양자비트로서 사용되었다. 같은 핵종이라도 주변 원자의 배치에 따라 실험적인 g 인자가 미묘하게 다르므로 개별적 비트로 다룰 수 있다.

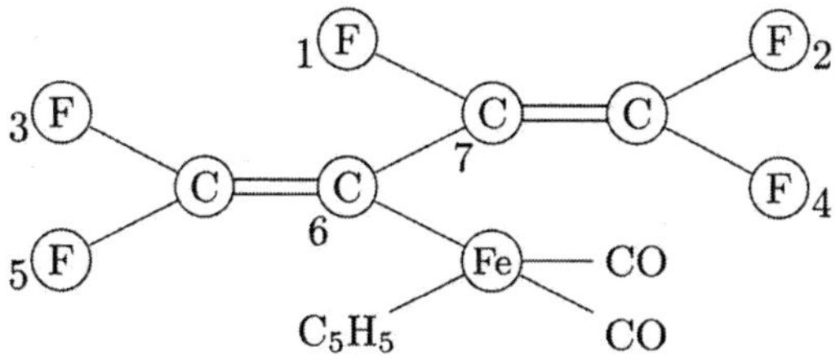

[그림 9.9] 정수 15의 인수분해에 사용된 분자

15) Lieven M. K. Vandersypen, Mattias Steffen, Gregory Breyta, Costatino S. Yannoni, Mark H. Sherwood and Issac L. Chuang, Experimental realization of Shor's quantum factoring algorithm using nuclear magnetic resonance, Nature **414**, 883 (Dec. 2001)

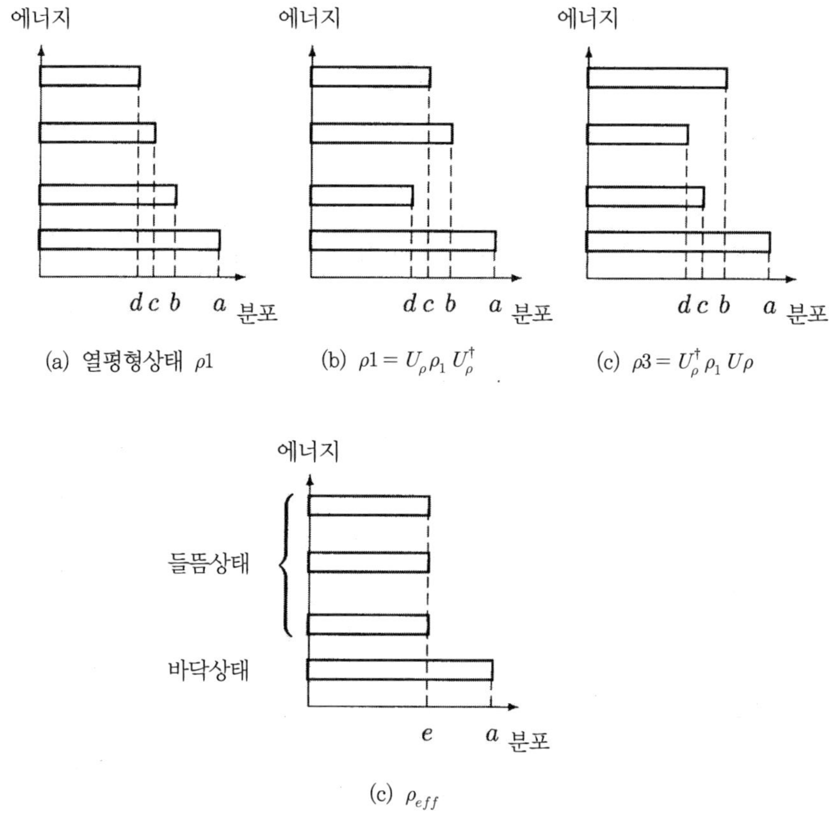

[그림 9.10] 시간평균법에 따르는 초기상태

실험이 실온에서 이루어졌으므로 초기상태 속에는 많은 들뜬상태들이 혼재해 있다. 이 들뜬상태의 영향은 그림 9.10에 보인 「시간평균법」으로 제거할 수 있으므로 논리값 0에 해당하는 바닥상태로부터 출발한다. 2-스핀 계에서 시간평균법이 어떻게 작용하는가를 생각해 보자. 실온에서의 밀도행렬인 (9.27)식을 아래와 같이 바꾸어 써보자

$$\rho_1 = \begin{pmatrix} a & 0 & 0 & 0 \\ 0 & b & 0 & 0 \\ 0 & 0 & c & 0 \\ 0 & 0 & 0 & d \end{pmatrix} \tag{9.28}$$

여기서 $a+b+c+d=1$이다. (4.25)식으로 주어지는 제어 NOT를 두 개 조합한 변환 U_p

$$U_\rho = \begin{pmatrix} 1 & 0 & 0 & 0 \\ 0 & 0 & 1 & 0 \\ 0 & 1 & 0 & 0 \\ 0 & 0 & 0 & 1 \end{pmatrix} \begin{pmatrix} 1 & 0 & 0 & 0 \\ 0 & 1 & 0 & 0 \\ 0 & 0 & 0 & 1 \\ 0 & 0 & 1 & 0 \end{pmatrix} \tag{9.29}$$

를 (9.28)식에 적용하면

$$\rho_2 = U_\rho \rho_1 U_\rho^\dagger = \begin{pmatrix} a & 0 & 0 & 0 \\ 0 & d & 0 & 0 \\ 0 & 0 & b & 0 \\ 0 & 0 & 0 & c \end{pmatrix} \tag{9.30}$$

이 얻어지고 또 U_p와 $U_p{}^\dagger$를 치환해 주면

$$\rho_3 = U_\rho^\dagger \rho_1 U_\rho = \begin{pmatrix} a & 0 & 0 & 0 \\ 0 & c & 0 & 0 \\ 0 & 0 & d & 0 \\ 0 & 0 & 0 & b \end{pmatrix} \tag{9.31}$$

이 된다. 시간평균법은 (9.29)~(9.31)식에 해당하는 밀도행렬을 이용한 실험을 3번 행한 뒤그 결과를 평균한다. 평균한 밀도행렬 ρ_{eff}는 $e \equiv (b+c+d)/3$라 둘 때

$$\begin{aligned} \rho_{\text{eff}} &= \frac{1}{3}(\rho_1+\rho_2+\rho_3) = \begin{pmatrix} a & 0 & 0 & 0 \\ 0 & e & 0 & 0 \\ 0 & 0 & e & 0 \\ 0 & 0 & 0 & e \end{pmatrix} \\ &= e \begin{pmatrix} 1 & 0 & 0 & 0 \\ 0 & 1 & 0 & 0 \\ 0 & 0 & 1 & 0 \\ 0 & 0 & 0 & 1 \end{pmatrix} + (a-e) \begin{pmatrix} 1 & 0 & 0 & 0 \\ 0 & 0 & 0 & 0 \\ 0 & 0 & 0 & 0 \\ 0 & 0 & 0 & 0 \end{pmatrix} \end{aligned} \tag{9.32}$$

와 같이 된다. 들뜬상태의 효과에서 바닥효과를 제거해 줌으로써 $(a-e)$의 확률로 바닥상태를 초기상태로 이용한 실험결과를 얻는다.

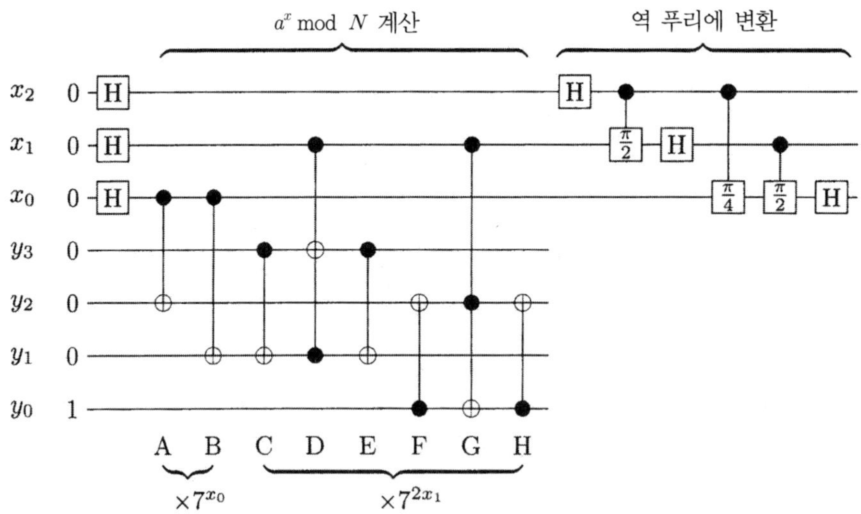

[그림 9.11] 쇼어의 알고리즘 회로
x_0에서 x_1까지의 3 양자비트가 제 1 레지스터이고, y_0에서 y_3 까지의 4 양자비트가 제 2 레지스터이다. 역 푸리에변환을 한 후 제 1 레지스터를 관측한다.

이것이 시간평균법을 이용한 초기상태 생성법이다.

7-비트 NMR 컴퓨터로 정수 15를 인수분해하는 실험 회로도는 그림 9.11과 같이 설계되었다. x_0에서 x_2까지의 3-양자비트가 제 1 레지스터이고 y_0에서 y_3 까지의 4 양자비트가 제 2 레지스터이다. 처음에 $x=0$, $y=1$이라 둔다. 그런 뒤 제 1 레지스터에 아다마르 변환을 수행한다. 다음에 A에서 H까지에 보인 회로에서는 아래의 방법으로 $a^x(\bmod N)$의 연산을 행한다. 구하고자 하는 것은

$$\begin{aligned} a^x &= a^{x_0+2x_1+4x_2} \\ &= a^{x_0} \times (a^2)^{x_1} \times (a^4)^{x_2} \end{aligned} \tag{9.33}$$

이며 여기에 구체적인 값 $a=7$, $N=15$를 대입해주면

$$7^2 = 49 \equiv 4 \pmod{15}, \tag{9.34}$$

$$7^4 = (7^2)^2 \equiv 4^2 = 16 \equiv 1 \pmod{15} \tag{9.35}$$

가 되어서

$$a^x \equiv 7^{x_0} \times 4^{x_1} \pmod{15} \tag{9.36}$$

이 구해진다. 그림 9.11의 A와 B 두 개의 제어 NOT 결과로 7^{x_0}의 값이 y에 들어간다. 그 이유는

- $x_0 = 0$일 때 y는 1인 채로 불변이고
- $x_0 = 1$일 때 y는 7로 바뀐다.

라는 결과를 주기 때문이다. 계속하여 C에서 H까지의 부분은 y에 $7^{2x_1} \equiv 4^{x_1}$을 대입해 준다. 이를 이해하려면

$$\begin{aligned} 4y &= 4(y_0 + 2y_1 + 4y_2 + 8y_3) \\ &= 4y_0 + 8y_1 + 16y_2 + 32y_3 \\ &= 4y_0 + 8y_1 + (15+1)y_2 + (2 \times 15 + 2)y_3 \\ &\equiv y_2 + 2y_3 + 4y_0 + 8y_1 \pmod{15} \end{aligned} \tag{9.37}$$

에 유념해야 한다. 즉 4-비트인 y를 15를 법 (mod)으로 하여 4배 하는 것을 이진법으로 바꾸면 $y_3y_2y_1y_0 \rightarrow y_1y_0y_3y_2$와 같이 비트를 바꾸어 배열하는 것과 등가이다

따라서 y에 4^{x_1}을 대입하는 것은

- $x_1 = 0$일 때 y는 불변이라 하고
- $x_1 = 1$일 때 y_1과 y_3를 교환하고 y_0와 y_2를 교환한다.

로 한다는 것이다. C에서 E에 이르는 3개의 게이트는 x_1을 제어비트로 하여 y_1과 y_3를 교환하는 것이다. 왜냐면

- $x_0 = 0$일 때 : D는 아무 일도 하지 않는다. 따라서 y_3는 분명히 불볍이다. y_1은 C와 E에서 y_3로부터의 제어를 받지만

  $$y_1 \overset{\text{C}}{\rightarrow} y_3 \oplus y_1 \overset{\text{E}}{\rightarrow} y_3 \oplus (y_3 \oplus y_1) = (y_3 \oplus y_3) \oplus y_1 = 0 \oplus y_1 = y_1$$

  이므로 이것도 불변이다.
- $x_1 = 1$일 때 : D는 y_1을 제어비트 그리고 y_3를 표적비트로 하는 제어 NOT로서 동작한다. 따라서 각 게이트의 y는 순서대로

  $$\begin{matrix} y_3 \\ y_1 \end{matrix} \overset{\text{C}}{\Rightarrow} \begin{matrix} y_3 \\ y_3 \oplus y_1 \end{matrix} \overset{\text{D}}{\Rightarrow} \begin{matrix} y_3 \oplus (y_3 \oplus y_1) = y_1 \\ y_3 \oplus y_1 \end{matrix} \overset{\text{E}}{\Rightarrow} \begin{matrix} y_1 \\ y_1 \oplus (y_3 \oplus y_1) = y_3 \end{matrix}$$

  로 된다. 결과적으로 y_3와 y_1이 뒤바뀐다.

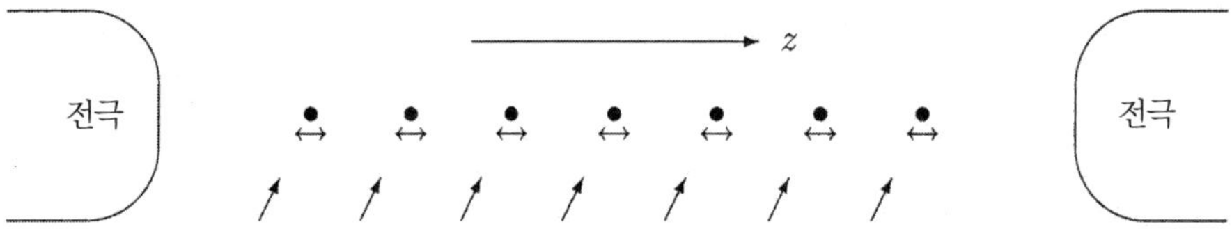

[그림 9.12] 선형 이온트랩
•는 직선상에 배열한 원자 (이온)을 나타낸다. 레이저 광선으로 각 원자의 상황을 제어한다.

바꾸어 말하자면 게이트 C~E는 x_1을 제어비트로 하는 프레드킨 게이트 (4.2 절) 역할을 한다. 마찬가지로 F~H 까지의 3개 게이트는 x_1을 제어비트로 하여 y_2와 y_0를 교환하는 프레드킨 게이트가 된다. 이렇게 C~H 까지의 실행으로 y가 15를 법으로 하는 $(7^2)^{x_1}$-배의 연산이 이루어짐을 알 수 있다. 그런 후 제 1 레지스터에 역 푸리에변환을 행하고 그 결과를 관측하면 인수가 판명된다.

외부 계나 분자 내 다른 원자와의 상호작용의 영향으로 디-코히어런스가 발생하지만 그 때까지는 0.5초에서 10초 정도의 시간이 있으므로 실험에서는 그 시간 내에 양자계산을 종료할 수 있다.

9.2 이온트랩 컴퓨터

9.2.1 원리

이론트랩이란 몇 개의 원자를 이온상태로 전자기력을 이용하여 좁은 공간으로 밀어 넣는 기술을 말한다. 컴퓨터로 사용할 때 그림 9.12와 같이 각 원자에 레이저 광을 쬐어 제어한다. 양자비트는 각 원자 내 전자의 양자상태를 사용한다. 또 원자 자신의 진동 양자상태도 양자비트로 사용 가능하다.

9.2.2 이온트랩

원자는 전자를 잃어버리거나 얻게 되면 이온이 된다. 이온은 양 혹은 음의 전하를 가진 입자이다. 전하를 띄고 있으므로 외부에서 전자기장을 걸어주어서 가속을 시키거나 비행궤적을 휘게 할 수 있다. 하지만 이온을 공간상의 한 곳에 머물게 하는 것은 곤란하다. 왜냐하면 맥스웰의 방정식에 의하면 아무것도 없는 공간에서는 전기장의 라플라시안이 0이므로 극대값이나 극소값을 갖지 않기 때문이다. 즉 이온을 진공 중에서 정전기장을 이용하여 안정하게 멈추어 두는 것은 불가능하다.

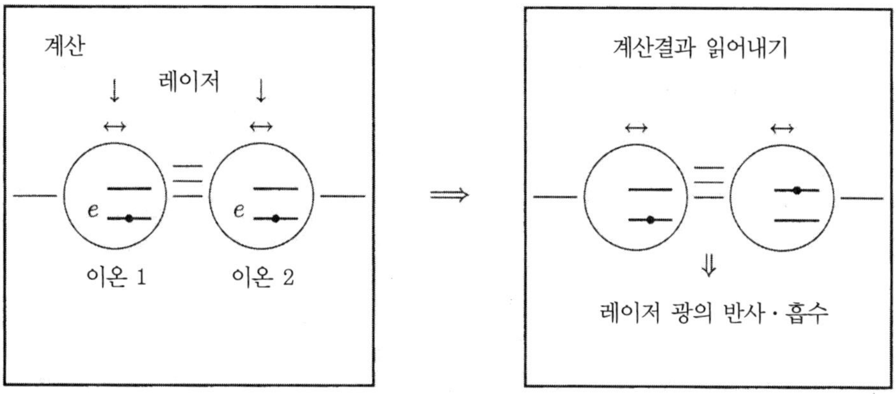

[그림 9.13] 이 온트랩 컴퓨터
이론트랩은 이 이온을 어떤 방법으로든지 좁은 공간에 머물게 하는 것이다. 그 중에서 파울 · 트랩이라는 방법은 고속 교류전기장을 이용하여 포획하게 만드는 것이다.

이온상태인 원자의 전자상태 논리값. 레이저 광을 쬐어주어 「계산」을 한다. 계산이 종료될 즈음 원자 내에 흡수되거나 원자에서 방출되는 광을 조사하면 「결과」를 알 수 있다.

그림 9.14와 같이 양이온인 경우 전위가 낮은 쪽으로 가게하려해도 곧바로 전위가 역전되어 버리므로 결국 어느 쪽으로도 가지 못하게 되어버리므로 가둘 수가 있게 된다. 이렇게 고속으로 바뀌는 전기장과 이온을 가두어두는 퍼텐셜로는 xy-평면에 원점을 중심으로 하는 조화진동자 퍼텐셜을 근사적으로 표현할 수 있다. 또 z-방향으로 상방과 하방에 이온과 역부호인 전극을 설치하여 z-축 방향에서도 운동의 범위를 제한할 수 있다. xy-평면에서의 운동의 고유진동수를 z-방향의 고유진동수보다 약간 크게 하여 xy-평면과 나란한 방향으로의 운동은 무시할 수 있게 한다.

그림 9.12와 같이 N개의 이온이 z-축 상으로 직선으로 배열해 있을 때 해밀토니안은

$$H = \sum_{i}^{N} \left(\frac{1}{2m} p_i^2 + \frac{1}{2} k' z_i^2 + H_{\text{in}} \right) + \sum_{j>i}^{N} \frac{e^2}{4\pi\epsilon_0 |z_j - z_i|} \tag{9.38}$$

로 낱낼 수 있다. 단 m은 이온의 질량, k'은 각 이온의 z-축 방향의 스프링상수이다. H_m은 각 이온 내부운동의 해밀토니안이고 마지막 항은 이온 간의 쿨롱 퍼텐셜이다.

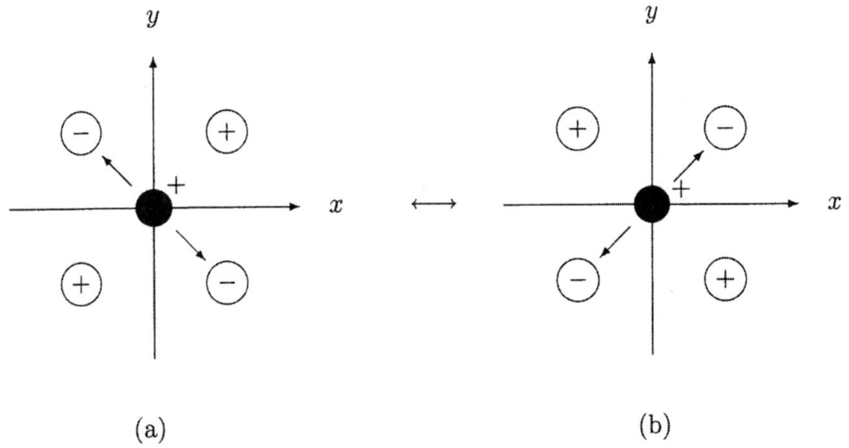

[그림 9.14] 교류전기장에 의한 이온의 포획
가운데 검은 색 원은 이온을 나타내고 그것을 둘러싸고 있는 ⊕나 ⊖는 전극을 나타낸다. (a)의 경우 + 이온은 ⊖ 전극 쪽으로 이동하려고 하지만 고속으로 전위가 ⊕로 변화기 때문에 이동할 수 없다. 이렇게 전위의 극을 고속으로 바꾸어줌으로써 이온을 원점 근방에 묶어 두는 것을 이온트랩법이라 한다.

이온끼리는 쿨롱 반발력에 의해 서로 떨어져 있다. 이온의 운동은 이온 사이의 쿨롱힘 때문에 평형점 근방에서 진동하는 운동이다. 일반적으로 퍼텐셜 $V(z)$는 평형점 근방에서 이차까지 테일러 전개를 하면

$$\begin{aligned} V(z) &\approx V(0) + \left.\frac{\partial V}{\partial z}\right|_{z=0} z + \frac{1}{2}\left.\frac{\partial^2 V}{\partial z^2}\right|_{z=0} z^2 \\ &= V(0) + \frac{1}{2}kz^2 \end{aligned} \tag{9.39}$$

로 근사된다. 여기서 $k = \partial^2 V/\partial z^2|_{z=0}$이다. (9.38)식을 평형점 부근에서 전개하고 $V(0)=0$라 하면 선형근사가 가능해져서 해밀토니안은

$$H = \sum_{i=1}^{N}\left(\frac{p_i^2}{2m} + \frac{1}{2}k' z_i^2\right) + \sum_{j>i}^{N}\frac{1}{2}k(z_j - z_i)^2 \tag{9.40}$$

로 된다. 즉 기준진동으로 볼 때 조화진동자의 집합으로 귀착이 된다. 따라서 이온 진동의 에너지는 그림 9.15의 (b)와 같이 분류된다. 양자컴퓨터는 각 이온 내부의 바닥상태와 제 1 들뜬상태, 그리고 이 이온계의 진동준위 중 바닥상태와 낮은 들뜬 상태를 사용한다.

(a) 이온 내부 전자의 에너지 준위 (b) 기준진동의 에너지 준위

[그림 9.15] 이온트랩 중의 에너지 준위
(a)는 각 이온의 내부 전자 에너지 준위이고 (b)는 복수 개의 이농 사이의 진동 준위이다. 모두를 합한 것이 계의 에너지가 된다.

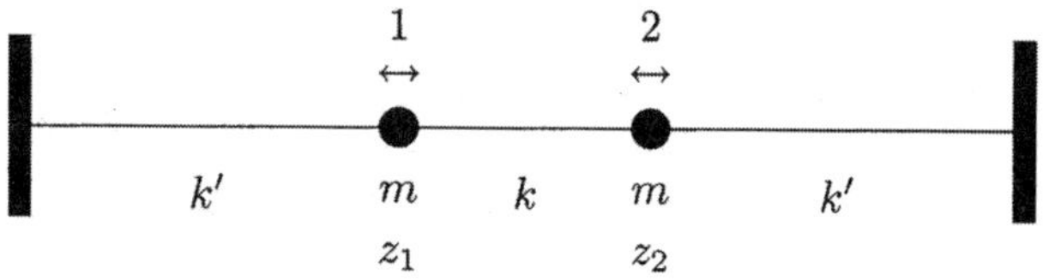

[그림 9.16] 두 입자의 진동모드

예제 9-4 그림 9.16과 같이 일차원 계에서 질량 m인 입자가 스피링에 의해 연결되어 있을 때 고유진동수를 구하여라.

[해] 고전적 운동방정식을 세운다. 양 입자의 원래 위치로부터의 변위를 $z_1(t)$, $z_2(t)$라 한다. 스프링의 퍼텐셜에너지는

$$V(z_1, z_2) = \frac{1}{2}k' z_1^2 + \frac{1}{2}k(z_1 - z_2)^2 + \frac{1}{2}k' z_2^2 \tag{9.41}$$

이므로 입자 1과 2에 미치는 힘은 $F_1 = -dV/dz_1$, $F_2 = -dV/dz_2$로 구해진다. 그러므로 뉴턴의 운동방정식은

$$m\frac{d^2 z_1}{dt^2} = -k' z_1 + k(z_2 - z_1) \tag{9.42}$$

$$m\frac{d^2 z_2}{dt^2} = k(-z_2 + z_1) - k' z_2 \tag{9.43}$$

으로 된다. 따라서

$$\frac{d^2 z_1}{dt^2} = -\frac{k + k'}{m} z_1 + \frac{k}{m} z_2 \tag{9.44}$$

$$\frac{d^2 z_2}{dt^2} = \frac{k}{m} z_1 - \frac{k+k'}{m} z_2 \tag{9.45}$$

의 z_1과 z_2에 관한 연립선형미분방정식이 구해진다. z_1과 z_2의 시행함수로

$$z_1(t) = a_1 e^{i\omega t} \tag{9.46}$$

$$z_2(t) = a_2 e^{i\omega t} \tag{9.47}$$

와 같이 진동하는 해를 잡아 보자. 단 a_1, a_2, 그리고 ω는 (복소수) 정수이다. 만약 이런 형태의 해가 존재한다면 방정식의 선형성에 의해 실수부 및 허수부 각각이 물리적 운동방정식의 해가 된다. (9.46), (9.47)식을 (9.44), (9.45)에 대입하면

$$-\omega^2 a_1 = -\frac{k+k'}{m} a_1 + \frac{k}{m} a_2 \tag{9.48}$$

$$-\omega^2 a_2 = \frac{k}{m} a_1 - \frac{k+k'}{m} a_2 \tag{9.49}$$

가 구해지고 a_1가 a_2에 관한 방정식

$$\begin{pmatrix} \left(\omega^2 - \frac{k+k'}{m}\right) & \frac{k}{m} \\ \frac{k}{m} & \left(\omega^2 - \frac{k+k'}{m}\right) \end{pmatrix} \begin{pmatrix} a_1 \\ a_2 \end{pmatrix} = \begin{pmatrix} 0 \\ 0 \end{pmatrix} \tag{9.50}$$

아 $(a_1, a_2) = 0$ 이외의 해를 갖기 위해서는 계수의 행렬식이

$$\left(\omega^2 - \frac{k+k'}{m}\right)^2 - \left(\frac{k}{m}\right)^2 = 0 \tag{9.51}$$

인 조건이 만족되어야 하며 이 식을 ω에 대해 풀면

$$\omega = \sqrt{\frac{k+k'}{m} \pm \frac{k}{m}} \tag{9.52}$$

이 얻어 진다. $\omega < 0$인 해는 물리적 의미를 갖지 못하므로 (9.52)식에서는 이 경우를 제외하였다. 진동의 두 가지 해는

- $\omega_1 = \sqrt{\frac{k'}{m}}$ 일 때 $a_1 = a_2$이다. 두 입자의 변위가 완전히 동일하므로 상대적 위치가 불변인 채로 중심이 진동한다. 이를 **중심모드**라 부른다.
- $\omega_2 = \sqrt{\frac{2k+k'}{m}}$ 일 때 $a_1 = -a_2$로 되며, 서로 간의 변위 방향이 반대이다. 중심은 변하지 않으며 입자 사이의 거리가 넓어지거나 좁아지므로 **호흡**(breathing) **모드**라 한다.

와 같이 분류할 수 있다.

예제에서 알 수 있듯이 전체 이온이 모두 같이 진동을 하는 「중심운동」의 진동수가 가장 낮으므로 포노의 에너지도 작다. 만약 스프링상수가 같다면 $(k = k')$ $\omega_2 = \sqrt{3}\,\omega_1$이 된다.

이 진동문제를 양자역학적으로 생각해 보자. 해밀토니안

$$H = \frac{1}{2m}p_1^2 + \frac{1}{2m}p_2^2 + \frac{k'}{2}z_1^2 + \frac{k}{2}(z_1 - z_2)^2 + \frac{k'}{2}z_2^2 \tag{9.53}$$

의 p_1과 p_2는 z-축 방향의 운동연산자를

$$p_1 \quad \rightarrow \quad \frac{\hbar}{i}\frac{\partial}{\partial z_1}, \tag{9.54}$$

$$p_2 \quad \rightarrow \quad \frac{\hbar}{i}\frac{\partial}{\partial z_2} \tag{9.55}$$

로 양자화 하면 슈뢰딩거방정식

$$\left[-\frac{\hbar^2}{2m}\left(\frac{\partial^2}{\partial z_1^2} + \frac{\partial^2}{\partial z_1^2}\right) + \frac{k'}{2}z_1^2 + \frac{k}{2}(z_1 - z_2)^2 + \frac{k'}{2}z_2^2\right]\psi(z_1, z_2) = E\psi(z_1, z_2) \tag{9.56}$$

이 구해진다. 이 식에 z_1과 z_2의 곱 $z_1 z_2$ 항이 나오므로 해를 구하기가 곤란하다. 그래서 좌표를 변환하여 z_1과 z_2 대신에

$$q_1 \quad = \quad \frac{1}{\sqrt{2}}(z_1 + z_2), \tag{9.57}$$

$$q_2 \quad = \quad \frac{1}{\sqrt{2}}(z_1 - z_2) \tag{9.58}$$

의 다른 한 세트의 좌표를 도입하자. 그러면 그 역변환은

$$z_1 \quad = \quad \frac{1}{\sqrt{2}}(q_1 + q_2), \tag{9.59}$$

$$z_2 \quad = \quad \frac{1}{\sqrt{2}}(q_1 - q_2) \tag{9.60}$$

로 된다. 또 미분은

$$\begin{aligned}\frac{\partial}{\partial z_1} &= \frac{\partial q_1}{\partial z_1}\frac{\partial}{\partial q_1}+\frac{\partial q_2}{\partial z_1}\frac{\partial}{\partial q_2}\\ &= \frac{1}{\sqrt{2}}\left(\frac{\partial}{\partial q_1}+\frac{\partial}{\partial q_2}\right),\end{aligned} \tag{9.61}$$

$$\frac{\partial}{\partial z_2} = \frac{1}{\sqrt{2}}\left(\frac{\partial}{\partial q_1}-\frac{\partial}{\partial q_2}\right) \tag{9.62}$$

로 되므로 새롭게 q_1, q_2에 관한 슈뢰딩거방정식

$$\left[-\frac{\hbar^2}{2m}\left(\frac{\partial^2}{\partial q_1^2}+\frac{\partial^2}{\partial q_2^2}\right)+\frac{k'}{2}q_1^2+\frac{1}{2}(2k+k')q_2^2\right]\psi(q_1,q_2) = E\psi(q_1,q_2) \tag{9.63}$$

을 얻게 된다.

이번에는 q_1과 q_2이 섞여 있는 항이 없는 관계로 파동함수와 에너지를

$$\psi(q_1,q_2) = \psi_1(q_1)+\psi_2(q_2) \tag{9.64}$$

$$E = E_1+E_2 \tag{9.65}$$

로 분리하면, q_1과 q_2에 관해 서로 독립인 두 개의 방정식

$$\left[-\frac{\hbar^2}{2m}\frac{\partial^2}{\partial q_1^2}+\frac{k'}{2}q_1^2\right]\psi_1(q_1) = E_1\psi_1(q_1), \tag{9.66}$$

$$\left[-\frac{\hbar^2}{2m}\frac{\partial^2}{\partial q_2^2}+\frac{1}{2}(2k+k')q_2^2\right]\psi_2(q_2) = E_2\psi_2(q_2) \tag{9.67}$$

이 얻어진다. (9.66)과 (9.67)의 방정식은 고전적으로 해를 구하였을 때 진동수가 $\omega_1=\sqrt{k'/m}$와 $\omega_2=\sqrt{(2k+k')/m}$인 것에 각각 대응한다. 이번에는 고전적 문제와 양자적 문제로 달리하여 풀이를 하였지만 일반적으로는 고전적 문제로 만들어진 행렬을 대각화하여 구해지는 기준모드를 그대로 기준좌표 q_1, q_2,…로 정한다.

두 개의 방정식 (9.66)과 (9.67)은 양자역학에서 조화진동자로 잘 알려져 있는 문제이며 그 에너지는

$$E_1 = \frac{1}{2}\hbar\omega_1,\ \frac{3}{2}\hbar\omega_1,\ \frac{5}{2}\hbar\omega_1,\ ..., \tag{9.68}$$

$$E_2 \;=\; \frac{1}{2}\hbar\omega_2,\; \frac{3}{2}\hbar\omega_2,\; \frac{5}{2}\hbar\omega_2,\; \ldots, \tag{9.69}$$

$$E = E_1 + E_2 \tag{9.70}$$

와 같이 된다. 이온의 내부운동과 중심진동의 해밀토니안은

$$H = \sum_i H_{\text{in}}(i) + \hbar\omega_1 \left(a^\dagger a + \frac{1}{2}\right) \tag{9.71}$$

와 같이 바꾸어 쓸 수 있다. 여기서 $\nu = \sqrt{m\omega_1/\hbar}$ 라 하고

$$a^\dagger \;=\; \frac{1}{\sqrt{2}}\left(\nu q_1 - \nu^{-1}\frac{\partial}{\partial q_1}\right) \tag{9.72}$$

$$a \;=\; \frac{1}{\sqrt{2}}\left(\nu q_1 + \nu^{-1}\frac{\partial}{\partial q_1}\right) \tag{9.73}$$

를 각각 생성 및 소멸연산자라 부르며

$$N = a^\dagger a \tag{9.74}$$

는 수연산자라 부른다. 이는 들뜬상태 (포논상태)를 구별하는 양자수 ($n = \langle N \rangle = 0,1,2\cdots$)의 값을 갖는다.

단순한 모형은 각 이온 내부의 전자 상태는 2 준위뿐이다. 진동은 중심운동만 생각하며 에너지는

$$E = \sum_i E_{\text{in}}(i) + \sum \hbar\omega_1 \left(n + \frac{1}{2}\right) \tag{9.75}$$

라 놓을 수 있다.

9.2.3 계산법

이온 내부의 준위 간 에너지는 수 eV 정도이므로 가시광선 영역이다. 레이저 광은 광선의 파장정도 ($\approx 1\ \mu$m)까지 분해능을 가지므로 이온 간격이 10 μm 정도로 배열되면 개개 이온을 구별하여 광을 쬐어줄 수 있다. 각 이온의 바닥상태와 제 1 들뜬상태를 이용하면 이온 한 개가 하나의 양자비트로 된다. 또 이온계의 진동상태도 양자비트로 사용할 수 있다.

제어는 에너지 차에 해당하는 진동수의 레이저 광을 펄스 형태로 일정시간 쬐어 주어서 만든 상태 간의 천이를 일으키는 라비프로핑을 이용한다. 간단히 하기 위해서 바닥상태와 들뜬상태 ($E=\hbar\omega_0$)를 각각

$$|0\rangle = \begin{pmatrix} 1 \\ 0 \end{pmatrix}, \qquad |1\rangle = \begin{pmatrix} 0 \\ 1 \end{pmatrix} \tag{9.76}$$

와 같이 둔다. 전자기파와 같이 고전적으로 취급하여 비대각요소만 존재한다고 가정하고 이를 $Ve^{i\omega t}$라 둔다. 해밀토니안은 2행2열의 행렬:

$$H = \hbar\omega_0 \begin{pmatrix} 0 & 0 \\ 0 & 1 \end{pmatrix} + V \begin{pmatrix} 0 & e^{+i\omega t} \\ e^{-i\omega t} & 0 \end{pmatrix} \tag{9.77}$$

로 된다. 이것을 변형해 주면

$$\begin{aligned} H &= -\hbar\omega_0 \begin{pmatrix} 1/2 & 0 \\ 0 & -1/2 \end{pmatrix} \\ &\quad + 2V\cos\omega t \begin{pmatrix} 0 & 1/2 \\ 1/2 & 0 \end{pmatrix} + 2V\sin\omega t \begin{pmatrix} 0 & i/2 \\ -i/2 & 0 \end{pmatrix} \\ &\quad + \frac{\hbar\omega_0}{2}\mathbf{I} \\ &= -\hbar\omega_0 s_z + 2V(\cos\omega t s_x - \sin\omega t s_y) + \frac{\hbar\omega_0}{2}\mathbf{I} \end{aligned} \tag{9.78}$$

로 되므로 NMR에서 만들어진 식 (9.4)를

$$\gamma B_0 \rightarrow \hbar\omega_0, \tag{9.79}$$

$$\gamma B_1 \rightarrow -2V \tag{9.80}$$

로 고쳐 쓰면 정수항을 제외하고는 완전히 같은 형태이다. (9.78)식의 행렬은 스핀을 의미하지는 않지만 완전히 동일한 유도법에 의해 (9.14)식이 구해진다. 광선의 지속시간 내에서 논리의 변화가 결정되지만 특히

$$|0\rangle \rightarrow |1\rangle \tag{9.81}$$

$$|1\rangle \rightarrow |0\rangle \tag{9.82}$$

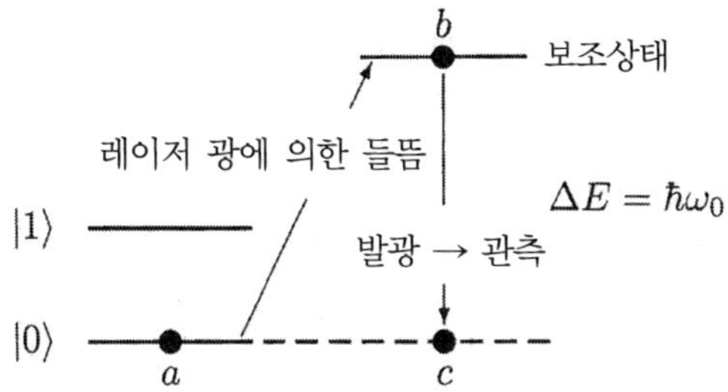

[그림 9.17] 이온트랩으로부터 읽어내기

를 일으키는 길이의 펄스는 180° 회전을 의미하므로 π**-펄스**라 부른다. 또 90° 회전에 해당하는 것은 $\pi/2$**-펄스**라 한다. 아다마르 변환도 $\pi/2$에 의해 실현이 가능하지만 여분의 위상인자가 포함되어 있는 경우도 있으므로 주의를 할 필요가 있다. 2π-펄스는 논리값은 변하지 않지만 상태의 부호가 변하는 역할을 한다.

9.2.4 초기상태의 달성

트랩된 이온은 현재 상태에서 들뜬상태로 되어 있을 가능성이 크므로 계산을 시작하기 전에 우선 이온 계를 리셋할 필요가 있다. 보통 0 즉 바닥상태로 만들어 준다. 들뜬상태에 있으면 얼마정도의 광을 방출하면서 바닥상태로 떨어지긴 하지만 준안정한 들뜬상태에 있을 경우 바닥상태로 떨어지는데 아주 많은 시간이 걸린다. 그러므로 **레이저 냉각법**이란 기술이 사용된다. 이 방법은 레이저 광으로 에너지를 주어 약간 위의 상태로 올려주면 원래의 방출보다 더 많은 에너지를 방출하여 훨씬 더 낮은 상태로 떨어지게 만드는 것이다. 이 과정을 반복하여 바닥상태로 유도한다. 그런 후 만약 $|1\rangle$ 이나 중첩된 상태로 세트하고자 한다면 $|0\rangle$ 과 $|1\rangle$ 의 에너지 간격에 해당하는 진동수를 갖는 광을 적당한 시간 동안 쬐어 주면 된다.

9.2.5 계산결과 읽기

계산결과를 읽어낼 필요가 있다. $|1\rangle$ 이 들뜬상태인 경우에는 빛을 자연스럽게 방출하면서 바닥상태로 떨어지므로 알 수 있지만 그 시간은 양자계산 시간에 비해 아주 길다. 그래서 그림 9.17과 같이 $\Delta E = \hbar\omega_0$ 에 해당하는 진동수의 레이저 광을 쏘아 준다.

- 만약 $|0\rangle$ 이었다면 레이저 광이 흡수되어서 이온이 바닥상태 a로부터 보조적 상태인 b로 들뜨게 된다. 그런 후 다시 바닥상태로 떨어질 때의 발광이 옆의 검출기에서 검출된다.

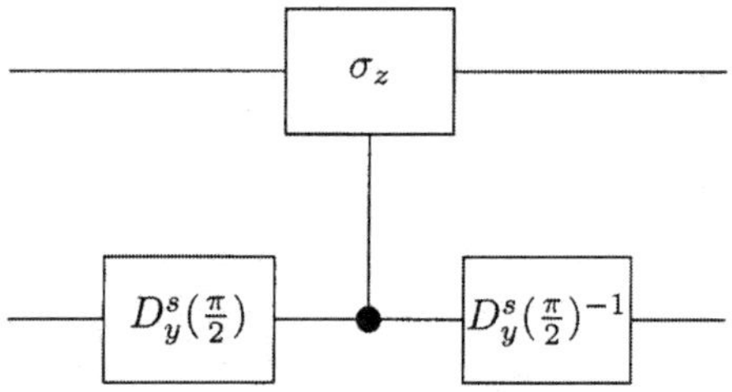

[그림 9.18] 제어 NOT 회로

- 만약 $|0\rangle$ 과 직교하는 상태인 $|1\rangle$ 인 경우에는 레이저 광의 흡수가 일어나지 않으므로 옆에서는 아무것도 관측하지 못한다.
- 중첩된 상태는 우선 회전시키면서 관측하여 파동함수를 알 수 있다.

들뜬상태에서 광의 자연방출에 의한 디-코히어런스까지의 시간이 제한적이므로 그 사이에 계산과 결과 읽어내기를 마쳐야 한다.

9.2.6 양자 게이트의 예

제어 NOT

제어 NOT 게이트는 $|11\rangle$ 상태인 파동함수의 부호를 2π 펄스에 의해 반전시키는 조작과 y축 주변 회전을 조합하여 만들어진다. 2-양자비트 상태를

$$|00\rangle \to \begin{pmatrix} 1 \\ 0 \\ 0 \\ 0 \end{pmatrix}, \quad |01\rangle \to \begin{pmatrix} 0 \\ 1 \\ 0 \\ 0 \end{pmatrix}, \quad |10\rangle \to \begin{pmatrix} 0 \\ 0 \\ 1 \\ 0 \end{pmatrix}, \quad |11\rangle \to \begin{pmatrix} 0 \\ 0 \\ 0 \\ 1 \end{pmatrix} \tag{9.83}$$

과 같이 열벡터로 나타낸다. 그림 9.18의 역할은

$$\begin{aligned} & D_y^s(\pi/2) \begin{pmatrix} 1 & 0 & 0 & 0 \\ 0 & 1 & 0 & 0 \\ 0 & 0 & 1 & 0 \\ 0 & 0 & 0 & -1 \end{pmatrix} D_y^s(-\pi/2) \\ & = \begin{pmatrix} 1/\sqrt{2} & -1/\sqrt{2} & 0 & 0 \\ 1/\sqrt{2} & 1/\sqrt{2} & 0 & 0 \\ 0 & 0 & 1/\sqrt{2} & -1/\sqrt{2} \\ 0 & 0 & 1/\sqrt{2} & 1/\sqrt{2} \end{pmatrix} \begin{pmatrix} 1 & 0 & 0 & 0 \\ 0 & 1 & 0 & 0 \\ 0 & 0 & 1 & 0 \\ 0 & 0 & 0 & -1 \end{pmatrix} \end{aligned} \tag{9.84}$$

$$
\times \begin{pmatrix} 1/\sqrt{2} & 1/\sqrt{2} & 0 & 0 \\ -1/\sqrt{2} & 1/\sqrt{2} & 0 & 0 \\ 0 & 0 & 1/\sqrt{2} & 1/\sqrt{2} \\ 0 & 0 & -1/\sqrt{2} & 1/\sqrt{2} \end{pmatrix}
$$

$$
= \begin{pmatrix} 1 & 0 & 0 & 0 \\ 0 & 1 & 0 & 0 \\ 0 & 0 & 0 & 1 \\ 0 & 0 & 1 & 0 \end{pmatrix} = \text{제어 NOT} \tag{9.84}
$$

이며 제어 NOT로 작동한다. 상태 $|1\rangle|1\rangle$ 만으로 선택적으로 2π-펄스를 제공하는 조작은 그림 9.19와 같이 양자비트로 사용되지 않는 준위를 보조하는 역할이다. 이 보조적 준위와 $|1\rangle|1\rangle$ 의 에너지 차이와 공명하는 레이저 광을 2π-펄스 형태로 쬐어 주면 일단 보조적 준위로 천이한 다음 $|1\rangle|1\rangle$ 로 되돌아 갈 때에 파동함수의 부호가 역전된다. 다른 양자비트 ($|0\rangle|0\rangle$, $|0\rangle|1\rangle$, $|1\rangle|0\rangle$)로 되어 있을 때에는 공명하지 않으므로 레이저 광을 쬐어도 거의 영향이 없다. 이렇게 보조준위를 도입하여 선택적인 제어가 가능해진다.

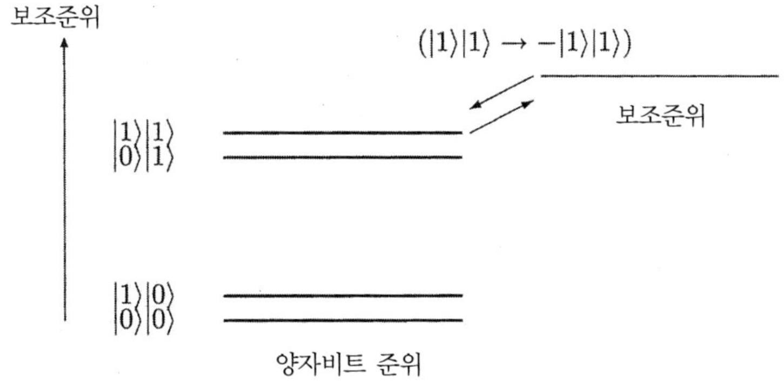

[그림 9.19] 이론 한 개의 내부 들뜬상태와 진동이 복합된 준위를 제어 NOT로 사용하는 이온트랩 양자컴퓨터보조 준위는 $|1\rangle|1\rangle$ 상태의 부호를 바꾸는데 사용된다. 캐트벡터 쌍은 좌측이 진동 우측이 전자준위를 나타낸다.

9.3 양자점 컴퓨터

9.3.1 원리

성질이 다른 반도체들을 중첩하고 미세가공하여 전자를 하나씩 드브로이 파장 정도의 작은 영역에 가둘 수 있다. 이를 **양자점**(quantum dot)라 한다. 각 영역에 갇힌 전자들의 에너지 준위로써 양자비트를 표현하는 것이 양자점 컴퓨터이다.

국소영역에 갇힌 전자의 에너지 준위는 각 영역 당 2개씩이라 가정하자. 전기장을 걸면 각 준위에 쌍극자모멘트가 발생한다. 그림 9.21과 같이 전기장의 방향을 x축으로 잡으면 파동함수는 x축 방향으로 변한다.

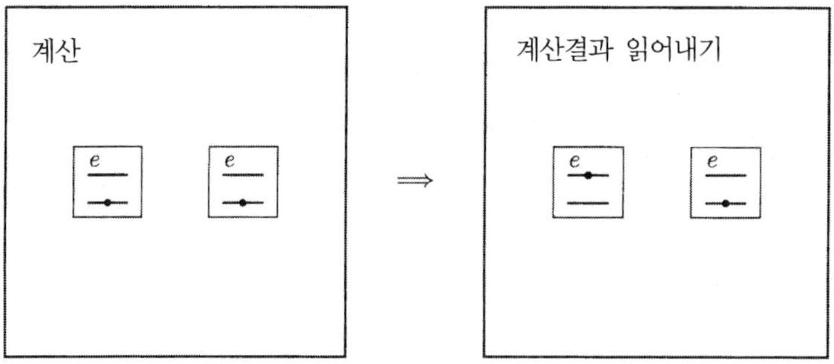

[그림 9.20] 양자점 컴퓨터

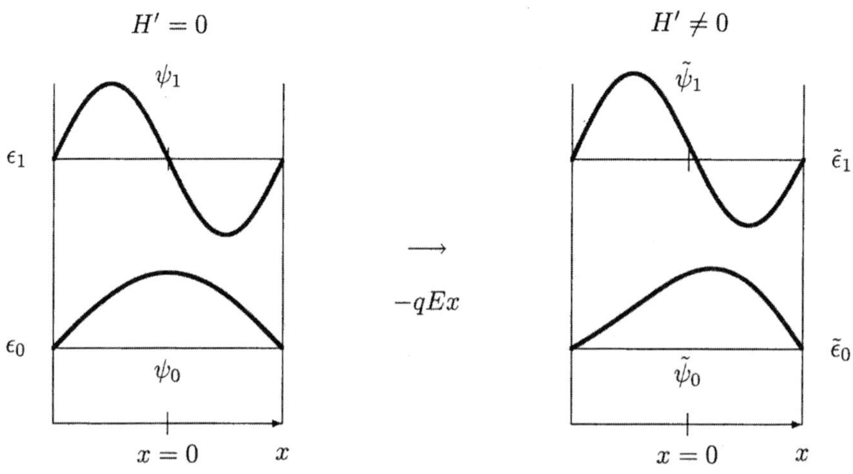

[그림 9.21] 양자점 내의 바닥상태, 들뜬상태의 파동함수와 에너지

예제 9-5 양자점 내 전자가 2 준위인 모형이라 가정하고 전기장이 걸리지 않았을 때의 해밀토니안을 H_0라 하고, 균일하지만 약한 전기장 E가 x축 방향으로 걸려 있을 때 바닥상태와 들뜬상태의 쌍극자모멘트를 구하여라. 바닥상태는 전기장 방향으로 편극되어 있고 들뜬상태는 역방향이지만 크기는 거의 동일하다는 것을 확인하여라.

[해] H_0의 바닥상태와 들뜬상태를 각각 $|\psi_0\rangle$ 와 $|\psi_1\rangle$ 라 하자.

$$H_0|\psi_0\rangle = \epsilon_0|\psi_0\rangle \tag{9.85}$$

$$H_0|\psi_1\rangle = \epsilon_1|\psi_1\rangle \tag{9.86}$$

섭동 (perturbation) $H' = -qEx$이 걸려있을 때 섭동 이후의 파동함수 $\tilde{\psi}$는 섭동 이론에 의해

$$|\tilde{\psi_0}\rangle = |\psi_0\rangle + \frac{\langle\psi_1|H'|\psi_0\rangle}{\epsilon_0 - \epsilon_1}|\psi_1\rangle \tag{9.87}$$

$$|\tilde{\psi_1}\rangle = |\psi_1\rangle + \frac{\langle\psi_0|H'|\psi_1\rangle}{\epsilon_1 - \epsilon_0}|\psi_0\rangle \tag{9.88}$$

로 변한다. 따라서 바닥상태의 쌍극자 모멘트는

$$\langle\tilde{\psi_0}|qx|\tilde{\psi_0}\rangle = 2q^2E\frac{|\langle\psi_1|x|\psi_0\rangle|^2}{\epsilon_1 - \epsilon_0} \tag{9.89}$$

이고, 들뜬상태의 모멘트는

$$\langle\tilde{\psi_1}|qx|\tilde{\psi_1}\rangle = -2q^2E\frac{|\langle\psi_1|x|\psi_0\rangle|^2}{\epsilon_1 - \epsilon_0} \tag{9.90}$$

로 된다. 바닥상태의 쌍극자 모멘트 부호는 전기장 E와 같다. 들뜬상태에서는 ϵ_1과 ϵ_0이 역으로 될 것이므로 부호는 반대이지만 크기는 동등하다. 이를 **양자스타크효과**(Quantum Stark Effect)라 부른다.
또 에너지는

$$\tilde{\epsilon}_0 = \epsilon_0 - \frac{|\langle\psi_1|x|\psi_0\rangle|^2}{E_1 - E_0}, \tag{9.91}$$

$$\tilde{\epsilon}_1 = \epsilon_1 + \frac{|\langle\psi_1|x|\psi_0\rangle|^2}{E_1 - E_0}, \tag{9.92}$$

$$\tag{9.93}$$

로 된다.

예제 9-6 전하가 떨어진 두 장소에 집중하여 분포해 있을 경우 퍼텐셜에너지를 쌍극자 모멘트에 의존하는 차수까지 유도하여라.

[해] 제 1 전하분포에 의한 전기장을 먼저 생각해 보자. 제 1의 전하분포의 중심으로부터 전기장을 구하고자 하는 점까지의 거리를 R이라 하자. 그림 9.22와 같이 잡을 때 점 R에서의 전위는

$$\phi_1(\mathbf{R}) = \frac{1}{4\pi\epsilon_0}\int \frac{\rho_1(\mathbf{r_1})}{|\mathbf{R}-\mathbf{r_1}|}\,d\mathbf{r_1} \tag{9.94}$$

로 된다. 전하가 집중해 있다는 점을 고려하면 적분값이 존재하는 범위 내에서는 $r_1 \ll R$이므로 분모를 전개하여

$$\frac{1}{|\mathbf{R}-\mathbf{r_1}|} \approx \frac{1}{|\mathbf{R}|} + \frac{(\mathbf{r_1}\cdot\mathbf{R})}{|\mathbf{R}|^3} \tag{9.95}$$

로 근사할 수 있으며 (연습문제 참고), 적분은 $\mathbf{r}_1$에 대해 이루어진다는데 주의하면

$$\begin{aligned}\phi_1(\mathbf{R}) &= \frac{1}{4\pi\epsilon_0}\frac{1}{|\mathbf{R}|}\int \rho_1(\mathbf{r_1})\,d\mathbf{r_1} + \frac{1}{4\pi\epsilon_0}\frac{\mathbf{R}}{|\mathbf{R}|^3}\cdot\int \mathbf{r_1}\rho_1(\mathbf{r_1})\,d\mathbf{r_1} \\ &= \frac{1}{4\pi\epsilon_0}\frac{Q_1}{|\mathbf{R}|} + \frac{1}{4\pi\epsilon_0}\frac{(\mathbf{p_1}\cdot\mathbf{R})}{|\mathbf{R}|^3}\end{aligned} \tag{9.96}$$

이 된다. 단

$$Q_1 = \int \rho_1(\mathbf{r_1})\,d\mathbf{r_1}, \tag{9.97}$$

$$\mathbf{p_1} = \int \mathbf{r_1}\rho_1(\mathbf{r_1})\,d\mathbf{r_1} \tag{9.98}$$

은 전하분포가 1인 전체 전하와 쌍극자 모멘트이다.

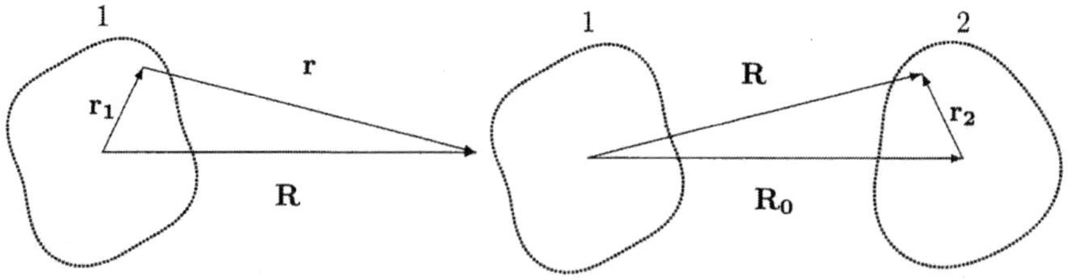

(a) 전하분포 1에 의한 전기장 계산 (b) 전하분포 2가 전하분포 1에 의해 받는 퍼텐셜 계산

[그림 9.22] 두 전하분포 사이의 퍼텐셜 계산

다음에 전위 ϕ_1에 의해 생기는 전하분포 2의 퍼텐셜에너지를 구해보자. 그림 9.22와 같이 전하분포 1의 중심으로부터 전하분포 2의 중심을 연결하는 벡터를 R_0, 전하분포 2의 중심으로부터 전하의 위치까지의 벡터를 r_2라 하면

$$\begin{aligned} U &= \int \rho_2(\mathbf{r_2})\phi_1(\mathbf{R_0}+\mathbf{r_2})\,d\mathbf{r_2} \\ &= \frac{1}{4\pi\epsilon_0}Q_1\int\frac{\rho_2(\mathbf{r_2})}{|\mathbf{R_0}+\mathbf{r_2}|}d\mathbf{r_2} + \frac{1}{4\pi\epsilon_0}\mathbf{p_1}\cdot\int\frac{\rho_2(\mathbf{r_2})(\mathbf{R_0}+\mathbf{r_2})}{|\mathbf{R_0}+\mathbf{r_2}|^3}d\mathbf{r_2} \end{aligned} \tag{9.99}$$

로 된다. 여기서도 적분이 기여하는 범위 내에서는 $r_2 \ll R_0$로 되는 점을 이용하여

$$\frac{1}{|\mathbf{R_0}+\mathbf{r_2}|} \approx \frac{1}{|\mathbf{R_0}|} - \frac{(\mathbf{r_2}\cdot\mathbf{R_0})}{|\mathbf{R_0}|^3} \tag{9.100}$$

$$\frac{\mathbf{R_0}+\mathbf{r_2}}{|\mathbf{R_0}+\mathbf{r_2}|^3} \approx \frac{\mathbf{R_0}}{|\mathbf{R_0}|^3} + \frac{\mathbf{r_2}}{|\mathbf{R_0}|^3} - \frac{3(\mathbf{r_2}\cdot\mathbf{R_0})}{|\mathbf{R_0}|^5}\mathbf{R_0} \tag{9.101}$$

로 근사한다. 그러면

$$\begin{aligned} U &= \frac{1}{4\pi\epsilon_0}\frac{Q_1}{|\mathbf{R_0}|}\int\rho_2(\mathbf{r_2})\,d\mathbf{r_2} - \frac{1}{4\pi\epsilon_0}\frac{Q_1}{|\mathbf{R_0}|^3}\mathbf{R_0}\cdot\int\mathbf{r_2}\rho_2(\mathbf{r_2})\,d\mathbf{r_2} \\ &\quad + \frac{1}{4\pi\epsilon_0}\frac{(\mathbf{p_1}\cdot\mathbf{R_0})}{|\mathbf{R_0}|^3}\int\rho_2(\mathbf{r_2})\,d\mathbf{r_2} + \frac{1}{4\pi\epsilon_0}\frac{\mathbf{p_1}}{|\mathbf{R_0}|^3}\cdot\int\mathbf{r_2}\rho_2(\mathbf{r_2})\,d\mathbf{r_2} \\ &\quad - \frac{1}{4\pi\epsilon_0}\frac{3(\mathbf{p_1}\cdot\mathbf{R_0})}{|\mathbf{R_0}|^5}\mathbf{R_0}\cdot\int\mathbf{r_2}\rho(\mathbf{r_2})\,d\mathbf{r_2} \\ &= \frac{1}{4\pi\epsilon_0}\frac{Q_1Q_2}{|\mathbf{R_0}|} + \frac{1}{4\pi\epsilon_0}\frac{\mathbf{p_1}\cdot\mathbf{p_2}}{|\mathbf{R_0}|^3} - \frac{1}{4\pi\epsilon_0}\frac{3(\mathbf{p_1}\cdot\mathbf{R_0})(\mathbf{p_2}\cdot\mathbf{R_0})}{|\mathbf{R_0}|^5} \\ &\quad - \frac{1}{4\pi\epsilon_0}\frac{Q_1(\mathbf{p_2}\cdot\mathbf{R_0})}{|\mathbf{R_0}|^3} + \frac{1}{4\pi\epsilon_0}\frac{Q_2(\mathbf{p_1}\cdot\mathbf{R_0})}{|\mathbf{R_0}|^3} \end{aligned} \tag{9.102}$$

로 된다. 단

$$Q_2 = \int\rho_2(\mathbf{r_2})\,d\mathbf{r_2}, \tag{9.103}$$

$$\mathbf{p_2} = \int\mathbf{r_2}\rho_2(\mathbf{r_2})d\mathbf{r_2} \tag{9.104}$$

는 전하분포 2의 전체 전하와 쌍극자 모멘트이다. 첫째 항은 전하무리 간의 상호작용에 기인하는 것이다. 두 번째 항 이후가 쌍극자를 포함하는 상호작용이다. 전체 전하를 $Q_1 = Q_2 = 0$라 하면 쌍극자 간의 상호작용

$$U = \frac{1}{4\pi\epsilon_0}\frac{\mathbf{p_1}\cdot\mathbf{p_2}}{(\mathbf{R_0})^3} - \frac{3}{4\pi\epsilon_0}\frac{(\mathbf{p_1}\cdot\mathbf{R_0})(\mathbf{p_2}\cdot\mathbf{R_0})}{(\mathbf{R_0})^5} \tag{9.105}$$

가 구해진다. 각 쌍극자의 방향이 두 개의 쌍극자를 연결하는 직선에 수직일 때에는 $p_1 \cdot R_0 = p_2 \cdot R_0 = 0$이므로 이 경우도 (9.102)식의 제 3항 이후는 소거된다.

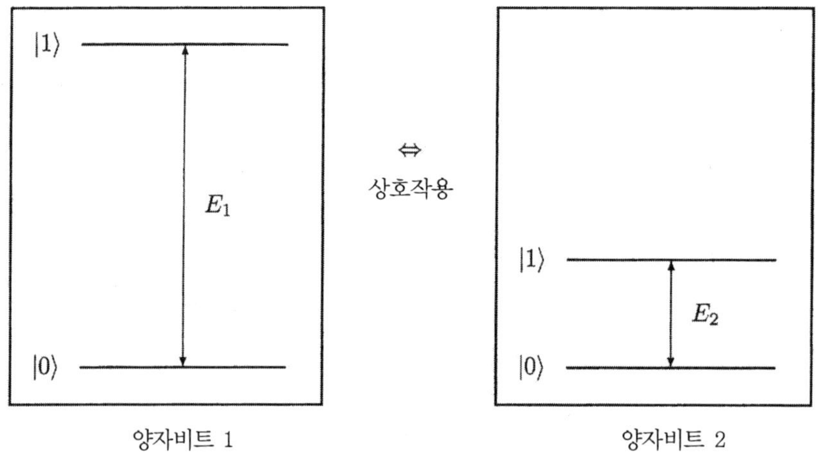

[그림 9.23] 두 개의 양자비트

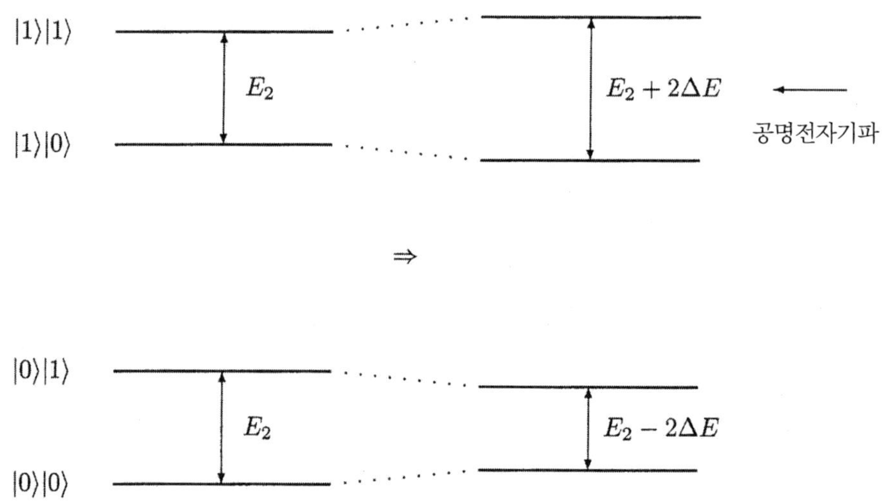

[그림 9.24] 양자비트를 이용한 제어 NOT

두 양자비트 사이의 쌍극자 모멘트를 이용하여 양자비트를 제어 NOT로 사용할 수 있음을 보이자. 그림 9.23에 보인 두 양자비트 중 제 1의 양자비트를 제어비트로 하고 제 2의 양자비트를 표적비트로 사용한다. 바닥상태에 논리값 0을 그리고 제 1 들뜬상태에 논리값 1을 대응시킨다. 서로 고립되어 있는 한 그들 각각의 들뜸 에너지 (E_1, E_2)과 공명하는 전자기파를 걸어주면 논리의 반전 등이 일어나지만 서로 제어를 받지는 않는다. 그림 9.23의 양자비트에 x축 방향으로 정전기장을 걸어주면 예제 9.6에 보이듯이 바닥상태는 정전기장과 같은 방향, 제 1 들뜸상태는 역방향으로 거의 같은 크기의 쌍극자 모멘트를 갖는다. 제 1, 제 2 점의 쌍극자 모멘트를 각각 p_1, p_2라 하면 해밀토니안은

$$H = H_1 + H_2 + V_{12} \tag{9.106}$$

로 쓸 수 있다. 단 H_i는 i번째 상자 속 전자의 해밀토니안으로 양자비트 1과 양자비트 2에 대해 각기 다르게 되어 있는 것이 바람직하다. 각자가 이미 전기장 속에 들어있다고 가정한다. V_{12}는 양자비트 1과 2 사이의 전기적인 상호작용이며 쌍극자 모멘트가 둘을 연결하는 직선에 수직이면

$$V_{12} = \frac{1}{4\pi\epsilon_0}\frac{\mathbf{p_1} \cdot \mathbf{p_2}}{R^3} \tag{9.107}$$

로 된다. 이 상호작용은 양 쌍극자 모멘트의 방향이 같을 때

$$\Delta E = \frac{1}{4\pi\epsilon_0}\frac{p_1 p_2}{R^3} \tag{9.108}$$

의 기여를 하고, 다를 때 $-\Delta E$의 기여를 한다. 따라서 이 상호작용에 의해 두 양자비트 계의 에너지 준위는 그림 9.24의 좌에서 우로 벗어난다. 즉

- 제어비트 (양자비트 1)가 0일 때, 표적비트 (양자비트 2)의 에너지 간격이 $E_2 - 2\Delta E$로 좁아진다.
- 제어비트가 1일 때, 표적비트의 에너지 간격이 $E_2 + 2\Delta E$로 넓어진다.

에너지 차에 해당하는 주파수를 갖는 전자기파를 걸면 걸린 시간에 따라 파동함수가 회전한다. 그렇게 하여 파동함수의 기울기를 제어한다. 그래서 표적 비트에 에너지 차 $E_2 + 2\Delta E$와 공명하는 전자기파를 걸어주어 제어비트가 1일 때에만 표적비트에 변화를 일으킬 수 있다. 이렇게 하여 두 개의 양자비트를 제어 NOT로 사용할 수 있는 것이다. 양자비트로 입자 (음전하)와 양공 (양전하)을 이용하여 쌍극자 모멘트를 만들어 제어비트로 사용하는 일도 있다.

9.4 광자 컴퓨터

광자의 파동성인 간섭성에 대해서는 잘 알려져 있다. 그림 9.25와 같이 광을 두 개의 좁은 슬릿을 통과시키면 스크린에서 간섭무늬가 만들어진다는 것은 잘 알려

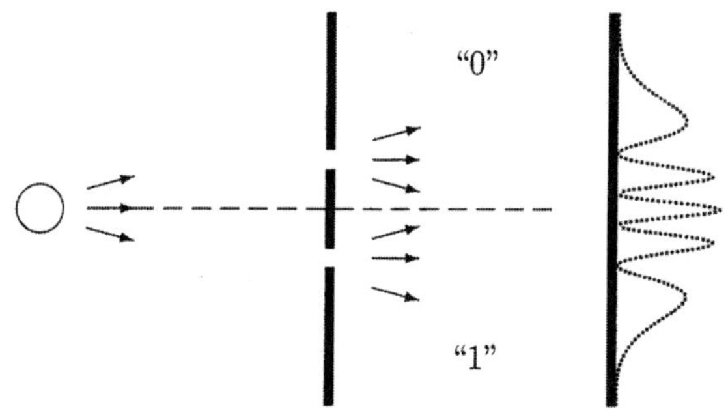

[그림 9.25] 광자의 간섭효과

진 사실이다. 예컨대 상반신을 논리값 "0"으로 하반신을 "1"로 정한다. 광자의 경로를 따라 계산을 진행해 간다.

만약 하반신의 슬릿을 닫으면 논리값 0에 해당하는 상태 $|0\rangle$ 을 입력하는 것이 되고, 상반신의 슬릿을 닫으면 논리값 1에 해당하는 입력이 이루어지는 것이다. 양쪽의 슬릿 모두로 통과할 수 있도록 해두면 아래 위의 확률이 동등하므로 상태는

$$\frac{1}{\sqrt{2}}|0\rangle + \frac{1}{\sqrt{2}}|1\rangle \tag{9.109}$$

즉 0과 1이 중첩을 입력한다고 생각할 수 있다. 논리계산을 행하는 소자로서

- 아다마르변환 → 빔 스프리터 (beam splitter)
- 위상 → 굴절율이 다른 물질을 통과한다.

를 사용할 수 있다. 광자 컴퓨터는 NMR 컴퓨터와 달리 공간적으로도 이동하므로 고전적 게이트와 대응시키기 어렵다.

예컨대 그림 9.26은 만약 광자빔이 0 (상반신)으로 입력되면 두 번 반사한 후 H로 적힌 빔 스프리터에서 아다마르변환을 받아서 0과 1의 중첩으로 변환된다. 한편의 빔이 다시 반사한 후 위상이라 표시한 부분에서 굴절율이 다른 물질을 통과한다. 그 부분에서 위상이 거의 180° 정도 어긋나도록 해 둔다. 다른 편의 빔은 반사 한 후 위상을 유지한 채 진행한다. 그래서 나뉜 빔이 다시 합치는 중심부위에서는 소멸간섭이 일어나 강도가 0이 된다. 마약 광자 빔이 1 (하반신)로부터 입사한다고 해도 마찬가지이다. 그러나 만약 그림 9.25의 양쪽 슬릿을 다 열어두었을 때와 같이 0과 1의 중첩시켜주면 강도가 존재한다.

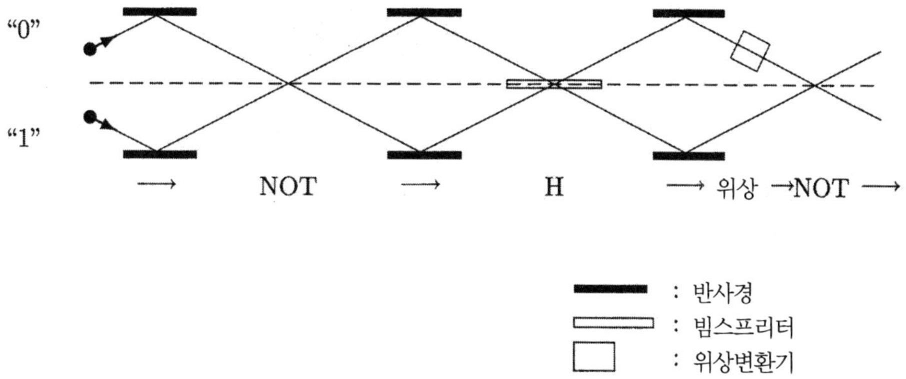

[그림 9.26] 광자 컴퓨터 회로

이렇게 광자를 입사하여 빛이 진행하는 선단 부분에서 강도를 관측하여 연산을 행한다.

연습문제

1 두 개의 좌표벡터 $\mathrm{R}=(X, Y, Z)$, $\mathrm{r}=(x, y, z)$의 크기가 $R \gg r$일 때 $\mathbf{r}$에 대한 일차전개로부터

$$\frac{1}{|\mathbf{R}-\mathbf{r}|} \approx \frac{1}{R}+\frac{(\mathbf{R} \cdot \mathbf{r})}{R^3} \tag{9.110}$$

울 유도하여라.

Chapter

10 부 록

10.1 정수론의 기초지식

수 1,2,3,…을 자연수라 하고 그 전체를 N으로 표현한다;

$$\mathbf{N} = \{1, 2, 3, \cdots\}。 \tag{10.1}$$

자연수와 0과 음의 수 $-1, -2, -3\cdots$을 합하여 정수라 하고 그 전체를 Z로 표현한다;

$$\mathbf{Z} = \{\cdots, -3, -2, -1, 0, 1, 2, 3, \cdots\}。 \tag{10.2}$$

또 유리수 전체를 Q, 실수 전체를 R, 복소수 전체를 C로 표현한다. 이들 집합의 포함 관계는

$$\mathbf{N} \subset \mathbf{Z} \subset \mathbf{Q} \subset \mathbf{R} \subset \mathbf{C} \tag{10.3}$$

과 같다.

10.1.1 합동식

정수 a,b의 차가 n의 배수일 때 a와 b는 n을 **법**(modulus)으로 하여 **합동**(congruent)이라 하고

$$a \equiv b \bmod n \tag{10.4}$$

로 나타낸다.

(10.4)식은 **합동식** (congruence)이라 하며 이 기법은 **가우스**에 의해 고안이 되었다. 합동식에는

$$a \equiv b \bmod n \qquad b \equiv a \bmod n \tag{10.5}$$

$$a \equiv b \bmod n \text{ 이고 } b \equiv c \bmod n \text{ 이면 } a \equiv c \bmod n \tag{10.6}$$

으로 표현되는 성질을 가지므로 어떤 수와 합동인 수를 **동치류** (同値類 ; equivalent), 불합동인 수를 **비동치류** (non-equivalent)라 하여 모든 정수를 분류할 수 있다. 예를 들어 2를 법으로 하며 모든 정수는 짝수와 홀수의 두 가지로 분류할 수 있다.

n을 법으로 하여 모든 정수에 대해 순차적으로 나눗셈을 하면 나머지 0,1,2,⋯ $n-1$이 주기적으로 나타난다. 즉 n을 법으로 하는 정수는 n가지 분할된다. n을 법으로 할 때 하나의 류 (類)에 속하는 하나의 정수 a가 있다면 그 류에 속하는 모든 정수는

$$a + nt \qquad (t = 0, \pm 1, \pm 2, \pm 3, \cdots) \tag{10.7}$$

의 형태로 표현할 수 있다. 서로 다른 n개의 류 (類) 각각으로부터 임의의 한 개 정수를 끄집어내어 만든 n개의 정수를 **잉여계** (剩餘系)라 부른다. 또 n과 서로 소(素)인 수만을 포함하는 류를 n을 법으로 하는 **기약류** (既約類)라 한다. n을 법으로 하는 기약류의 수가 오일러 함수 $\varphi(n)$이다. 각 류의 대표 중에서 기약류를 대표하는 $\varphi(n)$개의 수 조합을 기약잉여계라 부른다.

예제 n=8을 법으로 하는 정수를 분류하여라.

c_0	c_1	c_2	c_3	c_4	c_5	c_6	c_7
⋮	⋮	⋮	⋮	⋮	⋮	⋮	⋮
-16	-15	-14	-13	-12	-11	-10	-9
-8	-7	-6	-5	-4	-3	-2	-1
0	1	2	3	4	5	6	7
8	9	10	11	12	13	14	15
16	17	18	19	20	21	22	23
⋮	⋮	⋮	⋮	⋮	⋮	⋮	⋮

[표 10.1] $n=8$을 법으로 하는 정수의 류

[해] $n=8$을 법으로 하여 정수를 순서대로 나누면 표 10.1과 같이 분류된다. 잉여수를 c_i라 하면 류는 8개로 $c_i=\{c_0, c_1, \cdots, c_8\}$이다. 표 10.1의 각 세로 열로부터 하나씩 수를 선택하면 잉여계는 예를 들어

-8	1	10	-13	-4	5	6	23
0	1	2	3	4	5	6	7

과 같이 자유롭게 선택 가능하다. n을 법으로 하고 n보다 작은 양의 잉여를 최소 양의잉여라 부른다. 표 10.1에서는

$$1, 2, 3, 4, 5, 6, 7 \tag{10.8}$$

이 최소정잉여이다. $n=8$에 대한 기약류는 4개이며 오일러 함수는 $\varphi(8)=4$가 된다. 기약잉여계는 예를 들어

-7	-13	5	15
1	3	5	7

과 같이 선택할 수 있다.

예제 10-1 $a \equiv a' \bmod m$, $b \equiv b' \bmod m$이라면 덧셈, 뺄셈, 곱셈에 대한 합동식

$$a \pm b \equiv a' \pm b' \bmod m \tag{10.9}$$

$$ab \equiv a'b' \bmod m \tag{10.10}$$

이 성립함을 증명하여라. 또 일반적으로 $a \equiv a' \bmod m$, $b \equiv b' \bmod m$, $c \equiv c' \bmod m$, $\cdots$로 함수 $f(x, y, z, \cdots)$가 $x, y, z, \cdots$애 관한 정수계의 다항식이라면

$$f(a, b, c, \cdots) \equiv f(a', b', c', \cdots) \bmod m \tag{10.11}$$

임을 보여라.

[해] $a \equiv a' \bmod m$, $b \equiv b' \bmod m$에 의해 $a-a;$은 m의 배수이며

$$a = a' + \alpha m, \quad b = b' + \beta m \quad (\alpha, \beta\text{는 정수}) \tag{10.12}$$

이므로

$$a + b = a' + b' + (\alpha + \beta)m \tag{10.13}$$

$$a - b = a' - b' + (\alpha - \beta)m \tag{10.14}$$

로 되며 덧셈, 뺄셈에 대해

$$a \pm b \equiv a' \pm b' \bmod m \tag{10.15}$$

이고, 또 곱셈에 대해서는

$$ab - a'b' = (a-a')b + a'(b-b') \tag{10.16}$$

$$= (\alpha b + \beta a')m \tag{10.17}$$

에 의해

$$ab \equiv a'b' \bmod m \tag{10.18}$$

로 된다. N이 정수이면 $Na = Na' + N\alpha m$으로부터

$$Na \equiv Na' \bmod m \tag{10.19}$$

도 성립한다. (10.18)식과 (10.19)식으로부터 인수의 수에 관계없이

$$Na^p b^q c^r \cdots \equiv Na'^p b'^q c'^r \cdots \bmod m \tag{10.20}$$

이 성립하고 더해진 수가 몇 개 있어도 되므로

$$\sum_i N_i a^{pi} b^{qi} c^{ri} \cdots \equiv \sum_i N_i a'^{pi} b'^{qi} c'^{ri} \cdots \bmod m \tag{10.21}$$

도 성립한다. 따라서 정수계의 함수 $f(x,y,z,\cdots)$에 대해

$$f(a,b,c,\cdots) \equiv f(a',b',c',\cdots) \bmod m \tag{10.22}$$

가 성립한다.

예제 10-2

$$ac \equiv bc \bmod m \tag{10.23}$$

일 때 최대공약수 $\gcd(c,m) = 1$이면

$$a \equiv b \bmod m \tag{10.24}$$

이고 $\gcd(c,m) = d$이면 $m' = m/d$라 하여

$$a \equiv b \bmod m' \tag{10.25}$$

로 됨을 보여라.

[해] (10.23)식에 의해

$$ac = bc + \alpha m \ (\alpha\text{는 정수}) \tag{10.26}$$

$$(a-b)c = \alpha m \tag{10.27}$$

이 되고 $\gcd(c,m) = 1$이면 $(a-b)$는 m의 배수이며

$$a \equiv b \bmod m \tag{10.28}$$

로 된다.

한편 $\gcd(c,m)=d$이면 $m=dm'$, $c=dc'$에 의해

$$(a-b)dc' = \alpha dm', \qquad (a-b)c' = \alpha m' \tag{10.29}$$

에서 $a-b$는 m'의 배수로 되어서

$$a \equiv b \bmod m' \qquad (m' = m/d) \tag{10.30}$$

으로 된다.

10.1.2 오일러의 정리 (페르마의 소정리)

자연수 n과 정수 a에 대해 $\gcd(a,n)=1$일 때

$$a^{\varphi(n)} \equiv 1 \bmod n \tag{10.31}$$

이 성립하는 것을 오일러정리라 부른다. 단 $\varphi(n)$은 오일러함수이다. 오일러함수는 n과 서로 소(素) 관계인 n보다 작은 자연수의 개수를 나타내므로 n이 소수일 때에는 $\varphi(n)=n-1$로 되며 그 때의 (10.31)식을 페르마의 소정리라 부른다. 오일러함수는 자연수 $\{1,2,3,\cdots,n\}$ 중에서 n과 서로 소수인 수위 개수이므로 n을 법으로 하는 기약잉여계 요소의 개수와 같다. $n=12$이면 n보다 작고 서로 소수인 수는

$$\{1,5,7,11\} \tag{10.32}$$

이며 임의의 정수 k에 대해서 n과 서로 소수인 수

$$c_1 = 12k+1 \tag{10.33}$$

$$c_5 = 12k+5 \tag{10.34}$$

$$c_7 = 12k+7 \tag{10.35}$$

$$c_{11} = 12k+11 \tag{10.36}$$

가 기약잉여류이다. 그 개수는 $\varphi(n=12)=4$이다. 기약잉여류로부터 각각 하나씩 선택한

$$\{1,5,7,11\}, \ \{13,-7,19,-1\}, \ \{\cdots\} \tag{10.37}$$

등은 기약잉여계이지만 그 중 하나 $\{y_1,y_2,y_3,\cdots,y_l\}$ $(l=\varphi(n))$에 $\gcd(a,n)=1$인

수 a를 곱하여 ay_i로부터 구한 $ay_i \equiv z_i \bmod n$의 해인 z_i의 집합 $\{z_1, z_2, z_3, \cdots, z_l\}$ $(l = \varphi(n))$도 역시 n을 법으로 하는 기약잉여계를 만든다는 것을 보여준다.

예제 10-3 n을 법으로 하는 하나의 기약잉여계를 (10.38)라 한다. 이 기약잉여계에 n과 서로 소수인 정수 a를 곱한 수도 n을 법으로 하는 기약잉여계를 만든다는 것을 보여라.

[해] ay_i에 대한 합동식

$$ay_i \equiv z_i \bmod n \tag{10.39}$$

의 해인 z_i의 집합 $\{z_1, \cdots, z_l\}$이 기약잉여계를 만드는 것은 $\gcd(a,n) = \gcd(y_i,n) = 1$인 관계를 이용하여 다음과 같이 증명된다. 만약 다른 두 개의 원소 $y_i \neq y_j$에 대해

$$ay_i \equiv ay_j \bmod n \tag{10.40}$$

이 성립한다고 하면 $\gcd(a,n) = 1$이므로 예제 10.2의 (10.23)식과 (10.24)식으로부터

$$ay_i \equiv y_j \bmod n \tag{10.41}$$

이 성립하게 되며, y_i와 y_j가 기약잉여계의 두 가지 다른 원이라는 사실과 모순된다. 따라서 z_i와 z_j는 역시 잉여계의 다른 원이 된다. 또 $\gcd(a,n) = \gcd(y_i,n) = 1$로부터 $\gcd(ay_i,n) = 1$이 되며 z_i는 기약잉여계의 원(元) 임을 알 수 있다. 이상으로부터 $\{z_1, \cdots, z_l\}$이 기약잉여계를 만든다는 것을 보일 수 있다.

예컨대 (10.37)식의 기약잉여계 $\{1, 5, 7, 11\}$에 $a = 5$를 곱하면

$$\{a = 5, 5a = 25, 7a = 35, 11a = 55\} \overset{\text{mod}(12)}{\longrightarrow} \{5, 1, 11, 7\} \tag{10.42}$$

로 되어서 순서는 변하지만 기약잉여계를 만든다는 것을 알 수 있다.

핵심 Point 오일러의 정리의 증명

자연수 n을 법으로 하는 합동식으로부터 구한 기약잉여계 $\{y_1, y_2, \cdots, y_l\}$로 만들어진 두 개의 곱

$$P = y_1 y_2 \cdots y_l \tag{10.43}$$

$$Q = ay_1 ay_2 \cdots ay_l = a^l P \tag{10.44}$$

를 생각하자. 여기서 정수 a는 $\gcd(n,a) = 1$을 만족한다.

$\{y_1, y_2, \cdots, y_l\}$와 $\{ay_1, ay_2, \cdots, ay_l\}$는 모두 기약잉여계이므로 각 ay_i에 대해 예제 10.3에 보이듯이

$$ay_i \equiv y_j \bmod n \tag{10.45}$$

를 만족하는 y_i가 거의 하나씩 존재하고 y_i의 집합은 기약잉여계를 만들며 모든 원의 곱은 P가 된다. 따라서 예제 10.1의 합동식의 곱셈 정리 (10.10)에 의해

$$Q \equiv a^l P \equiv P \bmod n \tag{10.46}$$

이 유도된다. 또 $\gcd(P, n) = 1$이므로 예제 10.2에서 증명하였듯이 (10.46)식의 양변을 P로 나누어도 합동식은 성립하므로

$$a^l \equiv a^{\varphi(n)} \equiv 1 \bmod n \tag{10.47}$$

이 구해지고 따라서 오일러의 정리가 증명되었다. n이 소수인 경우에는 (10.47)식을 페르마의 소정리라 한다.

핵심 Point 오일러 정리의 예

i) $n = 7$, $a = 2$라 하면 $\varphi(7) = 6$이고 $2^6 = 64$이며

$$2^6 \equiv 1 \bmod 7, \quad 2^6 - 1 = 63 = 7 \times 9。 \tag{10.48}$$

ii) $n = 8$, $a = 9$라 하면 $\varphi(8) = 4$이므로 $9^4 = 6561$이며

$$9^4 \equiv 1 \bmod 8, \quad 9^4 - 1 = 6560 = 8 \times 820。 \tag{10.49}$$

iii) $n = 19$, $a = 2$라 하면 $\varphi(19) = 18$이므로 $2^{18} = 262144$이며

$$2^{18} \equiv 1 \bmod 19, \quad 2^{18} - 1 = 262143 = 19 \times 13797。 \tag{10.50}$$

iv) $n = 11$, $a = 7$라 하면 $\varphi(11) = 10$이므로 $7^{10} = 282475249$이며

$$7^{10} \equiv 1 \bmod 11, \quad 7^{10} - 1 = 282475248 = 11 \times 25679568。 \tag{10.51}$$

이다.

10.1.3 유클리드 (Euclid) 호제법

유클리드의 호제법은 두 개의 자연수 a,b의 최대공약수를 구하는 알고리즘이다.

핵심 Point 유클리드의 호제법

- **단계** 1 : $a > b$라 하고
  a를 b로 나눈 나머지를 r_1이라 한다.
- **단계** 2 : b를 r_1로 나눈 나머지를 r_2라 한다.
- **단계** 3 : r_1를 r_2로 나눈 나머지를 r_3라 한다.

  ⋮
- **단계** $n+1$: r_{n-1}를 r_n로 나눈 나머지를 $r_{n+1}=0$이라 할 때에 계산을 종료하고

$$\gcd(a,b) = r_n \tag{10.52}$$

를 구한다.

증명

$$a = qb + r \qquad (0 < r < b) \tag{10.53}$$

에 대해서 $\gcd(a,b)=d$라 하면

$$a = da', \qquad b = db', \qquad a', b' \in \mathbf{Z} \tag{10.54}$$

로 쓸 수 있다. 또 $\gcd(b,r)=f$라면

$$b = fb'', \qquad r = fr'', \qquad b'', r'' \in \mathbf{Z} \tag{10.55}$$

가 된다. (10.53)식과 (10.55)식으로부터

$$a = qfb'' + fr'' = f(qb'' + r'') \tag{10.56}$$

로 되며, f는 a와 b의 약수이다. d는 a와 b의 최대공약수이므로 $f \leqq d$이다. 한편 (10.53)식에 의해

$$r = a - qb = da' - qdb' = d(a' - qb') \tag{10.57}$$

이며, d는 b와 r의 약수임을 알 수 있다. f가 b와 r의 최대공약수이므로 $d \leqq f$이다. 따라서 $d=f$가 증명이 되며

$$\gcd(a,b) = \gcd(b,r) \tag{10.58}$$

이 된다.

유클리드 호제법의 알고리즘에서는

$$a = q_1 b + r_1 \qquad (b > r_1) \tag{10.59}$$
$$b = q_2 r_1 + r_2 \qquad (r_1 > r_2) \tag{10.60}$$
$$r_1 = q_3 r_2 + r_3 \qquad (r_2 > r_3) \tag{10.61}$$
$$\vdots$$
$$r_{n-1} = q_{n+1} r_n + r_{n+1} \qquad (r_n > r_{n+1} = 0) \tag{10.62}$$

이다. $(n+1)$회 단계에서 $\gcd(r_{n-1}, r_n) = r_n$이 되지만 (10.58)식에서

$$\gcd(a,b) = \gcd(b, r_1) = \gcd(r_1, r_2) = \cdots = \gcd(r_{n-1}, r_n) = r_n \tag{10.63}$$

이 보이므로 a,b의 최대공약수

$$\gcd(a,b) = r_n \tag{10.64}$$

가 구해지게 된다.

예제 10-4 195와 143의 최대공약수를 구하여라.

[해] 유클리드의 호제법에 의해

$$195 = 1 \times 143 + 52$$
$$143 = 2 \times 52 + 39$$
$$52 = 1 \times 39 + 13$$
$$39 = 3 \times 13 + 0$$

이 되어서 $\gcd(195,143) = 13$이 구해진다. 또 최대공배수도

$$195 \times 143/\gcd(195, 143) = 2145 \tag{10.65}$$

로 구해진다.

10.1.4 디오팬터스의 방정식 (부정방정식)

계수가 정수이고 두 개 이상의 미지수를 포함하는 방정식의 정수해를 구하는 문제는 해가 존재한다면 무수한 정수해가 존재하게 되므로 부정방정식이라 불린다. 일차부정방정식의 해법은 서기 300년경 알렉산드리아에서 활동하 디오팬터스 (Diophantus)의 저서 「아리스메티카 (Arithmetica)」에 나온다. 그러므로 정수계수의 부정방정식은 일반적으로 디오팬터스 방정식이라 부른다.

정수 a,b,d와 미지수 x,y에 대한 일차 부정방정식

$$ax+by=d \qquad ab\neq 0 \tag{10.66}$$

의 정수해를 구하는 문제를 생각해보자. 특히 $d=\gcd(a,b)$일 때 또는 그 정수배일 때에는 유클리드의 호제법을 이용하여 구할 수 있다.

예제 10-5

$$195x+143y=13 \tag{10.67}$$

의 부정해(不正解)를 구하여라.

[해] 예제 10.4의 유클리드 호제법을 역으로 생각해 보면

$$13=52-1\times 39 \tag{10.68}$$

인데 여기에다 한 단계 앞인 $39=1343-2\times 52$를 대입하면

$$13=52-1\times(143-2\times 52)=3\times 52-1\times 143 \tag{10.69}$$

가 된다. 다음에 $52=195-143$을 대입하면

$$\begin{aligned}13 &= 3\times(195-143)-143\\ &= 3\times 195-4\times 143\end{aligned} \tag{10.70}$$

이 되고, $195x+143y=13$은 $x=3$, $y=-4$의 해를 가짐을 알 수 있다. 일반해는 x,y를

$$x=3+t_1k, \qquad y=-4+t_2k \qquad k\in\mathbf{Z} \tag{10.71}$$

로 나타내어서 (10.67)식에 대입하면

$$195\times(3+t_1k)+143(-4+t_2k)=13 \tag{10.72}$$

에서

$$(195t_1+143t_2)=0 \tag{10.73}$$

이 된다. (10.73)식을 $\gcd(195,143)=13$으로 나누면

$$15t_1+11t_2=0 \tag{10.74}$$

이 되고 $t_1=11$, $t_2=-15$를 택하면

$$x=3+11k, \qquad y=-4-15k \qquad k\in\mathbf{Z} \tag{10.75}$$

가 (10.67)식의 일반해가 된다.

디오팬터스의 방정식인 (10.66)의 일반해는 $d = \gcd(a,b)$일 때의 해 중 하나가 x_1과 y_1이라면 $a' = \frac{a}{d}$, $d' = \frac{b}{a}$에 의해

$$x = x_1 + b'k, \qquad y = y_1 - a'k \tag{10.76}$$

로 구해진다. 일반적으로 일차 부정방정식

$$ax + by = d \tag{10.77}$$

이 해를 갖기 위한 필요충분 조건은 d가 $\gcd(a,b)$로 나뉜다는 것이다.

10.1.5 중국식 잉여정리

중국식 잉여정리는 유클리드 호제법의 일종이다. 이 해법은 서기 300년경에 중국에서 쓰인 「손자(孫子)산경(算經)」에 나오므로 중국식 잉여정리 또는 손자잉여정리라 한다.

핵심 Point

[명제]

n개의 서로 소수 관계인 자연수 m_i $(i=1,\cdots,n)$ $\{\gcd(m_i,m_j)=1 \text{ if } i \neq j\}$에 대한 연립방정식

$$\begin{aligned} x &\equiv a_1 \bmod m_1 \\ x &\equiv a_2 \bmod m_2 \\ &\vdots \\ &\vdots \\ x &\equiv a_n \bmod m_n \end{aligned} \tag{10.78}$$

을 만족하는 x가 항상 존재하고 어떤 해라도 $M = m_1 m_2 \cdots m_n$을 법으로 하여 합동이다.

[증명]

우선 $M_i = M/m_i$를 정의하면 $\gcd(M_i, m_i) = 1$이므로

$$M_i N_i \equiv 1 \bmod m_i \tag{10.79}$$

의 합동식을 만족하는 N_i가 존재하는 것을 디오팬터스의 방정식을 이용하여 다음과 같이 나타낼 수 있다. (10.79)식을 임의의 정수 b를 이용하여

$$M_i N_i - m_i b = 1 \tag{10.80}$$

로 나타내면, 미지수 N_i와 b를 갖는 일차부정식이 되고 10.1.4절에서 보이듯이 우변이 $\gcd(M_i, m_i) = 1$로 나누어지므로 (10.80)식은 해를 갖는다.

$$x = \sum_{i=1}^{n} a_i M_i N_i \tag{10.81}$$

로 정의한다면 $M_i N_i \equiv 1 \bmod m_i$이고, $i \neq j$에 대해서는 $M_j N_j \equiv 0 \bmod m_i$이므로 합동식의 덧셈 정리에 의해

$$x \equiv \sum_{i=1}^{n} a_i M_i N_i \equiv a_i \bmod m_i \tag{10.82}$$

가 유도되므로 (10.81)식의 x가 연립방정식 (10.78)의 해가 됨을 보였다.
다음
에 법 M에 대한 해의 일의성을 증명해 보자. x와 x'이 공히 연립방정식 (10.78)의 해라 하자. 그러면 그 차는 모든 m_i에 대해서

$$x - x' \equiv 0 \bmod m_i \qquad (i = 1, 2, \cdots, n) \tag{10.83}$$

이므로 $\gcd(m_i, m_j) = 1 \ (i \neq j)$이고 $M = m_1 m_2 \cdots m_n$에 대해서도

$$x - x' \equiv 0 \bmod M \tag{10.84}$$

이며

$$x \equiv x' \bmod M \tag{10.85}$$

가 유도되어서 두 개의 해 x와 x'은 M을 법으로하여 합동이다.

예제 10-6 오일러함수의 승법성(乘法性)

m, n이 서로 수수 관계일 때 곱 mn의 오일러함수 $\varphi(mn)$은 $\varphi(mn) = \varphi(m)\varphi(n)$과 $\varphi(m)$과 $\varphi(n)$의 곱으로 나타낼 수 있음을 보여라.

[해] $M = mn$보다 작고 M과 서로 소수관계인 자연수의 개수가 $\varphi(mn)$이다. 지금 $x = \{x_1, x_2, \cdots, x_{\varphi(m)}\}$ 및 $y = \{y_1, y_2, \cdots, y_{\varphi(n)}\}$을 각각 m, n을 법으로 하는 기약잉여계라 하면 x, y의 $\varphi(m)\varphi(n)$개 조합 각각에 대해

$$z \equiv x_i \bmod m$$
$$z \equiv y_j \bmod n$$

을 만족하는 z가 M을 법으로 하여 하나씩 존재한다 (중국식 잉여정리). 이 때 z

는 물론 M과 서로 소수 관계이므로 $\gcd(z,M)=1$이다. 역으로 $\gcd(z,M)=1$이면 $\gcd(z,m)=1$, 그리고 $\gcd(z,n)=1$이므로

$$z = x_i \bmod m$$
$$z = y_j \bmod n$$

인 (x_i, y_j)는 곧바로 결정되어 버린다. 즉 M을 법으로 하는 기약잉여계 z 중에서 하나의 수와 (x_i, y_j) 사이에 일대일의 대응관계가 성립한다. 따라서 $\varphi(M)=\varphi(mn)=\varphi(m)\varphi(n)$이 증명되었다.

[예] $m=3, n=7$인 경우에 오일러함수의 승법성을 생각해 보자. 이 경우 $M=mn=21$이다. $\varphi(m)=2, \varphi(n)=6$이므로 각각의 기약잉여계를

$$x=\{1,2\}, \qquad y=\{1,2,3,4,5,6\}$$

이라 하면 x, y 각각에 대해 중국식잉여정리를 적용하면 z는표 10.2에 보인 것과 같이 결정된다. 작은 순서로 정리해 주면

$$z=\{1,2,4,5,8,10,11,13,16,17,19,20\}$$

으로 되고 $\varphi(M)=12=2\cdot 6=\varphi(m)\varphi(n)$이 성립함을 알 수 있다.

[표 10.2] 기약잉여계 x, y, z

x	1	1	1	1	1	1	2	2	2	2	2	2
y	1	2	3	4	5	6	1	2	3	4	5	6
z	1	16	10	4	19	13	8	2	17	11	5	20

10.2 연분수 전개

$a_0, \cdots, a_N$을 양의 정수로 갖는 연분수는

$$a_0+\cfrac{1}{a_1+\cfrac{1}{a_2+\cfrac{1}{a_3+\cfrac{1}{a_4+\cfrac{1}{\cdots+\cfrac{1}{a_N}}}}}} \tag{10.86}$$

로 정의된다. (10.86)식은

$$[a_0, \cdots, a_N] \tag{10.87}$$

로도 쓸 수 있다. $n < N$일 때 $[a_0, \cdots, a_n]$은 $[a_0, \cdots, a_N]$의 제 n-근사라 불린다. 제 n-근사를 p_n/q_n라 하면

$$\begin{aligned} &p_0 = a_0, \quad q_0 = 1 \\ &\tfrac{p_1}{q_1} = a_0 + \tfrac{1}{a_1} = \tfrac{a_0 a_1 + 1}{a_1} \end{aligned} \tag{10.88}$$

에 의해

$$p_1 = a_0 a_1 + 1, \quad q_1 = a_1 \tag{10.89}$$

이다. 이를 반복하면

$$\begin{aligned} p_1 &= a_1 p_0 + 1 \quad \cdots \quad p_n = a_n p_{n-1} + p_{n-2} \\ q_1 &= a_1 q_0 \qquad\quad \cdots \quad q_n = a_n q_{n-1} + q_{n-2} \end{aligned} \tag{10.90}$$

으로 p_n과 q_n에 대한 점화식이 구해진다. 연분수를 이용하여 모든 양의 유리수 x는 다음과 같은 수순으로 표기할 수 있다. $\lfloor x \rfloor$는 x보다 작은 최대의 정수를 나타낸다 (같은 것도 포함). 또 $\lceil x \rceil$는 x보다 큰 최소의 정수를 나타낸다.

$$\begin{aligned} &a_0 = \lfloor x \rfloor \\ &x = a_0 + \xi_0 \quad 0 \le \xi_0 < 1 \end{aligned} \tag{10.91}$$

- $\xi_0 \neq 0$이면 $a_1 = \lfloor \frac{1}{\xi_0} \rfloor$로 하여

$$\frac{1}{\xi_0} = a_1 + \xi_1 \quad 0 \le \xi_1 < 1$$

- $\xi_1 \neq 0$이면 $a_2 = \lfloor \frac{1}{\xi_1} \rfloor$

이를 $\xi_n = 0$될 때까지 반복하여 계속한다.

예제 10-7 $x = \dfrac{19}{11}$을 연분수로 나타내어라.

[해]

$$
\begin{array}{ll}
a_0 = 1 & \xi_0 = \frac{19}{11} - 1 = \frac{8}{11} \\
a_1 = \lfloor \frac{11}{8} \rfloor = 1 & \xi_1 = \frac{11}{8} - 1 = \frac{3}{8} \\
a_2 = \lfloor \frac{8}{3} \rfloor = 2 & \xi_2 = \frac{8}{3} - 2 = \frac{2}{3} \\
a_3 = \lfloor \frac{3}{2} \rfloor = 1 & \xi_3 = \frac{3}{2} - 1 = \frac{1}{2} \\
a_4 = 2 &
\end{array}
$$

$$
\begin{aligned}
x &= 1 + \cfrac{1}{1 + \cfrac{1}{2 + \cfrac{1}{1 + \cfrac{1}{2}}}} \\
&= 1 + \cfrac{1}{1 + \cfrac{1}{2 + \cfrac{2}{3}}} \\
&= 1 + \cfrac{1}{1 + \cfrac{3}{8}} \\
&= 1 + \frac{8}{11} \\
&= \frac{19}{11}
\end{aligned}
$$

예제 10-8 2행2열의 행렬식

$$
\begin{vmatrix} p_n & p_{n-1} \\ q_n & q_{n-1} \end{vmatrix} = (-)^{n-1}
$$

을 증명하여라.

[해] p_n의 점화식에 의해

$$
\begin{aligned}
\begin{vmatrix} p_n & p_{n-1} \\ q_n & q_{n-1} \end{vmatrix} &= \begin{vmatrix} p_{n-1}a_{n-1} + p_{n-2} & p_{n-1} \\ q_{n-1}a_{n-1} + q_{n-2} & q_{n-1} \end{vmatrix} \\
&= \begin{vmatrix} p_{n-2} & p_{n-1} \\ q_{n-2} & q_{n-1} \end{vmatrix} = - \begin{vmatrix} p_{n-1} & p_{n-2} \\ q_{n-1} & q_{n-2} \end{vmatrix}
\end{aligned}
$$

로 되고 이것을 $n-1$회 반복해 주면

$$\begin{vmatrix} p_n & p_{n-1} \\ q_n & q_{n-1} \end{vmatrix} = (-)^{n-1} \begin{vmatrix} p_1 & p_0 \\ q_1 & q_0 \end{vmatrix} = (-)^{n-1} \begin{vmatrix} a_1 a_0 + 1 & a_0 \\ a_1 & 1 \end{vmatrix} = (-)^{n-1} \begin{vmatrix} 1 & a_0 \\ 0 & 1 \end{vmatrix} = (-)^{n-1}$$

으로 된다.

핵심 Point

[명제]

p와 q를 정수라 하고 x와 p/q가 각각 유리수로서

$$\left| \frac{p}{q} - x \right| \leqq \frac{1}{2q^2} \tag{10.92}$$

를 만족할 때 p/q는 x의 연분수 근사이다.

[증명]

p/q는 연분수 $[a_0, \cdots, a_n]$로 표현된다고 하자. (10.92)식을 $|\delta| < 1$를 이용하여

$$x = \frac{p}{q} + \frac{\delta}{2q^2}$$

으로 표현한다. 또 λ를

$$\lambda = 2\frac{q_n p_{n-1} - p_n q_{n-1}}{\delta} - \frac{q_{n-1}}{q_n}$$

로 정의하면

$$\begin{aligned} \frac{\lambda p_n + p_{n-1}}{\lambda q_n + q_{n-1}} &= \frac{2p_n q_n (q_n p_{n-1} - p_n q_{n-1}) + \delta (q_n p_{n-1} - p_n q_{n-1})}{2q_n^2 (q_n p_{n-1} - p_n q_{n-1})} \\ &= \frac{p_n}{q_n} + \frac{\delta}{2q_n^2} = x \end{aligned}$$

으로 되어서 x는 연분수 $x = [a_0, \cdots, a_n, \lambda]$로 표현된다. x를 짝수라 하면 (10.92)식에 의해 $p_n q_{n-1} - q_n p_{n-1} = -1$이므로

$$\lambda = \frac{2}{\delta} - \frac{q_{n-1}}{q} > 2 - 1 = 1$$

로 되고, λ는 1 보다 큰 유리수이므로 $\lambda = [b_0, \cdots, b_m]$로 표현된다. 결국 $x = [a_0, \cdots, a_n, b_0, \cdots, b_m]$로 되며 $p/q = [a_0, \cdots, a_n]$은 x의 n-차 연분수 근사이다.

Chapter

11 연습문제 해답

제1장

[1] (1.81), (1.82)식으로부터

$$|\updownarrow\rangle = \frac{1}{\sqrt{2}}\{|R\rangle + |L\rangle\} \tag{11.1}$$

$$|\leftrightarrow\rangle = -\frac{i}{\sqrt{2}}\{|R\rangle - |L\rangle\} \tag{11.2}$$

이며

$$|\Psi\rangle_{12} = \frac{1}{\sqrt{2}}\{|R\rangle_1|R\rangle_2 + |L\rangle_1|L\rangle_2\} \tag{11.3}$$

로 된다.

[2] s_y가 $\pm\frac{1}{2}$인 고유치를 갖는 고유상태를 $|\uparrow_y\rangle$, $|\downarrow_y\rangle$ 라 한다. 우선

$$|\uparrow_y\rangle = c|\uparrow_z\rangle + d|\downarrow_z\rangle = \begin{pmatrix} c \\ d \end{pmatrix} \tag{11.4}$$

와 규격화조건으로부터

$$|c|^2 + |d|^2 = 1 \quad 。 \tag{11.5}$$

이고

$$\sigma_y|\uparrow_y\rangle = \begin{pmatrix} 0 & -i \\ i & 0 \end{pmatrix}\begin{pmatrix} c \\ d \end{pmatrix} = \begin{pmatrix} -id \\ ic \end{pmatrix} = \begin{pmatrix} c \\ d \end{pmatrix} \tag{11.6}$$

로부터

$$d = ic \tag{11.7}$$

이 구해진다. c를 양의 정수라 하면

$$|\uparrow_y\rangle = \frac{1}{\sqrt{2}}\begin{pmatrix} 1 \\ i \end{pmatrix} = \frac{1}{\sqrt{2}}(|\uparrow_z\rangle + i|\downarrow_z\rangle) \tag{11.8}$$

로 된다. 또 $|\downarrow_y\rangle$ 에 대해서는

$$\sigma_y|\downarrow_y\rangle = \begin{pmatrix} 0 & -i \\ i & 0 \end{pmatrix}\begin{pmatrix} c' \\ d' \end{pmatrix} = \begin{pmatrix} -id' \\ ic' \end{pmatrix} = -\begin{pmatrix} c' \\ d' \end{pmatrix} \tag{11.9}$$

에 의해 $d'=-ic'$ 으로 되어서

$$|\downarrow_y\rangle = \frac{1}{\sqrt{2}}\begin{pmatrix} 1 \\ -i \end{pmatrix} = \frac{1}{\sqrt{2}}(|\uparrow_z\rangle - i|\downarrow_z\rangle) \tag{11.10}$$

로 된다.

[3]

$$\begin{aligned}[\mathbf{s}^2, s_z] &= [s_x^2, s_z] + [s_y^2, s_z] + [s_z^2, s_z] \\ &= s_x[s_x, s_z] + [s_x, s_z]s_x + s_y[s_y, s_z] + [s_y, s_z]s_y \\ &= s_x\left(-\frac{i}{2}s_y\right) + \left(-\frac{i}{2}s_y\right)s_x + s_y\frac{i}{2}s_x + \frac{i}{2}s_x s_y = 0\end{aligned} \tag{11.11}$$

로 되어서 $\mathbf{s}^2$과 s_z가 가환임이 증명되었다. $[\mathbf{s}^2, s_x]=[\mathbf{s}^2, s_y]=0$로 되는 것도 동일하게 증명할 수 있다. 여기서 $[s_i^2, s_j]$의 관계

$$\begin{aligned}[s_i^2, s_j] &= s_i^2 s_j - s_j s_i^2 \\ &= s_i(s_i s_j - s_j s_i) + (s_i s_j - s_j s_i)s_i \\ &= s_i[s_i, s_j] + [s_i, s_j]s_i\end{aligned} \tag{11.12}$$

를 이용하였다.

[4] (1.50)식은

$$\begin{aligned}[\sigma_x,\sigma_y] &= \Big[\big(|\uparrow\rangle\langle\downarrow| + |\downarrow\rangle\langle\uparrow|\big), -i\big(|\uparrow\rangle\langle\downarrow| - |\downarrow\rangle\langle\uparrow|\big)\Big] \\ &= -i\big(|\uparrow\rangle\langle\downarrow| + |\uparrow\rangle\langle\downarrow|\big)\big(|\uparrow\rangle\langle\downarrow| - |\downarrow\rangle\langle\uparrow|\big) \\ &\quad +i\big(|\uparrow\rangle\langle\downarrow| - |\uparrow\rangle\langle\downarrow|\big)\big(|\uparrow\rangle\langle\downarrow| + |\downarrow\rangle\langle\uparrow|\big) \qquad (11.13) \\ &= -i\big(-|\uparrow\rangle\langle\uparrow| + |\downarrow\rangle\langle\downarrow|\big) + i\big(|\uparrow\rangle\langle\uparrow| - |\downarrow\rangle\langle\downarrow|\big) \\ &= 2i\big(|\uparrow\rangle\langle\uparrow| - |\downarrow\rangle\langle\downarrow|\big) = 2i\sigma_z\end{aligned}$$

로 증명할 수 있다. $[\sigma_y,\sigma_z]=2i\sigma_x$, $[\sigma_z,\sigma_x]=2i\sigma_y$도 같은 식으로 증명이 가능하다. 또 (1.51)식은

$$\begin{aligned}\{\sigma_x,\sigma_y\} &= \sigma_x\sigma_y + \sigma_y\sigma_x \\ &= -i\big(-|\uparrow\rangle\langle\uparrow| + |\downarrow\rangle\langle\downarrow|\big) - i\big(|\uparrow\rangle\langle\uparrow| - |\downarrow\rangle\langle\downarrow|\big) \\ &= 0\end{aligned}$$

$\{\sigma_y,\sigma_z\}=\{\sigma_z,\sigma_x\}=0$도 동일하게 증명이 된다.

[5]

$$\begin{aligned}[l_x,l_y] &= [yp_z - zp_y, zp_x - xp_z] \\ &= [yp_z, zp_x] + [zp_y, xp_z] \\ &= y[p_z, z]p_x + x[z, p_z]p_y \\ &= -iyp_x + ixp_y = l_z\end{aligned}$$

여기서 (1.33)식과 $[ab,c]=a[b,c]+[a,c]b$인 관계를 이용하였다. $[l_y,l_z]=il_x$, $[l_z,l_x]=il_y$도 동일하게 증명된다.

[6] 편광상태 $|\leftrightarrow\rangle$ 와 $|\updownarrow\rangle$ 는 x-방향, y-방향의 3차원벡터로 볼 수 있으므로 z-축 주변으로 $d\alpha$만큼 회전시키면

$$\begin{aligned}D_z(d\alpha)|\leftrightarrow\rangle &= \cos d\alpha|\leftrightarrow\rangle + \sin d\alpha|\updownarrow\rangle \\ &\approx |\leftrightarrow\rangle + d\alpha|\updownarrow\rangle \\ D_z(d\alpha)|\updownarrow\rangle &= \cos d\alpha|\updownarrow\rangle - \sin d\alpha|\leftrightarrow\rangle \\ &\approx |\updownarrow\rangle - d\alpha|\leftrightarrow\rangle\end{aligned}$$

로 변환이 된다.

여기서 $d\alpha \ll 1$이라 하였다. 따라서

$$\begin{aligned} D_z(d\alpha)|L\rangle &= \frac{1}{\sqrt{2}}\{|\updownarrow\rangle - d\alpha|\leftrightarrow\rangle - i|\leftrightarrow\rangle - id\alpha|\updownarrow\rangle\} \\ &= (1-id\alpha)\frac{1}{\sqrt{2}}\{|\updownarrow\rangle - i|\leftrightarrow\rangle\} \\ &= (1-id\alpha)|L\rangle \end{aligned} \tag{11.14}$$

$$\begin{aligned} D_z(d\alpha)|R\rangle &= \frac{1}{\sqrt{2}}\{|\updownarrow\rangle - d\alpha|\leftrightarrow\rangle + i|\leftrightarrow\rangle + id\alpha|\updownarrow\rangle\} \\ &= (1+id\alpha)|R\rangle \end{aligned} \tag{11.15}$$

(1.96)식인 $D_z(d\alpha) \approx 1 - il_z d\alpha$와 (11.14), (11.15)식을 비교하면

$$l_z|L\rangle = +1|L\rangle, \qquad l_z|R\rangle = -1|R\rangle$$

이 구해진다. 광자의 스핀 크기가 "1"이므로 $|L\rangle$ 의 원편광상태는 진행방향과 스핀이 나란하고, $|R\rangle$ 의 원편광상태는 진행방향과 스핀이 반대이다. 헬리시티 h는 입자의 운동량 방향의 단위벡터를 p라 할 때

$$h = (\mathbf{l} \cdot \hat{\mathrm{p}})$$

로 정의된다. 원편광상태 $|L\rangle$, $|R\rangle$ 은 $xy-$평면상으로 편광되어 있으므로 운동량 방향은

$$\hat{\mathrm{p}} = \boldsymbol{\varepsilon}_1 \times \boldsymbol{\varepsilon}_2 = \boldsymbol{\varepsilon}_3$$

과 z 방향으로 된다. 따라서 헬리시티는

$$h = l_z$$

로 정의되며

$$h(L) = +1, \qquad h(R) = -1$$

인 헬리시티를 갖는다.

제2장

[1] (2.2)식으로부터

$$\mathbf{S}^2 = \frac{1}{2}(3 + \boldsymbol{\sigma}_1\boldsymbol{\sigma}_2)。$$

$|\Psi^{(+)}>$ 에 대해서는 (2.4)식의 비대각 항의 위상이 (+)로 되며

$$\begin{aligned}\langle\Psi^{(+)}|\boldsymbol{\sigma}_1\cdot\boldsymbol{\sigma}_2|\Psi^{(+)}\rangle &= {}_1\langle\uparrow|_2\langle\downarrow|\{\sigma_{x_1}\sigma_{x_2}+\sigma_{y_1}\sigma_{y_2}\}|\downarrow\rangle_1|\uparrow\rangle_2 + {}_1\langle\uparrow|_2\langle\downarrow|\sigma_{z_1}\sigma_{z_2}|\uparrow\rangle_1|\downarrow\rangle_2 \\ &= (1\cdot 1 - i\cdot i) + (1\cdot(-1)) = 1\end{aligned}$$

에 의해

$$\langle\Psi^{(+)}|\mathbf{S}^2|\Psi^{(+)}\rangle = S(S+1) = 2$$

로 되어서 전체 스핀은 $S=1$로 구해진다.

[2]

$$\begin{aligned}|\Psi\rangle_{123} &= |\phi\rangle_1|\Psi\rangle_{23} \\ &= (a|\uparrow\rangle_1 + b|\downarrow\rangle_1)\frac{1}{\sqrt{2}}\{|\uparrow\rangle_2|\downarrow\rangle_3 - |\downarrow\rangle_2|\uparrow\rangle_3\} \\ &= \frac{a}{\sqrt{2}}\{|\uparrow\rangle_1|\uparrow\rangle_2|\downarrow\rangle_3 - |\uparrow\rangle_1|\downarrow\rangle_2|\uparrow\rangle_3\} \\ &\quad + \frac{b}{\sqrt{2}}\{|\downarrow\rangle_1|\uparrow\rangle_2|\downarrow\rangle_3 - |\downarrow\rangle_1|\downarrow\rangle_2|\uparrow\rangle_3\}。\end{aligned} \tag{11.16}$$

(11.16)식에

$$\begin{aligned}|\uparrow\rangle_1|\uparrow\rangle_2 &= \frac{1}{\sqrt{2}}\left\{|\Phi^{(+)}\rangle + |\Phi^{(-)}\rangle\right\} \\ |\downarrow\rangle_1|\downarrow\rangle_2 &= \frac{1}{\sqrt{2}}\left\{|\Phi^{(+)}\rangle - |\Phi^{(-)}\rangle\right\} \\ |\uparrow\rangle_1|\downarrow\rangle_2 &= \frac{1}{\sqrt{2}}\left\{|\Psi^{(+)}\rangle + |\Psi^{(-)}\rangle\right\} \\ |\downarrow\rangle_1|\uparrow\rangle_2 &= \frac{1}{\sqrt{2}}\left\{|\Psi^{(+)}\rangle - |\Psi^{(-)}\rangle\right\}\end{aligned}$$

을 대입하면 (2.9)식이 구해진다.

[3] 그림 2.7의 a, b, a′, b′의 배치에 따라

$$\begin{aligned} E_{ab} &= \frac{2\phi}{\pi} - 1 \\ E_{ab'} &= \frac{2(\theta+\chi)}{\pi} - 1 \\ E_{a'b'} &= \frac{2\chi}{\pi} - 1 \\ E_{a'b} &= \frac{2(\theta-\phi)}{\pi} - 1 \end{aligned}$$

이며

$$\begin{aligned} S &= \left|\frac{2\phi}{\pi} - 1 - \left(\frac{2(\theta+\chi)}{\pi} - 1\right)\right| + \left|\frac{2\chi}{\pi} - 1 + \frac{2(\theta-\phi)}{\pi} - 1\right| \\ &= 2\frac{\theta+\chi-\phi}{\pi} \pm 2\left(1 - \frac{\theta+\chi-\phi}{\pi}\right) \end{aligned}$$

로 된다. 측정기의 배치가 $\pi \geqq \theta+\chi-\phi \geqq 0$임에 유념하면

$$S = 2$$

으로 되어서 CHSH 부등식을 만족함을 보일 수 있다.

제3장

[1] 테이프의 왼쪽 모눈으로부터 순서대로 2^0 행의 숫자, 2^1인 숫자의 순서로 입력되어 있다고 하자. 계산방식은 한 칸 아래에 1을 더하여 행이 한 칸 올라가면 정지, 올라가지 않으면 제어부에 1을 입력하여 헤드를 테이프의 다음 모눈으로 이동한 후 동일한 작업을 반복한다.

- 제어부 : q=0, 1
- 테이프 기호 : 0 이나 1
- 동작규칙 : 다음 표에 의한다.
- 초기상태 : $q=1$에서 헤드는 테이프의 왼쪽 끝에 위치한다.

제어부상태	테이프 기호		
	0	1	B
0	멈춤	멈춤	멈춤
1	01R	10R	01R

제4장

[1] • 프레드킨 게이트는 (4.29)식에 의해 $A = A'$로 된다. $A' = A = 0$일 때 B와 C는 불변이고 $A' = A = 1$일 때에는 B와 C가 교환되므로 (4.29)~(4.31)의 입력과 출력 문자를 역으로 한 관계:

$$\begin{aligned} A &= A' \\ B &= (\overline{A'} \cdot B') + (A' \cdot C') \\ C &= (\overline{A'} \cdot C') + (A' \cdot B') \end{aligned}$$

로 된다.

• 토폴리 게이트는 (4.33)식과 (4.34)식에 의해 입력 A와 B는 각각 출력 A', B'과 같다. C는 (4.35)의 양변에 $\oplus(A \cdot B)$를 작용시켜

$$\begin{aligned} \text{좌변} &= C' \oplus (A \cdot B) = C' \oplus (A' \cdot B') \\ \text{우변} &= C \oplus (A \cdot B) \oplus (A \cdot B) \\ &= C \oplus ((A \cdot B) \oplus (A \cdot B)) \\ &= C \oplus 0 \end{aligned}$$

에 의해 $C' \oplus (A' \cdot B')$을 얻는다. 즉 이것도 (4.33)~(4.35)에서 입력과 출력의 문자를 역으로 한 것이다.

[2] 예컨대 그림 11.1과 같이 하면 된다.

[3] 예컨대 예제 4.5를 참고하여 그림 11.2와 같이 하면 A와 B에 대해 $A+B$를 출력할 수 있다.

[4] 예컨대 그림 11.3과 같이하면 된다.

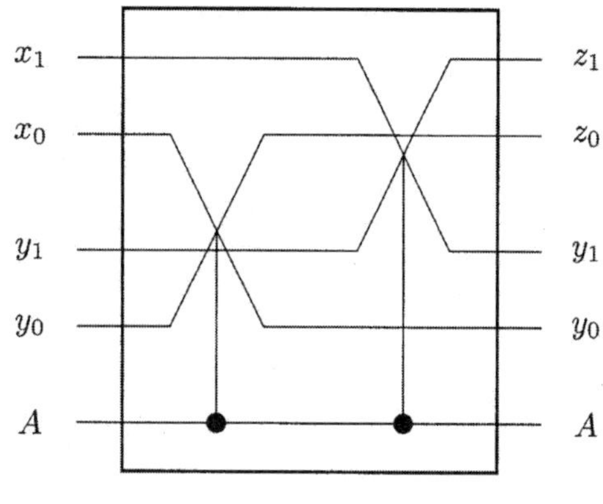

[그림 11.1] 프레드킨 게이트의 멀티플렉스

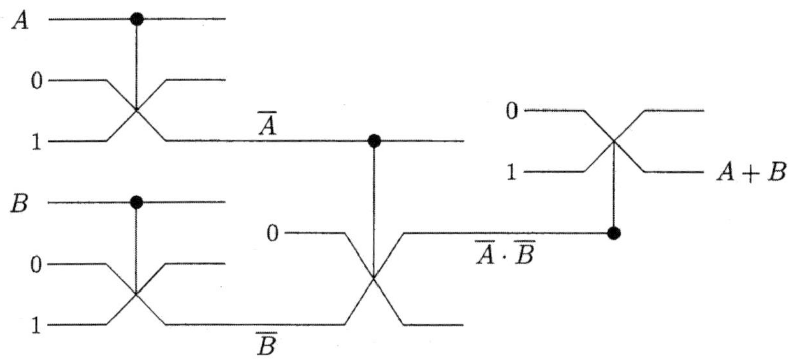

[그림 11.2] 프레드킨 게이트를 조합한 OR 게이트

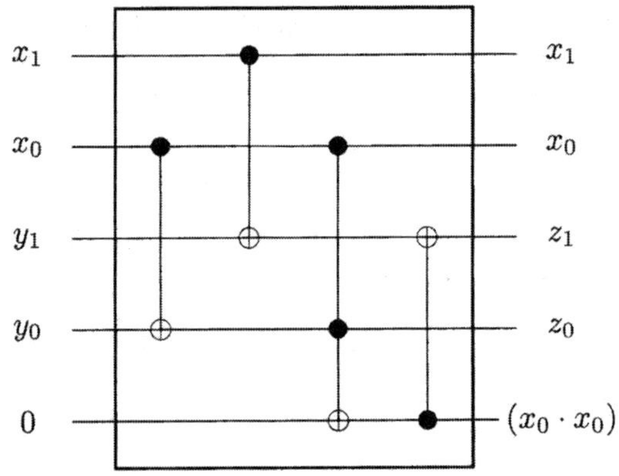

[그림 11.3] $Z = X + Y$ (mod 4)의 가산기

[5] 벡터 $\begin{pmatrix} u_0 \\ \vdots \\ u_{q-1} \end{pmatrix}$를 벡터 $\begin{pmatrix} f_0 \\ \vdots \\ f_{q-1} \end{pmatrix}$로 변환하는 행렬 T의 요소는 (4.37)식에 의해

$$T_{ca} = \frac{1}{\sqrt{q}} e^{2\pi iac/q}$$

이다. 그 중에서 c번째 행과 c'번째 행 벡터끼리의 내적은

$$\sum_{a=0}^{q-1} T_{ca}^* T_{c'a} = \frac{1}{q} \sum_{a=0}^{q-1} e^{2\pi ia(c-c')/q}$$

이고, 이 합은 해석적으로 구해져서

$$\begin{aligned}\sum_{a=0}^{q-1} T_{ca}^{*} T_{c'a} &= \begin{cases} c \neq c \text{ 일 때 } & \frac{1}{q} \cdot \frac{1-e^{2\pi i(c-c')}}{1-e^{2\pi i(c-c')/q}} = 0 \\ c = c \text{ 일 때 } & \frac{1}{q} \cdot q = 1 \end{cases} \\ &= \delta_{cc'}\end{aligned}$$

이 된다. 따라서 T는 유니타리 행렬, 즉 변환은 유니타리이므로 역행렬은 $R = T^{\dagger}$ 즉 $R_{ac} = (T_{ca})^{*} = \frac{1}{\sqrt{q}} e^{-2\pi iac/q}$이며 (4.38)식으로 역변환이 가능하다.

[6] $|a_2 a_1 a_0\rangle = |000\rangle, |001\rangle, |010\rangle, |011\rangle, |100\rangle, |101\rangle, |110\rangle, |111\rangle$ 의 변환에 대한 행렬에서 최초의 a_2 성분의 아다마르 변환은

$$\frac{1}{\sqrt{2}}\begin{pmatrix} 1 & 0 & 0 & 0 & 1 & 0 & 0 & 0 \\ 0 & 1 & 0 & 0 & 0 & 1 & 0 & 0 \\ 0 & 0 & 1 & 0 & 0 & 0 & 1 & 0 \\ 0 & 0 & 0 & 1 & 0 & 0 & 0 & 1 \\ 1 & 0 & 0 & 0 & -1 & 0 & 0 & 0 \\ 0 & 1 & 0 & 0 & 0 & -1 & 0 & 0 \\ 0 & 0 & 1 & 0 & 0 & 0 & -1 & 0 \\ 0 & 0 & 0 & 1 & 0 & 0 & 0 & -1 \end{pmatrix} \tag{11.17}$$

로 표현된다. 이후 순서대로

$$\begin{pmatrix} 1 & 0 & 0 & 0 & 0 & 0 & 0 & 0 \\ 0 & 1 & 0 & 0 & 0 & 0 & 0 & 0 \\ 0 & 0 & 1 & 0 & 0 & 0 & 0 & 0 \\ 0 & 0 & 0 & 1 & 0 & 0 & 0 & 0 \\ 0 & 0 & 0 & 0 & 1 & 0 & 0 & 0 \\ 0 & 0 & 0 & 0 & 0 & 1 & 0 & 0 \\ 0 & 0 & 0 & 0 & 0 & 0 & e^{i\pi/2} & 0 \\ 0 & 0 & 0 & 0 & 0 & 0 & 0 & e^{i\pi/2} \end{pmatrix}, \quad \begin{pmatrix} 1 & 0 & 0 & 0 & 0 & 0 & 0 & 0 \\ 0 & 1 & 0 & 0 & 0 & 0 & 0 & 0 \\ 0 & 0 & 1 & 0 & 0 & 0 & 0 & 0 \\ 0 & 0 & 0 & 1 & 0 & 0 & 0 & 0 \\ 0 & 0 & 0 & 0 & 1 & 0 & 0 & 0 \\ 0 & 0 & 0 & 0 & 0 & e^{i\pi/4} & 0 & 0 \\ 0 & 0 & 0 & 0 & 0 & 0 & 1 & 0 \\ 0 & 0 & 0 & 0 & 0 & 0 & 0 & e^{i\pi/4} \end{pmatrix},$$

$$\frac{1}{\sqrt{2}}\begin{pmatrix} 1 & 0 & 1 & 0 & 0 & 0 & 0 & 0 \\ 0 & 1 & 0 & 1 & 0 & 0 & 0 & 0 \\ 1 & 0 & -1 & 0 & 0 & 0 & 0 & 0 \\ 0 & 1 & 0 & -1 & 0 & 0 & 0 & 0 \\ 0 & 0 & 0 & 0 & 1 & 0 & 1 & 0 \\ 0 & 0 & 0 & 0 & 0 & 1 & 0 & 1 \\ 0 & 0 & 0 & 0 & 1 & 0 & -1 & 0 \\ 0 & 0 & 0 & 0 & 0 & 1 & 0 & -1 \end{pmatrix}, \quad \begin{pmatrix} 1 & 0 & 0 & 0 & 0 & 0 & 0 & 0 \\ 0 & 1 & 0 & 0 & 0 & 0 & 0 & 0 \\ 0 & 0 & 1 & 0 & 0 & 0 & 0 & 0 \\ 0 & 0 & 0 & e^{i\pi/2} & 0 & 0 & 0 & 0 \\ 0 & 0 & 0 & 0 & 1 & 0 & 0 & 0 \\ 0 & 0 & 0 & 0 & 0 & 1 & 0 & 0 \\ 0 & 0 & 0 & 0 & 0 & 0 & 1 & 0 \\ 0 & 0 & 0 & 0 & 0 & 0 & 0 & e^{i\pi/2} \end{pmatrix},$$

$$\frac{1}{\sqrt{2}}\begin{pmatrix} 1 & 1 & 0 & 0 & 0 & 0 & 0 & 0 \\ 1 & -1 & 0 & 0 & 0 & 0 & 0 & 0 \\ 0 & 0 & 1 & 1 & 0 & 0 & 0 & 0 \\ 0 & 0 & 1 & -1 & 0 & 0 & 0 & 0 \\ 0 & 0 & 0 & 0 & 1 & 1 & 0 & 0 \\ 0 & 0 & 0 & 0 & 1 & -1 & 0 & 0 \\ 0 & 0 & 0 & 0 & 0 & 0 & 1 & 1 \\ 0 & 0 & 0 & 0 & 0 & 0 & 1 & -1 \end{pmatrix}, \quad \begin{pmatrix} 1 & 0 & 0 & 0 & 0 & 0 & 0 & 0 \\ 0 & 0 & 0 & 0 & 1 & 0 & 0 & 0 \\ 0 & 0 & 1 & 0 & 0 & 0 & 0 & 0 \\ 0 & 0 & 0 & 0 & 0 & 0 & 1 & 0 \\ 0 & 1 & 0 & 0 & 0 & 0 & 0 & 0 \\ 0 & 0 & 0 & 0 & 0 & 1 & 0 & 0 \\ 0 & 0 & 0 & 1 & 0 & 0 & 0 & 0 \\ 0 & 0 & 0 & 0 & 0 & 0 & 0 & 1 \end{pmatrix}$$

으로 된다. (11.17)식에서 시작하여 순서대로 좌측에 곱해 가면 결과적으로 $\frac{1}{\sqrt{8}}e^{2\pi iac}$ (a=0,1,⋯,7, c=0,1,⋯,7)인 행렬요소를 가진 행렬을 구한다.

제5장

[1] 최대값의 경우 $\sum_{i=1}^{N} p_i = 1$ 인 사실에 주의를 하면서 부등식

$$\ln x \le x - 1 \tag{11.18}$$

을 이용하면

$$I \le \log_2 N \tag{11.19}$$

을 보일 수 있다.

왜냐하면

$$\begin{aligned}\left(-\sum_{i=1}^{N} p_i \ln p_i\right) - \ln N &= \left(-\sum_{i=1}^{N} p_i \ln p_i\right) - \left(\sum_{i=1}^{N} p_i\right) \ln N \\ &= -\sum_{i}^{N} p_i (\ln p_i + \ln N) \\ &= \sum_{i=1}^{N} p_i \ln \left(\frac{1}{N p_i}\right) \\ &\le \sum_{i=1}^{N} p_i \left(\frac{1}{N p_i} - 1\right) \\ &= \frac{1}{N}\left(\sum_{i=1}^{N} 1\right) - \sum_{i=1}^{N} p_i \\ &= 0\end{aligned} \tag{11.20}$$

에 의해 대수의 밑수를 e에서 2로 바꾸면 되기 때문이다. 등호는 $p_1 = p_2 = \cdots = p_N = 1/N$일 때 성립한다. 따라서 최대값은 $\log_2 N$이다. 어떤 하나의 p_i만이 1이고 나머지는 0일 때 모든 항이 0이 되므로 이 값이 최대값이 된다.

제6장

[1] x^a는 $a = a_{n-1}2^{n-1} + a_{n-2}2^{n-2} + \cdots + a_1 2^1 + a_0 2^0$를 이용하면

$$x^a = x^{a_{n-1}2^{n-1}} x^{a_{n-2}2^{n-2}} \cdots x^{a_1 2^1} x^{a_0 2^0} \tag{11.21}$$

로 쓸 수 있다. 두 정수 a, b에 대해

$$\begin{aligned} a &\equiv a' \bmod N \\ b &\equiv b' \bmod N \end{aligned}$$

이라면 합동식의 승법정리인 (10.18)에 의해

$$ab \equiv a'b' \bmod N \text{。} \tag{11.22}$$

이다.

이 승법정리를 (11.21)식에 응용하면

$$\begin{aligned} x^{a_{n-1}2^{n-1}} &\equiv x'_{n-1} \bmod N \\ x^{a_{n-2}2^{n-2}} &\equiv x'_{n-2} \bmod N \\ &\vdots \\ &\vdots \\ x^{a_1 2^1} &\equiv x'_1 \bmod N \\ x^{a_0 2^0} &\equiv x'_0 \bmod N \end{aligned}$$

이 되므로

$$\begin{aligned} x^a &= x^{a_{n-1}2^{n-1}} x^{a_{n-2}2^{n-2}} \cdots x^{a_1 2^1} x^{a_0 2^0} \\ &\equiv x'_{n-1}x'_{n-2}\cdots x'_1 x'_0 \bmod N \end{aligned}$$

로 되어서 (6.83)식이 증명되었다.

[2] 초기상태를

$$|\psi_1\rangle = |0\rangle|0\rangle|0\rangle \tag{11.23}$$

라 하자. 제 1 레지스터, 제 2 레지스터는 각각 n−비트 상태이다.

• **단계** 1

아다마르 변환을 제 1, 제 2 레지스터에 작용시킨다. $q = 2^n$ 이라 하면

$$|\psi_2\rangle = \frac{1}{q}\sum_{x_1,x_2=0}^{q-1} |x_1\rangle|x_2\rangle|0\rangle \tag{11.24}$$

로 된다.

• **단계** 2

오라클연산자 U를 $|\psi_2\rangle$ 에 작용시킨다.

$$|\psi_3\rangle = U|\psi_2\rangle = \frac{1}{q}\sum_{x_1,x_2=0}^{q-1} |x_1\rangle|x_2\rangle|f(x_1,x_2)\rangle \tag{11.25}$$

여기서 s가 (6.84)식의 해라면 $f(x_1,x_2)=b^{x_1}a^{x_2}=a^{sx_1+x_2} \bmod N$로 쓸 수 있으므로

$$|\psi_3\rangle = \frac{1}{q}\sum_{x_1,x_2=0}^{q-1}|x_1\rangle|x_2\rangle|a^{sx_1+x_2} \bmod N\rangle \tag{11.26}$$

로 된다. (6.49)식

$$|a^{sx_1+x_2} \bmod N\rangle = \sum_{t=0}^{r-1}\frac{1}{\sqrt{r}}e^{2\pi i(sx_1+x_2)t/r}|\Phi_t\rangle \tag{11.27}$$

을 이용하여 제 3 레지스터 상태를 바꾸어 쓰면

$$|\psi_3\rangle = \frac{1}{q}\frac{1}{\sqrt{r}}\sum_{t=0}^{r-1}\left[\sum_{x_1=0}^{q-1}e^{2\pi isx_1t/r}|x_1\rangle\sum_{x_2=0}^{q-1}e^{2\pi ix_2t/r}|x_2\rangle|\Phi_t\rangle\right] \tag{11.28}$$

로 되어서 상태 $|x_1\rangle$, $|x_2\rangle$ 에 대해 푸리에변환이 실행되게 된다.

여기서 r은 $a^r \equiv 1 \bmod N$을 만족하는 위수 (位數)이다.

• **단계** 3

상태 x_1, x_2에 대해 푸리에변환을 행하면

$$\begin{aligned}|\psi_4\rangle &= \mathrm{QFT}^\dagger_{x_1}\mathrm{QFT}^\dagger_{x_2}|\psi_3\rangle \\ &= \frac{1}{q^2}\frac{1}{\sqrt{r}}\sum_{t=0}^{r-1}\left[\sum_{x_1,y_1=0}^{q-1}e^{2\pi ix_1(st/r-y_1/q)}|y_1\rangle\right]\left[\sum_{x_2,y_2=0}^{q-1}e^{2\pi ix_2(t/r-y_2/q)}|y_2\rangle\right]|\Psi_t\rangle。\end{aligned} \tag{11.29}$$

이다. 이 식에서 x_1과 x_2 각각의 합을 취하면

$$|\psi_4\rangle \;=\; \frac{1}{\sqrt{r}}\sum_{t=0}^{r-1}\left|\widetilde{st\frac{q}{r}}\right\rangle\left|\widetilde{t\frac{q}{r}}\right\rangle|\Psi_t\rangle \tag{11.30}$$

로 되어서 제 1 레지스터와 제 2 레지스터가 다른 주기성으로 관측되며, 그 주기의 비율로부터 이산대수문제의 해인 s가 결정된다.

제7장

[1]
$$\cos\left(\frac{\pi}{2}-\phi_A\right)=\sin\phi_A, \qquad \cos\phi_A+\sin\phi_A=\sqrt{2}\cos\left(\phi_A-\frac{\pi}{4}\right)$$

을 이용하여

$$\begin{aligned}&\cos(-\phi_A)\cos\left(\frac{\pi}{4}-\theta_B\right)+\cos\left(\frac{\pi}{2}-\phi_A\right)\cos\left(\frac{\pi}{4}-\theta_B\right)\\&=\sqrt{2}\cos\left(\phi_A-\frac{\pi}{4}\right)\cos\left(\frac{\pi}{4}-\theta_B\right)\end{aligned}$$

또 $\sin\phi_A-\cos\phi_A=\sqrt{2}\sin(\phi_A-\frac{\pi}{4})$에 의해

$$\begin{aligned}-\cos(-\phi_A)\cos\left(\frac{3}{4}\pi-\theta_B\right)+\cos\left(\frac{\pi}{2}-\phi_A\right)\cos\left(\frac{3}{4}\pi-\theta_B\right)\\=\sqrt{2}\sin\left(\phi_A-\frac{\pi}{4}\right)\cos\left(\frac{3}{4}\pi-\theta_B\right)\\=\sqrt{2}\sin\left(\phi_A-\frac{\pi}{4}\right)\sin\left(\theta_B-\frac{\pi}{4}\right)\\=-\sqrt{2}\sin\left(\phi_A-\frac{\pi}{4}\right)\sin\left(\frac{\pi}{4}-\theta_B\right)\end{aligned}$$

따라서 (7.71)식은

$$\begin{aligned}&\sqrt{2}\cos\left(\phi_A-\frac{\pi}{4}\right)\cos\left(\frac{\pi}{4}-\theta_B\right)-\sqrt{2}\sin\left(\phi_A-\frac{\pi}{4}\right)\sin\left(\frac{\pi}{4}-\theta_B\right)\\&=\sqrt{2}\cos(\phi_A-\phi_B)\end{aligned}$$

로 된다.

[2] (a) 그림 7.6에 의해

$$\begin{aligned}|P(\mathbf{a},\mathbf{b})-P(\mathbf{a},\mathbf{b}')| &= |\cos(\alpha+\beta)-\cos(\alpha-\beta)|\\&= 2|\sin\alpha\sin\beta|\end{aligned}$$

따라서

$$\begin{cases}\alpha=\pm\pi/2 \text{ 일 때} & \text{최대값 }: 2\sin\beta\\ \alpha=0,\ \pi \text{ 일 때} & \text{최소값 }: 0\end{cases}$$

(b) 그림 7.6에 의해

$$\begin{aligned} |P(\mathbf{a}',\mathbf{b})+P(\mathbf{a}',\mathbf{b}')| &= |\cos(\alpha'+\beta)+\cos(\alpha'-\beta)| \\ &= 2|\cos\alpha'\cos\beta| \end{aligned}$$

따라서

$$\begin{cases} \alpha'=0,\ \pi \text{ 일 때} & \textbf{최대값} : 2\cos\beta \\ \alpha'=\pm\pi/2 \text{ 일 때} & \textbf{최소값} : 0 \end{cases}$$

(c) 이상에 의해

- 최대값을 갖는 것은 $\alpha=\pm\pi/2$, $\alpha'=0$, π일 때이며

$$2\sin\beta+2\cos\beta=2\sqrt{2}\sin(\beta+\pi/4)$$

따라서 $\beta=\pi/4$일 때 최대값 $2\sqrt{2}$를 갖는다.

- 최소값은 $\alpha=0$, π, $\alpha'=\pm\pi/2$일 때이며, β에 무관하게 최소값 0을 갖는다.

제8장

[1] $\sin\frac{\theta}{2}=\frac{1}{\sqrt{8}}$, $\cos\frac{\theta}{2}=\sqrt{\frac{7}{8}}$ 이므로 삼각함수의 덧셈정리를 순서대로 적용하면

$$\sin\tfrac{\theta}{2}=\tfrac{1}{\sqrt{8}},\cos\tfrac{\theta}{2}=\sqrt{\tfrac{7}{8}}$$

$$\begin{aligned} \sin\theta &= 2\sin\frac{\theta}{2}\cos\frac{\theta}{2}=\frac{\sqrt{7}}{4}, \quad \cos\theta=\frac{3}{4} \\ \sin\left(\frac{3}{2}\theta\right) &= \sin\frac{\theta}{2}\cos\theta+\cos\frac{\theta}{2}\sin\theta=\frac{5}{4\sqrt{2}}, \quad \cos\frac{3}{2}\theta=\frac{1}{4}\sqrt{\frac{7}{2}} \\ \sin\left(\frac{5}{2}\theta\right) &= \sin\frac{3\theta}{2}\cos\theta+\cos\frac{3\theta}{2}\sin\theta=\frac{11}{8\sqrt{2}} \end{aligned}$$

이 유도되어서

$$\begin{aligned} P(z_0)_{k=1} &= \frac{25}{32} \\ P(z_0)_{k=2} &= \frac{121}{128} \end{aligned}$$

이 된다.

제9장

[1] 함수 $f(|\mathrm{R}-\mathrm{r}|)$을 R 근방에서 테일러 전개해 주면

$$f(|\mathbf{R}-\mathbf{r}|) \approx f(|\mathbf{R}|) + \sum_i \frac{\partial f(|\mathbf{R}|)}{\partial X_i}(-x_i) \tag{11.31}$$

이다. 여기서

$$\frac{\partial f(|\mathbf{R}|)}{\partial X_i} = \frac{\partial}{\partial X_i}\left.\frac{1}{|\mathbf{R}-\mathbf{r}|}\right|_{r=0} = -\left.\frac{X_i}{|\mathbf{R}-\mathbf{r}|^3}\right|_{r=0} = -\frac{X_i}{R^3} \tag{11.32}$$

에 의해

$$\frac{1}{|\mathbf{R}-\mathbf{r}|} \approx \frac{1}{R} + \sum_i \frac{X_i x_i}{R^3} = \frac{1}{R} + \frac{(\mathbf{R}\cdot\mathbf{r})}{R^3}。 \tag{11.33}$$

이 된다.

참고문헌

이 책을 쓸 때 참고로 한 교과서, 문헌을 실어 둔다. 양자정보관계의 출판물은 최근에 많이 출판되고 있지만 그 중에서도 저자가 개인적으로 감동을 받아 열심히 읽어본 책들을 열거하여 두었다. 양자정보이론 전반에 관한 책으로는

- M. Nielsen and Ⅰ. Chuang, 「Quantum Computation and Quantum Information」 (Cambridge University Press, 2000)

이 제일 명저로 평가된다.

- Colin P. Williams and Scott H. Clearwater 「Explorations Quantum Computing」 (Springer, New York, 1997)

에는 Mathematica를 사용한 예제가 많이 나와 있다.

- Dirk Bouwmeester, Artur Ekert and Anton Zeilinger (eds), 「The Physics of Quantum Information」 (Springer, 2000)

에는 양자컴퓨터의 물리실험 결과가 상세하게 설명되어 있다.

- 細谷曉夫 「양자컴퓨터의 기초」 (Science사, 1999년)
- 西野哲朗 「양자컴퓨터 입문」 (동경전기대학출판국, 1999년)

도 참고로 하였다. 쇼아의 알고리즘에 관한 책은

- A, Ekert and R, Joza, Reviews of Modern Physics 68, pp. 733-753(1996)

의 리뷰논문이 알기 쉽게 되어 있다. 이 외에 각 테마별로 원문을 참고하는 것이 바람직할 것이다. Website http://xxx.lanl.gov에는 광범위한 문헌들이 매년 게제되고 있다.

양자역학 교과과서로는 많이 있지만 EPR 쌍이나 관측이론을 기술한 것은 많지 않으며

- J. J. Sakurai, 「Modern Quantum Mechanics (2nd Edition)」 (Addison-Wesley Inc., 1994)
- J. J. Sakurai, 「Modern Quantum Mechanics (2nd Edition)」 (Addison-Wesley Inc., 1994)

• A. peres, 「Quantum Theory ; Concept and Methods」 (Kluser Academic Press, 1998)

등이 대표적인 참고 서적이다. 양자역학 일반교과서로는 위의 책 이외에

• メシア (A. Messiah), 「양자역학 1, 2, 3」 (田村二郎, 小出昭一郎 譯, 東京圖書, 1971, 1972)

이 실용적으로 잘 설명을 하고 있다. 스프링거 시리즈인

• 佐川弘幸 · 清水克多郎, 「양자역학」 (シュプンガーフェアラーク 東京, 1998)

도 참고로 하였다.

정수론 교과서로는

• 高木貞治, 「初等整數論講義(第2版)」 (共立出版, 1972)

을 특히 참고로 하였다. 암호의 역사에 관한 흥미있는 책은

• Simon Singh, 「The Code Book」

이 있다.

찾아보기

기타

B

C

N

P

Q

R

ㄱ

L

ㅈ

ㅊ

ㅌ

ㅍ

ㅎ

양자정보이론

발 행 일	2008. 4. 10. 제1판 제1쇄 인쇄 2008. 4. 15. 제1판 제1쇄 발행
저 자	左川弘幸 · 吉田宣章
역 자	진병문 · 연규황
발 행 인	연 규 산
발 행 처	청범출판사
주 소	서울시 노원구 공릉1동 598-7
전 화	02-971-5385
팩 스	02-977-8967
등 록	1991년 8월 13일 No. 5-282
I S B N	978-89-88247-41-9 93420
정 가	12,000원